"十三五"职业教育国家规划教材

高等职业教育课程改革系列教材

电工电子技术项目教程

第 2 版

主　编　黄文娟　陈　亮
副主编　张伟强　程　翔
参　编　冯　佳　高云华
　　　　李杰峰　任黎明
主　审　陈丽芳

U0379516

机械工业出版社

本书将传统的"电工电子技术"课程教学内容分解整合为 13 个项目，即汽车信号灯电路的安装与测试、电桥电路的安装与测试、延时开关电路的设计与安装、家庭配电线路的设计与安装、变压器的设计与制作、三相异步电动机控制电路的分析与测试、直流稳压电源的制作与检测、扩音机电路的安装与调试、电冰箱冷藏室温控器的安装与调试、三人表决器电路的设计与调试、数码显示电路的设计与调试、抢答器电路的设计与调试、触摸式防盗报警电路的设计与调试。书末还附有综合实训。

本书以理论知识够用为度，注重应用能力培养为原则，内容经过精心挑选，突出体现了职业教育的特色。

本书可作为高职高专院校机电类专业的教材，也可供相关人员自学使用。

为方便教学，本书配有电子课件、模拟试卷及解答等，凡选用本书作为教材的学校，均可来电免费索取。咨询电话：010-88379375。

图书在版编目（CIP）数据

电工电子技术项目教程/黄文娟，陈亮主编 . —2 版 . —北京：机械工业出版社，2019. 8（2022. 9 重印）

高等职业教育课程改革系列教材

ISBN 978-7-111-63360-0

Ⅰ.①电… Ⅱ.①黄… ②陈… Ⅲ.①电工技术-高等职业教育-教材 ②电子技术-高等职业教育-教材 Ⅳ.①TM ②TN

中国版本图书馆 CIP 数据核字（2019）第 165790 号

机械工业出版社（北京市百万庄大街 22 号 邮政编码 100037）
策划编辑：王宗锋 责任编辑：王宗锋 高亚云
责任校对：陈 越 封面设计：鞠 杨
责任印制：常天培
河北宝昌佳彩印刷有限公司印刷
2022 年 9 月第 2 版第 7 次印刷
184mm×260mm · 15.25 印张 · 379 千字
标准书号：ISBN 978-7-111-63360-0
定价：45.00 元

电话服务 网络服务
客服电话：010-88361066 机 工 官 网：www.cmpbook.com
010-88379833 机 工 官 博：weibo.com/cmp1952
010-68326294 金 书 网：www.golden-book.com
封底无防伪标均为盗版 机工教育服务网：www.cmpedu.com

关于"十三五"职业教育国家规划教材的出版说明

2019 年 10 月，教育部职业教育与成人教育司颁布了《关于组织开展"十三五"职业教育国家规划教材建设工作的通知》(教职成司函〔2019〕94 号)，正式启动"十三五"职业教育国家规划教材遴选、建设工作。我社按照通知要求，积极认真组织相关申报工作，对照申报原则和条件，组织专门力量对教材的思想性、科学性、适宜性进行全面审核把关，遴选了一批突出职业教育特色、反映新技术发展、满足行业需求的教材进行申报。经单位申报、形式审查、专家评审、面向社会公示等严格程序，2020 年 12 月教育部办公厅正式公布了"十三五"职业教育国家规划教材(以下简称"十三五"国规教材)书目，同时要求各教材编写单位、主编和出版单位要注重吸收产业升级和行业发展的新知识、新技术、新工艺、新方法，对入选的"十三五"国规教材内容进行每年动态更新完善，并不断丰富相应数字化教学资源，提供优质服务。

经过严格的遴选程序，机械工业出版社共有 227 种教材获评为"十三五"国规教材。按照教育部相关要求，机械工业出版社将坚持以习近平新时代中国特色社会主义思想为指导，积极贯彻党中央、国务院关于加强和改进新形势下大中小学教材建设的意见，严格落实《国家职业教育改革实施方案》《职业院校教材管理办法》的具体要求，秉承机械工业出版社传播工业技术、工匠技能、工业文化的使命担当，配备业务水平过硬的编审力量，加强与编写团队的沟通，持续加强"十三五"国规教材的建设工作，扎实推进习近平新时代中国特色社会主义思想进课程教材，全面落实立德树人根本任务；同时突显职业教育类型特征；遵循技术技能人才成长规律和学生身心发展规律；落实根据行业发展和教学需求，及时对教材内容进行更新；同时充分发挥信息技术的作用，不断丰富完善数字化教学资源，不断提升教材质量，确保优质教材进课堂；通过线上线下多种方式组织教师培训，为广大专业教师提供教材及教学资源的使用方法培训及交流平台。

教材建设需要各方面的共同努力，也欢迎相关使用院校的师生反馈教材使用意见和建议，我们将组织力量进行认真研究，在后续重印及再版时吸收改进，联系电话：010-88379375，联系邮箱：cmpgaozhi@sina.com。

机械工业出版社

前　言

本书是根据高职高专机电类专业的培养目标，以就业为导向，以专业岗位职业能力为依据，在深入开展项目化课程改革的基础上编写而成的。本书通过任务引领的方式将知识点融入完成工作任务所必备的工作项目中，所选项目贴近实际，具有较高的可操作性和一定的实用价值。学生通过学习，可掌握必要的基本理论知识，并使自己的实践能力、职业技能、分析问题和解决问题的能力不断提高。

本书在内容编排上具有以下特点：

1）改变了传统的教材编写体系，从职业（岗位）需求分析入手，参照维修电工国家职业技能标准等要求，以现代社会要求电工掌握的几类主要技术能力为标准，选取了 13 个实训项目和 2 个综合实训。每个项目中都设计了项目目标、工作情境、实践知识、理论知识、项目实训、习题及拓展训练 6 部分，突出了知识和实践的统一，强化了实践能力的培养。这些项目既适合不同院校结合自己的实际安排教学，也适合自学者根据项目的要求自行实践，使知识和技能得到同步提高。

2）将思政教育融入书中。通过知识拓展延伸和名人寄语两个板块，勉励学生发奋学习，回报社会，同时培养学生的自律意识、工匠精神和家国情怀。

3）本书内容紧随人工智能、互联网＋和经济发展而更新，及时将新知识、新技术、新工艺和新案例等引入教材，为学生提供符合时代需要的知识体系。

4）确定学生应具备的知识结构和能力结构，突出职业教育特色，强调基础知识的同时，也注重基本能力培养和实践技能训练，突出了知识的实用性和够用性；各部分内容前后贯通，有机结合，既有基础理论，又有新技术、新方法，力求与时俱进。

5）按照教学规律和学生的认知规律，广泛吸收和借鉴各地教学的成功经验，合理编排教学内容，基础理论以够用为度，尽量以图片、图形代替文字说明，以降低学习难度，提高学生学习兴趣，在应用技术方面紧密结合工程实际需要，突出实用性。

本书由唐山职业技术学院黄文娟、陈亮任主编，张伟强、程翔任副主编，参加编写的有冯佳、高云华、李杰峰、任黎明。全书由黄文娟、陈亮统稿。

本书由河北联合大学陈丽芳教授主审，她对全书进行了认真、仔细审阅，提出了许多宝贵意见，在此表示诚挚的感谢！另外，本书在编写过程中，参考了许多文献、资料，在此对相关作者表示衷心感谢！

由于编者水平有限，加之时间仓促，书中不妥和错误之处在所难免，望广大读者批评指正。

编　者

二维码索引

序号	名称	二维码	页码	序号	名称	二维码	页码
1	家用电线怎么连接?		1	12	基尔霍夫定律		27
2	电线材料的选择		1	13	支路、节点、回路和网孔		27
3	电是什么?		4	14	支路电流法		29
4	电流、电压的参考方向与实际方向		7	15	戴维南定理		31
5	欧姆定律		11	16	电容基础知识		42
6	电阻和电导		12	17	直流电与交流电的区别		44
7	色环电阻读法		12	18	交流电三要素		45
8	串并联电阻计算		12	19	有功功率、无功功率和视在功率		52
9	电压源与电流源		14	20	家用电器耗电量的计算		52
10	电路的三种状态		16	21	RLC 谐振现象		53
11	2 分钟教你学会使用万用表		23	22	三相电你了解吗?		60

Ⅴ

（续）

（续）

序号	名称	二维码	页码	序号	名称	二维码	页码
45	与运算的逻辑关系		166	51	编码器		183
46	或运算的逻辑关系		166	52	译码器		186
47	非运算的逻辑关系		166	53	可控的 RS 触发器		199
48	二极管与门电路		175	54	D 触发器		200
49	二极管或门电路		175	55	时序逻辑电路		201
50	函数信号发生器		181	56	555 定时器		213

目　录

项目一　汽车信号灯电路的安装与测试

◆　项目目标

1. 了解电路的组成，建立电路模型的概念。
2. 熟悉电路基本物理量和电路的三种工作状态，掌握电路元件的特性及参数。
3. 熟悉电压源、电流源的概念及实际电源两种模型的等效变换。
4. 能够识读电路图，并能够根据电路图进行电路接线。
5. 能正确使用常用电工仪表对电路元件进行检测。
6. 熟悉电路连接的基本原则和安全规程，培养良好的职业素养和规范的操作习惯。

◆　工作情境

1. 实训环境要求

本项目的教学应在一体化的电工技能实训室和电子装配室进行，实训室内设有教学区（配备多媒体）、工作区、资料区和展示区。要配备常用的电工实验台等设备、万用表等常用仪表及常用电工工具。

2. 指导要求

配备一名主讲教师和一名实验室辅助教师。

3. 学生要求

根据班级情况进行分组，一般每组 3 ~ 4 名同学，选出组长。

4. 教学手段选择

1）主要应用讲授法、任务教学法、讨论法和演示法进行教学。
2）多媒体教学与实物演示相结合。
3）现场教学与动手操作相结合。
4）教师主导与学生自主学习相结合。

家用电线
怎么连接?

实践知识　——常用电工工具的使用

电工工具是电气操作的基本工具。安装、调试和维修各种电气设备和电路时，离不开正确使用各种电工工具。下面对部分常用电工工具进行介绍。

电线材料
的选择

一、测电笔

为能直观地确定设备、线路是否带电，使用测电笔测试是一种既方便又简单的方法。测电笔是用来测试对地电压在 500V 及以下的低压电气设备外壳是否带电的常用工具，也是家庭中常用的电工安全工具。其检测电压范围为 60 ~ 500V（指带电体与大地的电位差）。测电笔主要有笔式、螺钉旋具式和数字显示式等几种，其外形及结构如图 1-1 所示。当用测电笔测试带电体时，电流经带电体、测电笔、人体到大地形成通电回路。只要带电体与大地之间的电位差超过一定数值（通常为 60V），测电笔中的氖管就会发光。

1

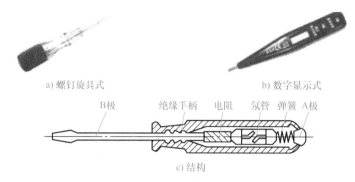

a) 螺钉旋具式　　　　　　　　　　　　b) 数字显示式

c) 结构

图1-1　测电笔的外形及结构

测电笔的握法如图1-2所示，正确的操作方法是将食指与笔尾的金属接触，笔尖与被测导体接触，为便于观察应使氖管背光或将显示屏朝向自己。为防止笔尖金属体触及皮肤，避免触电，在螺钉旋具式测电笔的金属杆上必须套上绝缘套，仅留出刀口部分供测试需要。使用测电笔时，首先应检查测电笔的完好性，然后再在有电的地方验证，只有确认测电笔完好后，才可进行验电。

a) 正确握法　　　　　　　　　　　　b) 错误握法

图1-2　测电笔的握法

二、螺钉旋具

螺钉旋具俗称螺丝刀、起子，是用于安装、紧固或拆卸螺钉的工具。螺钉旋具的式样很多，根据其头部形状可将螺钉旋具分为一字形和十字形两种，按柄部材料可分为木柄和塑料柄两类，如图1-3所示。一字形螺钉旋具常用的规格有50mm、75mm、100mm、125mm、150mm及200mm等，电工常备的是50mm和150mm两种。十字形螺钉旋具常用的规格有五种：0号（适用于≤M2螺钉）、1号（适用于M2.5、M3螺钉）、2号（适用于M4、M5螺钉）、3号（适用于M6螺钉）和4号（适用于M8、M10螺钉）。

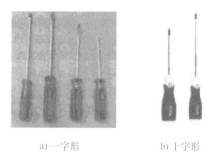

a) 一字形　　　　b) 十字形

图1-3　常用的螺钉旋具

螺钉旋具的正确使用方法如图1-4所示。

螺钉旋具使用安全事项：

1）电工不可使用金属杆直通柄顶的螺钉旋具，否则操作时很容易造成触电事故。

2）使用螺钉旋具拆卸带电的螺钉时，手不得触及螺钉旋具的金属杆，以免发生触电事故。

3）为避免螺钉旋具的金属杆触及皮肤或触及邻近的带电体，应在金属杆上套绝缘套。

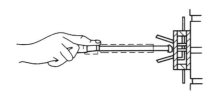
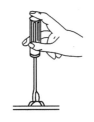

a) 较大螺钉旋具用法　　　　　　　　　b) 较小螺钉旋具用法

图 1-4　螺钉旋具的正确使用方法

4）使用螺钉旋具时，应使螺钉旋具刀头与螺钉尾槽紧密结合，用力均匀，以防止打滑，同时也可避免损坏螺钉槽口。

三、钳类工具

1. 钢丝钳

钢丝钳又称老虎钳，其外形如图 1-5a 所示。钢丝钳由钳头和钳柄两部分组成。钳头由钳口、齿口、刀口和铡口四部分组成，钳柄主要有铁柄和绝缘柄两种，如图 1-5b 所示。钢丝钳常用的规格有 150mm、180mm 和 200mm 三种。电工应使用具有耐压 500V 绝缘柄的钢丝钳。

钢丝钳的用途很多，钳口可用来弯铰或钳夹导线线头，齿口可用来紧固或起松螺母，刀口可用来剪切导线或剥导线绝缘层，铡口可用来铡切电线线芯、钢丝或铅丝等较硬金属。钢丝钳使用时的基本握法如图 1-5c 所示。

a) 外形　　　　　　　b) 结构　　　　　　　c) 基本握法

图 1-5　钢丝钳外形、结构与基本握法

钢丝钳使用安全事项：

1）使用前必须检查绝缘柄的绝缘是否完好无损，否则进行带电操作时会发生触电事故。

2）钳头不可代替锤子作为敲打工具使用。

3）钳头应采取防锈措施，轴销处应经常加机油润滑，以保证使用灵活。

2. 尖嘴钳和斜口钳

尖嘴钳的外形如图 1-6a 所示，主要由钳头和钳柄组成。钳柄有铁柄和绝缘柄两种，如图 1-6b 所示。电工应使用具有耐压 500V 绝缘柄的尖嘴钳。

尖嘴钳头部尖细，适用于在窄小的空间操作，可以用来剪断细小金属丝，或者用来夹持较小螺钉、垫圈、导线等元件，其握法与钢丝钳的握法相同。

斜口钳又称为断线钳，常用于剪断较粗的金属丝、线材及电线电缆等，其外形如图 1-7 所示。

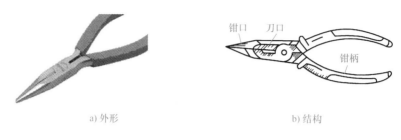

a) 外形   b) 结构

图1-6 尖嘴钳外形与结构

3. 剥线钳

剥线钳是用于剥削截面积为$6mm^2$及以下塑料或橡胶导线绝缘层的专用工具。剥线钳有直径为$0.5\sim3mm$的多个切口，可用于不同规格芯线导线绝缘层的剥削，手柄通常为耐压500V的绝缘柄，其外形及操作方法如图1-8所示。操作时，将要剥除的绝缘长度用标尺定好后，把导线放入相应的切口中（切口要比导线直径稍大），用手将钳柄一握然后放松，导线的绝缘层即被割破自动弹出。

图1-7 斜口钳外形

a) 剥线钳外形   b) 剥线钳操作方法

图1-8 剥线钳的外形及操作方法

四、电工刀

电工刀是用来剖削或切割电工材料（如剖削电线、电缆等）的常用工具。电工刀主要由刀身和刀柄组成，其外形如图1-9所示。使用电工刀时，刀口应朝外操作，在剖削电线时，刀口要放平一点，以免割伤线芯。使用后要及时把刀身折入刀柄内。

图1-9 电工刀外形

◆ 理论知识

一、电路及电路模型

1. 电路的组成

电路类型多种多样，其结构形式也各不相同。但从大的方面来看，电路一般都是由电源、负载和中间环节3个部分按照一定方式连接起来的电流路径，如图1-10所示。

电源：将其他形式的能量转换成电能的装置。它是电路中能量的提供者，如干电池、蓄电池、发电机或信号源等。常见的直流电源如图1-11所示。

电是什么?

图1-10 电路的组成

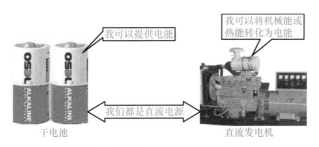

图 1-11　常见的直流电源

负载： 将电能转换成其他形式能量的器件或设备。它是电路中能量的消耗者，如电灯、电炉、电动机等。负载是各类用电器的统称。常见的负载如图 1-12 所示。

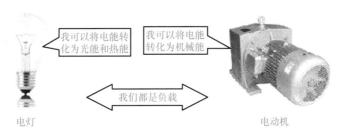

图 1-12　常见的负载

中间环节： 连接电源和负载的部分统称为中间环节，起传输和分配电能的作用。中间环节包括导线及电气控制元件等。导线是连接电源、负载和其他电气元件的金属线，常用的有铜导线和铝导线等，如图 1-13 所示。电气控制元件是对电路进行控制的元件，例如低压断路器和熔断器等，如图 1-14 所示。

图 1-13　各种导线　　　　　　　　　　　　图 1-14　电气控制元件

2. 电路的功能

实际应用中，电路实现的功能是多种多样的，但从总体上可概括为以下两方面。

1）进行电能的传输、分配与转换，例如图 1-15 所示的电力系统输电电路。图中，发电机是电源，家用电器和工业用电器等是负载，而变压器和输电线等则是中间环节。

图 1-15　电力系统输电电路

2）进行信号的传递与处理，例如图 1-16 所示的扩音器电路。其中，传声器是输出信号的设备，称为信号源，相当于电源。但与上述的发电机、电池等电源不同，信号源输出的电压或电流信号取决于其所加的信息。扬声器是负载，放大器等则是中间环节。

3. 电路模型

采用图 1-15 和图 1-16 所示的电路进行电路分析和计算是很不方便的，所以通常采用一些简单的理想元件来代替实际元件，这样一个实际电路就可以由若干个理想元件的组合来模拟，这样的电路称为**电路模型**。

将实际电路中各个部件用其模型符号来表示，这样画出的图称为实际电路的电路模型图，也称为**电路原理图**。图 1-17 所示为手电筒电路及其电路模型图。

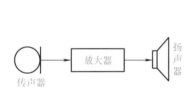

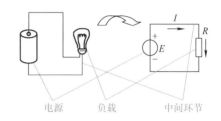

图 1-16 扩音器电路　　　　　图 1-17 手电筒电路及其电路模型图

建立电路模型的意义十分重要，运用电路模型可以大大简化电路的分析，电路模型反映了电路的主要性能，忽略了它的次要性能，因此电路模型只是实际电路的近似，是实际电路的理想化模型。

二、电流、电压及其参考方向

1. 电流

电荷的定向移动形成电流。电流的大小是用电流强度来描述的，其定义为：单位时间内，通过导体横截面的电量称为电流强度，简称电流。交流电流用符号 i 表示，直流电流用符号 I 表示。

交流电流为
$$i = \frac{dq}{dt}$$

直流电流为
$$I = \frac{Q}{t}$$

式中，dq 或 Q 为通过导体横截面的电荷量（单位：库［仑］，符号为 C）；dt 或 t 为时间（单位：秒，符号为 s）。

可见，电流一词不仅代表一种物理现象，也代表一个物理量。

本书中的物理量采用国际单位制（SI）。在 SI 中，电流的基本单位是安［培］，符号为 A。电流的常用单位还有毫安（mA）和微安（μA）。各单位的换算关系为
$$1A = 10^3 mA = 10^6 \mu A$$

2. 电压

在电场中，单位正电荷从 a 点移动到 b 点电场力所做的功，定义为 a、b 两点间的电压。交流电压用符号 u 表示，直流电压用符号 U 表示。电压 U_{ab} 的标记方向是从起点 a 指向终点 b，用箭头表示，如图 1-18 所示。

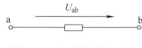

图 1-18 电压的标记方向

在 SI 中，电压的基本单位为伏［特］，符号为 V。电压的常用单位还有千伏（kV）、毫伏（mV）和微伏（μV）。各单位的换算关系为
$$1V = 10^3 mV = 10^6 \mu V = 10^{-3} kV$$

电压的实际方向规定为：从高电位指向低电位。

3. 电流、电压的参考方向

在物理学中，习惯上规定正电荷定向运动的方向为电流的方向。对于一段电路来说，其电流的方向是客观存在的，是确定的，但在具体分析电路时，有时候很难判断出电流的实际方向。为解决这一问题，引入电流参考方向的概念，具体分析步骤如下。

电流、电压的参考方向
与实际方向

1）在分析电路前，可以任意假设一个电流的参考方向，如图1-19所示的I方向。

2）参考方向一经选定，电流就成为一个代数量，有正、负之分。若计算电流结果为正值，则表明电流的设定参考方向与实际方向相同，如图1-19a所示；若计算电流结果为负值，则表明电流的设定参考方向与实际方向相反，如图1-19b所示。

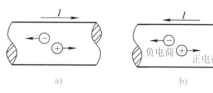

图1-19　电流的参考方向

在未设定参考方向的情况下，电流的正负值是毫无意义的，本书电路图中所标注的电流方向都是参考方向，而不一定是电流的实际方向。电流的参考方向除了可以用箭头表示外，还可用双下标表示，如I_{ab}表示电流的参考方向由a指向b，而I_{ba}表示电流的参考方向由b指向a。

【例1-1】　请说明图1-20所示电流的实际方向。

【解】　图1-20a中，电流的参考方向为由a到b，$I=2A>0$，为正值，说明电流的实际方向和参考方向相同，即电流的实际方向从a到b。

图1-20　例1-1图

图1-20b中，电流的参考方向为由a到b，$I=-2A<0$，为负值，说明电流的实际方向和参考方向相反，即电流的实际方向从b到a。

图1-20c中，电流的参考方向为由b到a，$I=2A>0$，为正值，说明电流的实际方向和参考方向相同，即电流的实际方向从b到a。

图1-20d中，电流的参考方向为由b到a，$I=-2A<0$，为负值，说明电流的实际方向和参考方向相反，即电流的实际方向从a到b。

电压同电流一样，不但有大小，也是有方向的。电压的方向总是对电路中的两点而言的，如果正电荷从a点移动到b点时释放能量，则a点为高电位，b点为低电位。规定电压的实际方向是由高电位指向低电位的方向。电压方向可以用箭头来表示，也可以用双下标表示，双下标中前一个字母代表正电荷运动的起点，后一个字母代表正电荷运动的终点，电压的方向则由起点指向终点。除此之外，还可以用"＋""－"符号来表示电压的方向。图1-21所示为电压方向的三种表示方法。

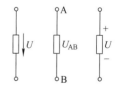

图1-21　电压方向的
三种表示方法

与电流一样，电路中任意两点之间的电压的实际方向往往不能预先确定，因此在对电路进行分析计算之前，先要设定该段电路电压的参考方向。若计算电压结果为正值，则说明电压的参考方向与实际方向一致；若计算电压结果为负值，则说明电压的参考方向与实际方向相反。

【例1-2】　元件R上电压参考方向如图1-22所示，请说明电压的实际方向。

【解】　图1-22a中，电压的参考方向为由a到b，$U=4V>0$，为正值，说明电压的实际方向和参考方向相同，即电压的实际方向从a到b。

图 1-22b 中，电压的参考方向为由 a 到 b，$U = -4V < 0$，为负值，说明电压的实际方向和参考方向相反，即电压的实际方向从 b 到 a。

图 1-22c 中，电压的参考方向为由 b 到 a，$U = 4V > 0$，为正值，说明电压的实际方向和参考方向相同，即电压的实际方向从 b 到 a。

图 1-22d 中，电压的参考方向为由 b 到 a，$U = -4V < 0$，为负值，说明电压的实际方向和参考方向相反，即电压的实际方向从 a 到 b。

注意：在电路分析时，电压和电流参考方向是任意的，两者之间相互独立。但为了分析方便，对于同一元件或同一电路，电压和电流常取一致的参考方向，这称为 **关联参考方向**；反之，称为 **非关联参考方向**。

三、电位与电动势

1. 电位

任选电路中的一点 o 为参考点，则电路中的某点 a 与参考点 o 间的电压 U_{ao} 就称为 a 点的 **电位**，用 V_a 表示，单位也是伏 [特]（V）。

参考点的电位规定为零，故参考点又称为零电位点。

（1）参考点的选择　物理学中常选无限远处或大地为参考点。

电工学中，若研究的电路有接地点，常选择接地点为参考点，用符号"⏚"表示。

电子线路中，常取若干导线汇集的公共点或机壳作为电位的参考点，用符号"⊥"或"⏛"表示。

同一电路中，若选定不同的点为参考点，则同一点的电位是不同的。因此，参考点一经确定，其余各点的电位也就确定了。

（2）电压与电位的关系　电路中 a、b 两点间的电压等于 a、b 两点的电位之差，即

$$U_{ab} = V_a - V_b$$

电位是相对的，它随参考点发生变化；但任意两点间的电压是绝对的，它不随参考点变化。

【**例 1-3**】　电路如图 1-23 所示。求各点的电位及 c、d 间的电压。

【**解**】　如果选 b 点为参考点，则

$$V_a = U_{ab} = 10 \times 6V = 60V$$

$$V_c = U_{cb} = 140V$$

$$V_d = U_{db} = 90V$$

$$U_{cd} = V_c - V_d = 140V - 90V = 50V$$

如果选 d 点为参考点，则

$$V_a = U_{ad} = -6 \times 5V = -30V$$

$$V_b = U_{bd} = -90V$$

$$V_c = U_{cb} + U_{bd} = 140V - 90V = 50V$$

$$U_{cd} = V_c = 50V$$

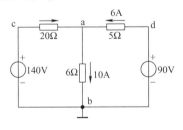

图 1-23　例 1-3 图

由此可见，选用不同的参考点，各点电位的数值不同，但任意两点之间的电压不随参考点的改变而变化。

在电子电路中，为了简化电路的绘制，常采用电位标注法。方法是：先确定电路的电位参考点，用标明电源端极性及电位数值的方法表示电源的作用。如图 1-24a 所示电路用电位标注时，可简化成图 1-24b 的形式。图中，$V_1 = U_{S1}$，$V_2 = U_{S2}$。

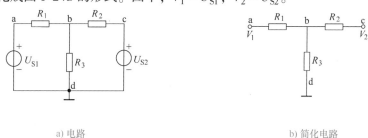

a) 电路   b) 简化电路

图 1-24 电路的简化表示

2. 电动势

电源的作用和水泵相似，水泵不断地把低处的水抽到高处，使供水系统始终保持一定的水压；电源则不断地把负极板上的正电荷移到正极板，以保持一定的电压，这样电路中才会有持续不断的电流。要使负极板上的正电荷逆着电场力的方向返回正极板，必须有外力克服电场力做功。电源克服电场力做功（把其他形式的能转换为电能）的这种能力称为电源力。

在电源内部，电源力将单位正电荷由负极移到正极所做的功定义为电源的电动势。交流电动势用符号 e 表示，直流电动势用符号 E 表示。

交流电动势为

$$e = \frac{\mathrm{d}w}{\mathrm{d}q}$$

直流电动势为

$$E = \frac{W}{Q}$$

电源的电动势在数值上等于电源两端的开路电压。例如 5V 干电池的电动势是 5V，它比 1.5V 干电池转换能量的本领大。

3. 电动势与电压的关系

电压源对外电路的作用效果既可以用电动势表示，也可以用电压表示。如图 1-25 所示，电源的正、负极性已知，电压 U_{ab} 的参考方向自电源的正极指向电源的负极。电动势 E 和电压 U_{ab} 反映了同样的事实：沿电动势的方向电位升高了 E，沿电压的方向电位降低了同样的数值，故有 $E = U_{ab}$。因此，对于电压源的作用效果，在很多情况下往往不用电动势表示，而是用正、负极间的电压来表示。

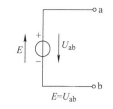

$E = U_{ab}$

图 1-25 电源电动势与电压的关系

四、电能与功率

1. 电能

电能用电能表测量。

电动机转动、电炉发热、电灯发光，说明电能转换为其他形式的能量。电能转换为其他形式能量的过程实际上就是电流做功的过程。电能的多少可以用电功来计量。

当用电器工作时，电能表转动并且显示电流做功的多少。电能的多少不仅与电压、电流的大小有关，还取决于用电时间的长短。

电能用字母 W 表示，即

$$W = UIt$$

在实际生活中，电能的实用单位是 kW·h（千瓦·时），简称"度"。

$$1kW \cdot h = 3.6 \times 10^6 J$$

1kW·h 等于功率为 1kW 的用电器在 1h 内所消耗的电能。例如 1000W 的电炉加热 1h、100W 的灯泡照明 10h、40W 的灯泡照明 25h 都消耗 1kW·h 电。

2. 电功率

（1）功率的定义 单位时间内电路吸收或发出的电能称为**电功率**，简称**功率**，用符号 p 或 P 表示。习惯上常把吸收或发出电能说成是吸收或发出功率。

$$p = \frac{dw}{dt} = \frac{dw}{dq}\frac{dq}{dt} = ui$$

直流情况下 $P = UI$。

（2）功率的单位 在国际单位制中，功率的单位为瓦［特］（W），较小的单位有毫瓦（mW），较大的单位有千瓦（kW）、兆瓦（MW）等。

$$1W = 10^3 mW = 10^{-3} kW = 10^{-6} MW$$

功率常标注在各用电器的铭牌上，表示该电器能量转换本领的大小。例如 10kW 的电动机正常工作 0.1h 即可消耗 1kW·h 电，100W 的白炽灯照明 10h 也消耗 1kW·h 电。因此，功率大的用电器能量转换的本领大，但消耗能量相同的用电器的功率不一定相同。

（3）功率的测量 功率用功率表测量。功率表的实物图及测量方法参见项目三。

（4）功率正负的意义 在电路分析中，功率有正、负之分：当一个电路元件的功率为正值时，即 $p > 0$，这个元件是负载，它吸收（消耗）功率，即从电路取用电能；当一个电路元件的功率为负值时，即 $p < 0$，这个元件起电源作用，它发出功率，即向电路提供电能。故电功率有以下两种计算公式：

当一段电路或一个元件的电流、电压参考方向关联时，$p = ui$，直流时为 $P = UI$。

当一段电路或一个元件的电流、电压参考方向非关联时，$p = -ui$，直流时为 $P = -UI$。

二端元件功率的计算步骤是：先根据电流和电压的参考方向是否关联，选用相应的计算公式，再将电压、电流值（可正可负）代入功率的计算公式计算。若计算结果为正，则表示该段电路吸收功率，为负载；若计算结果为负，则表示该段电路发出功率，为电源。

【例 1-4】 求图 1-26 中各二端元件的功率，并说明各功率的性质。

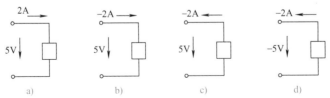

a)   b)   c)   d)

图 1-26 例 1-4 图

【解】 图 1-26a 中，电流、电压方向是关联方向，因此

$$P = UI = 5 \times 2W = 10W$$

$P > 0$，吸收 10W 的功率，该元件为负载。

图 1-26b 中，电流、电压方向是关联方向，因此
$$P = UI = 5 \times (-2) \text{W} = -10\text{W}$$
$P < 0$，产生 10W 的功率，该元件为电源。

图 1-26c 中，电流、电压方向是非关联方向，因此
$$P = -UI = -5 \times (-2) \text{W} = 10\text{W}$$
$P > 0$，吸收 10W 的功率，该元件为负载。

图 1-26d 中，电流、电压方向是非关联方向，因此
$$P = -UI = -(-5) \times (-2) \text{W} = -10\text{W}$$
$P < 0$，产生 10W 的功率，该元件为电源。

五、电阻

1. 电阻概述

电学中的电阻元件意义更加广泛，除了电阻器、白炽灯、电热器等可视为电阻元件外，电路中导线和负载上产生的热损耗通常也归结于电阻元件损耗。

因此，电阻元件是反映材料或元器件对电流呈现阻力、消耗电能的一种理想元件。它的突出作用是耗能。当电流通过电阻元件时，元件两端沿电流方向会产生电压降，将电能全部转换为热能、光能和机械能等。

2. 电阻元件的伏安特性

电阻元件两端的电压 U 与通过它的电流 I 的关系称为电阻元件的伏安特性。在直角坐标平面上绘制的表示电阻元件电压、电流关系的曲线称为伏安特性曲线。

电流和电压的大小成正比的电阻元件称为线性电阻元件。线性电阻元件的阻值是一个常数，图形符号如图 1-27a 所示，其伏安特性曲线是一条通过原点的直线，当电流、电压为关联参考方向时，其伏安特性曲线如图 1-27b 所示。

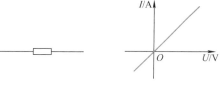

a) 图形符号　　　　　b) 伏安特性曲线

图 1-27　线性电阻元件及其伏安特性曲线

电流和电压的大小不成正比的电阻元件称为**非线性电阻元件**。非线性电阻元件的阻值不是常数。图 1-28a 是非线性电阻元件——二极管的伏安特性曲线，它是一条通过原点的曲线。图 1-28b 表示白炽灯灯丝的伏安特性曲线，它也是一种非线性电阻元件。

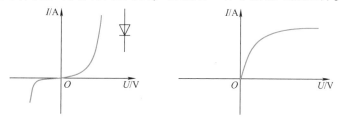

a) 二极管的伏安特性曲线　　　　　b) 白炽灯灯丝的伏安特性曲线

图 1-28　非线性电阻元件的伏安特性曲线

本书中若不加特殊说明，电阻元件均指线性电阻元件，线性电阻元件简称电阻。

3. 伏安关系（欧姆定律）

线性电阻的伏安特性曲线表明：通过线性电阻的电流 i 与作用在其两端的

欧姆定律

电压 u 成正比，即线性电阻的电压、电流关系遵循欧姆定律，其表达式为

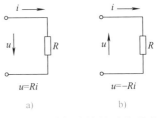

图 1-29　欧姆定律的两种形式

$$i = \frac{u}{R}$$

电压、电流取关联方向时，欧姆定律还可表示为 $u = Ri$，如图 1-29a 所示；

电压、电流取非关联方向时，欧姆定律还可表示为 $u = -Ri$，如图 1-29b 所示。

为了避免公式中出现负号，在对电路进行分析计算时，尽可能采用关联参考方向。

4. 电导

令 $G = 1/R$，G 称为电阻元件的电导，其单位是西门子，符号为 S。用电导表示的电阻元件的欧姆定律如下：

电阻和电导

电流、电压取关联方向时，有　$i = Gu$

电流、电压取非关联方向时，有= $-Gu$

对于线性电阻，当电阻为无限大、电压为任何有限值时，其电流总是零，这时把它称为"开路"；当电阻为零、电流为任何有限值时，其电压总是零，这时把它称为"短路"。

5. 电阻参数的标注

电阻参数的标注方法有直标法和色环标志法。直标法是把电阻值、功率及误差等参数直接标在电阻上。色环标志法是用色环表示电阻的各参数值。阻值环颜色对应的数码见表 1-1，误差环颜色对应的误差见表 1-2。

色环电阻读法

表 1-1　阻值环颜色对应的数码

颜色	棕	红	橙	黄	绿	蓝	紫	灰	白	黑
数码	1	2	3	4	5	6	7	8	9	0

表 1-2　误差环颜色对应的误差

颜色	金	银	无色
误差（%）	±5	±10	±20

（1）两位有效数字的色环标注法　普通电阻采用四条色环表示标称阻值和允许偏差，如图 1-30 所示。

（2）三位有效数字的色环标注法　精密电阻采用五条色环表示标称阻值和允许偏差，如图 1-31 所示。

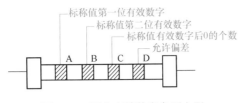

图 1-30　两位有效数字色环电阻

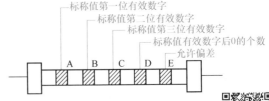

图 1-31　三位有效数字色环电阻

6. 电阻串联电路及应用

（1）电阻串联电路　假定有 n 个电阻 R_1、R_2、R_3、$\cdots$、R_n 顺序相接，

串并联电阻计算

其中没有分岔，则称为 **n 个电阻串联**，如图 1-32 所示。

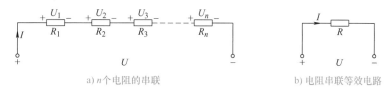

a) n个电阻的串联　　　　　　　　　　　b) 电阻串联等效电路

图 1-32　n 个电阻的串联

电阻串联电路的特点是：电路中流过每个电阻的电流都相等，即

$$I = I_1 = I_2 = I_3 = \cdots = I_n$$

电路两端的总电压等于各电阻两端的电压之和，即

$$U = U_1 + U_2 + U_3 + \cdots + U_n$$

电路的总电阻等于各串联电阻之和，即

$$R = R_1 + R_2 + R_3 + \cdots + R_n$$

电阻串联电路的总电阻大于任何一个分电阻。

电阻串联电路可以等效成一个电阻。

两个电路相互等效是指结构、元件不完全相同的两个电路的端电压、电流关系相同，如图 1-33 所示。相互等效的两部分电路可以相互代换，代换前的电路和代换后的电路与任意外电路相连时，外电路的电流、电压、功率是相等的。

图 1-33　等效电路图

（2）电阻串联的应用——电压表扩大量程　电阻串联的应用非常广泛，在实际工作中，常用几个电阻串联构成分压器。在电工测量中，用串联电阻来扩大电压表的量程，以测量较高的电压，如图 1-34 所示。

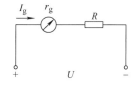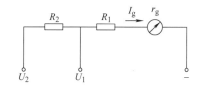

a) 单量程电压表　　　　　　　　　　b) 双量程电压表

图 1-34　电阻串联的应用——电压表扩大量程

7. 电阻并联电路及应用

（1）电阻并联电路　假定有 n 个电阻 R_1、R_2、$\cdots$、R_n 并排连接，称为 **n 个电阻并联**，如图 1-35 所示。

电阻并联电路的特点是：各电阻两端的电压相等，即

$$U = U_1 = U_2 = \cdots = U_n$$

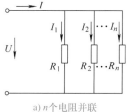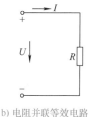

a) n个电阻并联　　　　　b) 电阻并联等效电路

图 1-35　n 个电阻的并联

电路的总电流等于各并联电阻电流之和，即

$$I = I_1 + I_2 + \cdots + I_n$$

电阻并联电路的总电阻的倒数等于每一个电阻的倒数之和，即

$$\frac{1}{R} = \frac{1}{R_1} + \frac{1}{R_2} + \cdots + \frac{1}{R_n}$$

电阻并联电路的总电阻小于任何一个并联电阻。

（2）电阻并联的应用——电流表扩大量程　并联电路的应用也十分广泛。额定电压相同的电阻并联，这样任何一个负载不能正常工作时都不影响其他负载。在电工测量中，经常在电流表两端并联分流电阻（又称分流器），以扩大电流表的量程，如图1-36所示。

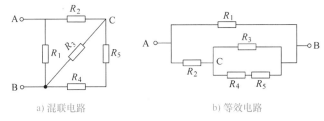

a) 单量程电流表　　b) 双量程电流表

图1-36　电阻并联的应用——电流表扩大量程

8. 电阻的混联

在一个电路中，既有相互串联的电阻，又有相互并联的电阻，这样的电路称为**混联电路**。以图1-37a所示电路为例，混联电路等效电阻求解步骤如下：

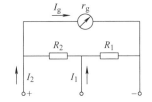

a) 混联电路　　　b) 等效电路

图1-37　电阻的混联

1）先定义好各电阻两端端点（用导线直接连接的点，是等电位点，可以合并为一点），如图1-37a所示。

2）开始图形变换：确定A、B两点和其余各点的位置（A、B作为端点，其余各点分布在A、B两点之间），根据原图中各电阻两端的端点情况，在新图各端点间填入相应电阻进行电路变换，如图1-37b所示。

3）计算等效电阻。

六、电压源与电流源

任何一种电路必须由电源（如电池、发电机、蓄电池、光电池等）持续不断地向电路提供能量。

电压源与电流源

1. 理想电压源和实际电压源

有些实际电源以输出电压的形式向负载供电，且提供的端电压基本是稳定的（如干电池、蓄电池、发电机、直流稳压电源等），我们把这类电源抽象为**理想电压源**。

理想电压源的电路符号如图1-38a所示。在$u—i$平面上，若以横坐标表示电流i，以纵坐标表示端电压u，则可绘制出电压源的伏安特性曲线，如图1-38b所示，它是一条平行于i轴的直线，其伏安特性为

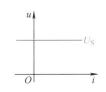

a) 符号　　　b) 伏安特性曲线

图1-38　理想电压源的电路符号及其伏安特性曲线

对于直流　　$U = U_S$　　I为任意值

对于交流　　$u = u_S(t)$　　i为任意值　　　　　　　（1-1）

式（1-1）表明了理想电压源的基本性质：

1）它的端电压是定值U_S或是一定的时间函数$u_S(t)$，与流过的电流无关。当电流为零

时，其两端电压仍为 U_S 或 $u_S(t)$。

2）理想电压源的电压由它本身决定，而流过它的电流则是任意的。

这就是说，理想电压源中的电流不是由它本身能决定的，而是由与之相连接的外电路来决定的。电流可以以不同的方向流过电压源，电压源既可以对外电路提供能量，也可以从外电路接收能量，这视电流的方向而定。

定义理想电压源是有重要理论价值和实际意义的，但理想电压源在实际中是不存在的，因为任何电源总存在内阻。因此，一个实际电源都可以用一个恒定的电压源与一个电阻串联的电路模型来表示，如图1-39a中点画线框所示。图中 U_S 为电压源的恒定电压，其参考方向如图中所示；R_0 为电压源的内电阻。当电压源两端接负载时，有电流 I 流过电路，此时电压源输出的电压 U 为

$$U = U_S - IR_0 \qquad (1\text{-}2)$$

式（1-2）为实际电压源的伏安特性（或称为外特性）。它的外特性曲线（伏安特性曲线）如图1-39b所示，是一条下倾的斜线。实际电压源的伏安特性表明了输出电压 U 随着负载电流 I 变化的关系，当负载电阻 R 为无穷大，即外电路开路时，$I = 0$，端电压 U 就等于电压源电压 U_S；当负载电阻 R 变小时，电路中的电流 I 将增加，内阻上的电压降 IR_0 随着增加，端电压 U 将减小。

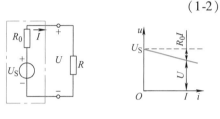

a）实际电压源　　　　　b）外特性曲线

图1-39　实际电压源及其外特性曲线

2. 理想电流源和实际电流源

有些电源以输出电流的形式向负载供电，且提供的电流基本是稳定的（如光电池、电子稳流器等），我们把这类电源抽象为**理想电流源**。

理想电流源的电路符号如图1-40a所示，图中 I_S 为理想电流源恒定电流，箭头表示 I_S 的参考方向。在 i—u 平面上，若以横坐标表示电压 u，以纵坐标表示端电流 i，则可绘制出理想电流源的伏安特性曲线，如图1-40b所示，它是一条平行于 u 轴的直线，其伏安特性表示为

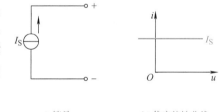

a）符号　　　　　b）伏安特性曲线

图1-40　理想电流源的电路符号及
　　　　其伏安特性曲线

对于直流　　$I = I_S$　　U 为任意值　　　(1-3)

对于交流　　$i = i_S(t)$　　u 为任意值　　　(1-4)

式（1-4）表明了电流源的基本性质：

1）它发出的电流是定值 I_S 或是一定的时间函数 $i_S(t)$，与两端的电压无关。当电压为零时，它发出的电流仍为 I_S 或 $i_S(t)$。

2）理想电流源的电流由它本身决定，而它两端的电压则是任意的。

这就是说，理想电流源两端的电压不是由它本身能决定的，而是由与之相连接的外电路来决定的。电流源两端电压可以有不同的极性，因而电流源既可以对外电路提供能量，也可以从外电路接收能量，这视电压的极性而定。

同样，理想电流源实际上也是不存在的。对于任何一个实际电源，都可以用一个恒定的电流源和一个电阻并联组合的电路模型来表示，如图1-41a中点画线框所示，图中 I_S 为电流源的恒定电流，R_0' 为电流源的内电阻。当电流源两端接负载时，有电流 I 流过电路，输出电

流为

$$I = I_S - \frac{U}{R_0'} \qquad (1-5)$$

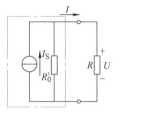

式中，$\frac{U}{R_0'}$ 为内阻中的电流。实际电流源的外特性曲线（伏安特性曲线）如图 1-41b 所示，它也是一条下倾的直线。

a) 实际电流源　　　　　b) 外特性曲线

图 1-41　实际电流源及其外特性曲线

3. 实际电源两种电路的等效变换

由上述分析可知，实际电压源和实际电流源的伏安特性都是下倾的斜线，即它们的外特性曲线相同。当满足一定条件时，它们可以互为等效电路。

由式（1-2）可得

$$I = \frac{U_S}{R_0} - \frac{U}{R_0}$$

与式（1-5）比较，显然，如果满足如下条件：

$$R_0 = R_0' \qquad (1-6)$$

$$I_S = \frac{U_S}{R_0} \quad 或 \quad U_S = R_0 I_S \qquad (1-7)$$

则式（1-2）和式（1-5）完全相同，即实际电压源电路和实际电流源电路是等效的。

图 1-42 表明根据式（1-6）和式（1-7）对两种实际电源电路进行的等效变换，即将实际电压源转换为实际电流源时，只需将电压源的短路电流 $\frac{U_S}{R_0}$ 作为电流源的恒定电流 I_S，内阻由串联改为并联，其阻值不变；反之，将实际电流源转换为实际电压源时，只需将电流源电流的开路电压 $I_S R_0$ 作为电压源恒定电压 U_S，内阻由并联改为串联，其阻值不变。

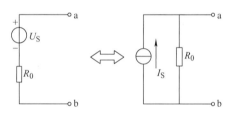

图 1-42　实际电源的等效变换

需要注意的是，两种电源电路在等效变换时，电压源电压的极性与电流源电流的方向在电路中应保持一致，即 I_S 的方向由 U_S 的负极指向正极。

还需要说明，这两种电源电路的等效变换仅仅是对外电路等效，即变换前后端口的外特性保持不变，而对两种电源内部并不等效。

另外，理想电压源的内阻为零，理想电流源的内阻为无穷大，因此，理想电压源与理想电流源之间是不能互相变换的。

七、电路的三种状态

实际用电过程中，根据不同的需要和不同的负载情况，电路可分为三种不同的状态。了解并掌握使电路处于不同状态的条件和特点，是正确用电和安全用电的前提。

1. 开路状态

开路又称为**断路**，是电源和负载未接通时的工作状态。典型的开路状态如图 1-43 所示。当开关 S 断开时，电源与负载断开（外电路的电阻无穷大），未构成闭合回路，电路中无电流，电源不能输出电能，电路的功率等于零。

开路状态有两种情况：一种是正常开路，如检修电源或负载不用电的情况；另一种是故障开路，如电路中的熔断器等保护设备断开的情况，应尽量避免故障开路。

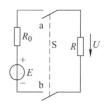

大多数情况下，电源开路是允许的，但也有些电路不允许开路，如测量大电流的电流互感器，它的二次线圈绝对不允许开路，否则将产生过电压，危及人身、设备的安全。

图 1-43 开路状态

电源开路时的电路特征如下：

1）电路中的电流 $I = 0$。

2）电源两端的开路电压 $U_{OC} = E$，负载两端的电压 $U = 0$。

3）电源产生的功率与输出的功率均为零，即 $P_E = P = 0$，这种电路状态又称为电源的空载状态。

2. 短路状态

电路中任何一部分负载被短接，使其端电压降为零，这种情况称电路处于短路状态，图 1-44a 所示电路是电源被短接的情况，其等效电路如图 1-44b 所示。

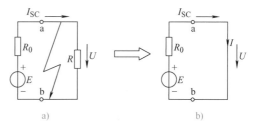

短路状态有两种情况：一种是将电路的某一部分或某一元件的两端用导线连接，称为局部短路。有些局部短路是允许的，称为工作短路，常称为"短接"，如电焊机工作时焊条与

图 1-44 短路状态

工件的短接及电流表完成测量时的短接等。另一种短路是故障短路，如电源被短路或一部分负载被短路，最严重的情况是电源被短路，其短路电流用 I_{SC} 表示。因为电源内阻很小，所以 I_{SC} 很大，是正常工作电流的很多倍。短路时外电路电阻为零，电源和负载的端电压均为零，故电源输出功率及负载取用的功率均为零。

电源短路状态的特征如下：

1）电路中的电流 $I = I_{SC} = \dfrac{E}{R_0}$。

2）电源的端电压 $U = 0$。

3）电源输出及负载转换的功率均为零，即 $P = 0$；电源产生的功率全消耗在内阻上，即 $P_E = I^2 R_0$。

当 $R_0 = 0$ 时，$I_{SC} = \infty$，将烧毁电源，因此短路是一种严重的事故状态。它会使电源或其他电气设备因为严重发热而烧毁，用电操作中应注意避免。电压源不允许短路！

造成电源短路的原因主要是绝缘损坏或接线不当。因此，工作中要经常检查电气设备和电路的绝缘情况，正常连接电路。

电源短路的**保护措施是，在电源侧接入熔断器和低压断路器**，当发生短路时，能迅速切断故障电路，以防止电气设备的进一步损坏。

3. 有载工作状态

图 1-45a 所示电路中，开关 S 闭合后，电源与负载接通构成回路，电路中产生了电流，并向负载输出电功率，即电路中开始了正常的功率转换，电路的这种工作状态称为有载工作

状态。

电路有载工作状态的特征如下：

1）电路中的电流：$I = \dfrac{E}{R + R_0}$。

2）负载端电压：$U = IR = E - IR_0$，当 $R \gg R_0$ 时，$U \approx E$。

电源的外特性曲线如图 1-45b 所示。

3）功率平衡关系：$P = P_E - \Delta P$。

电源输出的功率：$P = UI = I^2 R$。

电源产生的功率：$P_E = EI$。

内阻消耗的功率：$\Delta P = I^2 R_0$。

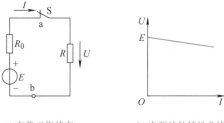

a) 有载工作状态　　　　b) 电源的外特性曲线

图 1-45　有载工作状态及电源的外特性曲线

◆　**项目实训**

汽车信号灯电路的安装与测试

一、实训目的

1）熟悉汽车信号灯电路的工作原理，掌握简单电路的分析和设计方法。

2）学会常用电工工具的使用。

3）会对电路进行简单的测试和调试。

4）培养学生的动手能力、创新能力和团结协作的精神。

二、实训内容

（一）下达工作任务

1. 分组

学生进行分组，选出组长（每次不同），下发学生工作单。

2. 讲解工作任务的原理

（1）系统的工作过程　启动汽车的电源后：

1）按一下扬声器按钮，继电器线圈得电，其触头开关动作闭合，接通了扬声器电路，电流从蓄电池正极，流经熔断器、继电器触头开关、扬声器，回到蓄电池负极，于是扬声器响一下，长按则长响。

2）倒车灯开关闭合，接通了倒车灯及倒车蜂鸣器，倒车灯发亮，同时倒车蜂鸣器发出声音信号。

3）转向灯切换开关切换到左档，将转向灯总开关闭合，左转向信号灯电路接通，电流从蓄电池正极，流经转向灯总开关、熔断器、转向灯切换开关、左转向信号灯和左转向指示灯，回到蓄电池负极，于是左转向信号灯和左转向指示灯发亮。若转向灯切换开关切换到右档，则右转向信号灯和右转向指示灯同样发亮。

（2）参考电路模型　以汽车信号系统电路设计案例——解放 CA1091 型汽车信号系统电路模型进行分析。解放 CA1091 型汽车信号系统电路模型如图 1-46 所示。

（3）系统中各部件的功能

1）蓄电池：一种电源，能将化学能转化为电能，输出的是直流电。

2）熔断器：主要作用是保护电路，防止电流过大而损坏电路。

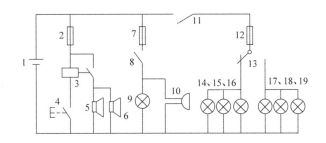

图 1-46 解放 CA1091 型汽车信号系统电路模型

1—蓄电池（12V） 2、7、12—熔断器 3—继电器 4—扬声器按钮 5、6—扬声器

8—倒车灯开关 9—倒车灯 10—倒车蜂鸣器 11—转向灯总开关

13—转向灯切换开关 14、15、16—左转向信号灯 16—左转向指示灯

17、18—右转向信号灯 19—右转向指示灯

3）按钮：是一种无自锁功能的开关部件，按下意味着电路接通，松开则电路重新断开。

4）开关：打至闭合状态电路接通，打至断开状态则电路断开，不需用手按着。

5）继电器：利用线圈得电与否来控制开关通断的一种器件，优点是可以实现用弱电来控制强电。

6）扬声器、蜂鸣器：将电能转换为声能的设备。

7）灯泡：将电能转换为光能的设备。

3. 具体要求

1）设计要求：尾灯 4 只（12V/2W），车前灯 2 只（12V/5W），电源电压为 18V。试画出信号灯电路图，并计算所需元器件的参数。

2）制作要求：按规范要求进行布线；要求每个灯泡能正常发光。

3）测试要求：测量电路中各灯泡上的电压、电流，并计算出每个灯泡上的实际功率；测量总电压及电流并计算总功率。

（二）学生设计实施方案

学生小组根据电路模型选择系统部件，并进行部件的功能检查。查找相关资料，设计项目实施方案。在此过程中，指导教师要巡视课堂，了解情况，对问题与疑点积极引导，适时点拨。对学习困难学生积极鼓励，并适度助学。

（三）学生阐述设计方案

每组学生派代表阐述自己的设计方案（注：自己制作 PPT），老师和各组同学分别对方案进行评价，同时指导教师对重点内容进行精讲，并帮助学生确定方案的可行性。

（四）学生实施方案

学生组长负责组织实施方案（包括测电路参数、电路连接、调试）。在此过程中，指导教师要进行巡视指导，帮助同学解决各种问题，掌握学生的学习动态，了解课堂的教学效果。

（五）学生展示

学生小组派代表进行成果展示（注：自己制作 PPT），老师和各组同学分别对方案进行考核打分，组长对本组组员进行打分。

（六）教师点评

教师对每组进行点评，并总结成果及不足。

三、评价标准（见表 1-3）

表 1-3 评价标准

项目名称	汽车信号灯电路的安装与测试		时间		总分	
组长		组员				
评价内容及标准			自评	组长评价	教师评价	
任务准备	课前预习、准备资料（5 分）					
电路设计、焊接、调试	元器件选择（10 分）					
	电路图设计（15 分）					
	焊接质量（10 分）					
	功能的实现（15 分）					
	电工工具的使用（10 分）					
	参数的测试（10 分）					
工作态度	不迟到，不早退；学习积极性高，工作认真负责（5 分）					
	具有安全操作意识和团队协作精神（5 分）					
任务完成	完成速度，完成质量（5 分）					
	工作单的完成情况（5 分）					
个人答辩	能够正确回答问题并进行原理叙述，思路清晰、语言组织能力强（5 分）					
评价等级						
项目最终评价：自评占 20%，组长评价占 30%，教师评价占 50%						

四、学生工作单（见表 1-4）

表 1-4 学生工作单

学习项目	汽车信号灯电路的安装与测试		班级		组别		成绩	
组长		组员						

一、咨询阶段任务

1. 举例说明常见的电工工具及常见电子元器件。

2. 查阅资料，简述汽车信号灯的基本原理。

3. 简述电路和电路模型的区别。

4. 什么是参考方向？有何实际意义？

5. 简述色环电阻的读法。

6. 简述理想电压源、电流源和实际电源的区别。

二、过程和方案设计（计划和决策）任务

1. 汽车信号灯电路中的各元器件应如何用电路模型来代替？

2. 实际电源如何进行等效变换？举例说明。

3. 如何测各元件功率？功率的正负是否有意义？

4. 进行汽车信号灯电路方案设计。

三、实施阶段任务

1. 如何把测量仪表所测得的电压或电流数值与参考正方向联系起来？

2. 电阻在线断电测量会发生什么问题？电阻带电测量又会发生什么问题？

3. 如何测试所用电源的内阻？

4. 比较电压、电流、功率的测量值和实际值，分析误差原因。

四、检查和评价阶段任务

1. 在方案实施过程中出现了哪些问题？又是如何解决的？

2. 任务完成过程中有什么收获？自己在什么地方做得比较满意？哪些地方不满意？

3. 总结自己在任务完成过程中有哪些不足之处。如何改进？

学生自评：

学生互评：

教师评语：

◆　习题及拓展训练

一、项目习题

1. 选择题

（1）一根粗细均匀阻值为 8Ω 的电阻丝，在温度不变的条件下，先将它等分成四段，每段电阻为（　　）；再将这四段电阻丝并联，并联后总电阻为（　　）。

A. 1Ω，0.5Ω 　　　B. 4Ω，1Ω 　　　C. 2Ω，0.5Ω 　　　D. 2Ω，1Ω

（2）功率 10W、阻值 500Ω 的电阻 R_1 与功率 15W、阻值 500Ω 的电阻 R_2 相串联后的等效电阻值及等效电阻的额定功率分别为（　　）。

A. 500Ω，10W 　　　B. $1k\Omega$，20W 　　　C. $1k\Omega$，25W 　　　D. $1k\Omega$，15W

（3）两电阻相并联，已知 $R_1/R_2 = 1/2$，则流入电阻的电流之比 I_1/I_2、功率之比 P_1/P_2 分别是（　　）。

A. $I_1/I_2 = 2$，$P_1/P_2 = 2$ 　　B. $I_1/I_2 = 2$，$P_1/P_2 = 4$ 　　C. $I_1/I_2 = 1/2$，$P_1/P_2 = 1/2$

（4）如图 1-47 所示，EL_1、EL_2、EL_3 是三个完全相同的小灯泡，串联后接在电压为 6V 的电路中，原来三个小灯泡都正常发光，现在三个小灯泡都不亮了。用电压表接在 a、c 两端时，示数是 6V；接在 a、b 两端时，示数是 0；接在 b、d 两端时，示数也是 0。那么灯丝断了的小灯泡是（　　）。

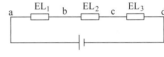

图　1-47

A. EL_1、EL_2、EL_3 这三个小灯泡中的某一个

B. EL_1 和 EL_2

C. EL_1 和 EL_3

D. EL_2 和 EL_3

2. 两个数值不同的电压源能否并联后"合成"一个向外电路供电的电压源？两个数值不同的电流源能否串联后"合成"一个向外电路供电的电流源？为什么？

3. 电路中电位相等的各点，如果用导线接通，对电路其他部分有没有影响？

4. 求图 1-48 所示各电路的等效电源。

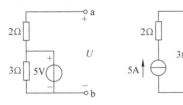
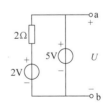

图　1-48

5. 电路如图 1-49 所示。已知 $U_S = 100V$，$R_1 = 2k\Omega$，$R_2 = 8k\Omega$。
（1）若 $R_3 = 8k\Omega$，则 $U_2 = ?$ $I_2 = ?$ $I_3 = ?$ （2）若 $R_3 = \infty$，则 $U_2 = ?$ $I_2 = ?$ $I_3 = ?$ （3）若 $R_3 = 0$，则 $U_2 = ?$ $I_2 = ?$ $I_3 = ?$

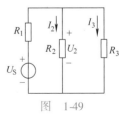

6. 电路如图 1-50 所示，试求开关 S 断开和闭合两种情况下 b 点的电位。

图　1-49

7. 试用电源等效变换的方法求图 1-51 所示电路中的电流 I。

8. 电路如图 1-52 所示，开关 S 倒向"1"位时，电压表读数为 10V，S 倒向"2"位时，电流表读数为 10mA，问：S 倒向"3"位时，电压表、电流表读数各为多少？

9. 电路如图 1-53 所示，$U_S = 10V$，$I_S = 2A$，$R_1 = 1\Omega$，$R_2 = 2\Omega$，$R_3 = 5\Omega$，$R = 1\Omega$。

（1）求电阻 R 中的电流 I；（2）计算理想电压源 U_S 中的电流 I_U 和理想电流源 I_S 两端的电压 U_I；（3）分析功率平衡。

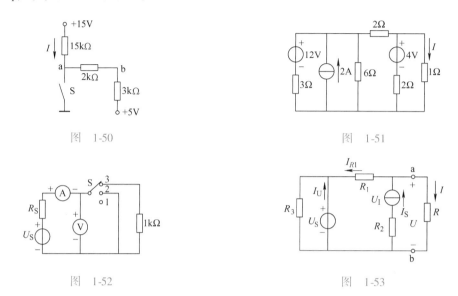

图　1-50　　　　　　　　　　　　　　　　图　1-51

图　1-52　　　　　　　　　　　　　　　　图　1-53

二、拓展提高

根据图 1-54 所示的荧光灯工作原理图，设计荧光灯照明电路图并进行焊接调试。

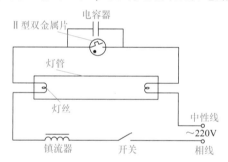

图 1-54　荧光灯工作原理图

名人寄语

青少年是一个美好而又是一去不可再得的时期，是将来一切光明和幸福的开端。

——加里宁

项目二　电桥电路的安装与测试

◆　项目目标

1. 掌握电路的各种分析方法。
2. 熟练掌握指针式万用表和数字式万用表的使用方法。
3. 能够识读电路图，并能够根据电路图进行电路接线。
4. 能正确使用常用电工仪表对电路元件进行检测和分析。
5. 熟悉电路连接的基本原则和安全规程，培养学生良好的职业素养、创新意识和团结协作精神。

◆　工作情境

1. 实训环境要求

本项目的教学应在一体化的电工技能实训室和电子装配实训室进行，实训室内设有教学区（配备多媒体）、工作区、资料区和展示区。要配备常用的电工实验台等设备、万用表等常用仪表及常用电工工具。

2. 指导要求

配备一名主讲教师和一名实验室辅助教师。

3. 学生要求

根据班级情况进行分组，一般每组 3~4 名同学，选出组长。

4. 教学手段选择

1）主要应用讲授法、任务教学法、讨论法和演示法进行教学。
2）多媒体教学与实物演示相结合。
3）现场教学与动手操作相结合。
4）教师主导与学生自主学习相结合。

2 分钟教你学会
使用万用表

实践知识 ——万用表

"万用表"是万用电表的简称，它是电子制作中一个必不可少的工具。利用万用表可以测量电流、电压、电阻，有些还可以测量晶体管的放大倍数、频率、电容值、逻辑电位及分贝值等。万用表有很多种，现在最流行的有指针式万用表和数字式万用表，如图 2-1 所示，它们各有优缺点。对于电子初学者，建议使用指针式万用表，因为它对我们熟悉一些电子知

a) 指针式万用表　　　　　　　　b) 数字式万用表

图 2-1　常用万用表外形

识原理很有帮助。下面分别介绍指针式万用表及数字式万用表的原理和使用方法。

一、指针式万用表

下面以 MF500 型万用表为例介绍。

1. 结构

MF500 型万用表主要由表头（测量机构）、测量电路和转换开关组成，其外形如图 2-2 所示。

表头通常采用灵敏度、准确度高的磁电系直流微安表，其满刻度电流为几微安到几百微安。

测量电路中，用一只表头能测量多种电量，并且有多种量程，其关键是通过测量电路变换，把被测电量变成磁电系表头所能接受的微小直流电流。测量交流电压时，电路中还有整流器件。

转换开关是用来选择不同被测量和不同量程时的切换元件。

图 2-2 MF500 型
万用表外形

2. 使用方法

（1）使用前的准备工作

1）接线柱（或插孔）选择。测量前检查表笔插接位置，一般红表笔连接的插头插在标有"＋"的插孔内，黑表笔连接的插头插在标有"－"的公共插孔内。

2）测量种类选择。根据所测对象是交直流电压、直流电流还是电阻，将转换开关旋至相应位置上。

3）量程选择。根据大致测量范围，将量程转换开关旋至适当量程上，若被测电量数值大小不明，应将转换开关旋至最大量程上，先测试，若读数太小，可逐步减小量程，绝对不允许带电转换量程，切不可使用电流档或欧姆档测量电压，否则会损坏万用表。

4）正确读数。万用表的表盘上有4条标尺。上面第1条为欧姆〔电阻〕档标尺，第2条为交直流电压、直流电流标尺，第3条为交流10V专用标尺，第4条为电平标尺。一般读数在表针偏转满刻度的1/2～2/3为宜。

5）万用表用完后，应将转换开关置于空档或交流电压最高档。若长期不用，应将表内电池取出。

6）万用表的机械调零是供测量电压、电流时调零用。旋动万用表的机械调零螺钉，使指针对准刻度盘左端的"0"位置。

（2）使用万用表的注意事项　万用表是比较精密的仪器，如果使用不当，不仅造成测量不准确，且极易损坏万用表。但是，只要我们掌握万用表的使用方法和注意事项，谨慎使用，万用表就能经久耐用。使用万用表注意事项如下：

1）测量电流与电压不能旋错档位。如果误用电阻档或电流档去测电压，则极易烧坏万用表。万用表不用时，最好将转换开关旋至交流电压最高档。

2）测量直流电压和直流电流时，注意"＋""－"极性，不要接错。发现指针反转时，应立即调换表笔，以免损坏指针及表头。

3）如果不知道被测电压或电流的大小，应先用最高档，而后再选用合适的档位来测试，以免表针偏转过度而损坏表头。所选用的档位越靠近被测值，测量的数值就越准确。

4）测量电阻时，不要用手触及元件两端（或两支表笔的金属部分），以免人体电阻与被测电阻并联，使测量结果不准确。

5）测量电阻时，如将两支表笔短接，调零旋钮旋至最大，指针仍然达不到 0 点，这种现象通常是由于表内电池电压不足造成的，应换上新电池方能准确测量。

（3）测交流电压

1）用万用表测交流电压应使用交流电压档，如图 2-3 所示。

2）将两表笔并接在所测电路两端，不分正负极。

3）在相应量程标尺上读数。

4）当被测电压大于 500V 时，红表笔连接的插头应插在 2500V 的交、直流插孔内，并且测量时必须戴绝缘手套。

（4）测量直流电压

1）测量直流电压应使用直流电压档，如图 2-4 所示。

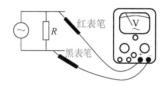 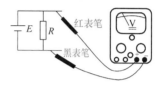

图 2-3　万用表测交流电压　　　　　　　　图 2-4　万用表测直流电压

2）红表笔接被测电压的正极，黑表笔接被测电压的负极，两表笔并接在被测电路两端，如果不知道极性，应将转换开关置于直流电压的最大处，然后将一根表笔接被测一端，另一表笔迅速碰一下另一端，观察指针偏转，若正偏，则接法正确；若反偏，则应调换表笔接法。

3）根据指针稳定时的位置及所选量程正确读数。

（5）测量直流电流

1）用万用表测量直流电流时，应使用直流电流档，量程选择 mA 或 μA 档，两表笔串接于测量电路中，如图 2-5 所示。

2）红表笔接电源正极，黑表笔接电源负极。如果极性不知，则将转换开关置于 mA 档的最大处，然后将一根表笔固定一端，另一表笔迅速碰一下另一端，观察指针偏转方向。若正偏，则接法正确；若反偏，则应调换表笔接法。

3）根据指针稳定时的位置及所选量程正确读数。

（6）测量电阻

1）用万用表的电阻档测量电阻，如图 2-6 所示。

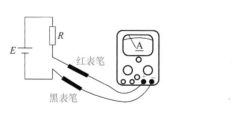 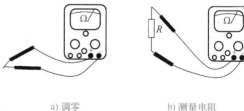

a) 调零　　　　　b) 测量电阻

图 2-5　万用表测直流电流　　　　　　　图 2-6　万用表测电阻

2）测量前应将电路电源断开，如果有大电容，则必须充分放电，切不可带电测量。

3）测量电阻前，应先进行电阻调零，即将红、黑两表笔短接，调节"Ω"旋钮，使指针对零；若指针调不到零，则表内电池不足，需更换。每更换一次量程都要重新调零一次。

4）测量小电阻时尽量减少接触电阻，测量大电阻时，不要用手接触两表笔，以免人体电阻并入影响测量精度。

5）表头指针显示的读数乘以所选量程的倍率数即为所测电阻的阻值。

（7）测量二极管　将两表笔分别接在二极管的两个电极上，读出测量的阻值；然后将表笔对换再测量一次，记下第二次阻值。若两次阻值相差很大，则说明该二极管性能良好。根据测量电阻小的那次的表笔接法（称之为正向连接），可判断出与黑表笔连接的是二极管的正极，与红表笔连接的是二极管的负极，这是因为万用表的内电源的正极与万用表的"－"插孔连通，内电源的负极与万用表的"＋"插孔连通。

如果两次测量的阻值都很小，则说明二极管已经击穿；如果两次测量的阻值都很大，则说明二极管内部已经断路；两次测量的阻值相差不大，则说明二极管性能欠佳。在这些情况下，二极管都不能使用。

必须指出：由于二极管的伏安特性是非线性的，用万用表的不同电阻档测量二极管的电阻时，会得出不同的电阻值；实际使用时，流过二极管的电流会较大，因而二极管呈现的电阻值会更小些。

（8）测量晶体管

1）将万用表转换开关置于欧姆档"×10k"位置。

2）将红表笔固定在晶体管的任一个极上，黑表笔分别测其余两极，这时可能会有两种情况：

① 如果指针都有指示（阻值很小），这个就是 PNP 型晶体管，红表笔接的就是基极，这时把红表笔和黑表笔互换（即黑表笔固定接基极），红表笔分别接其余两极，其中一个指针有轻微指示的（阻值较大），就是发射极，没有任何读数（阻值无穷大）的那个极就是集电极。

② 如果其中一个指针有轻微指示，另一个没有，这个就是 NPN 型晶体管，红表笔接的就是基极，有轻微指示的（阻值较大），就是发射极，没有指示的（阻值无穷大）就是集电极。

二、数字式万用表

相对来说，数字式万用表属于比较简单的测量仪器。下面介绍用数字式万用表测量电压、电阻、电流、二极管、晶体管的方法。

1. 电压的测量

1）直流电压的测量，如电池等。首先将黑表笔连接的插头插进"COM"孔，红表笔连接的插头插进"VΩ"孔。把旋钮旋到比估计值大的量程（注意："V－"表示直流电压档，"V～"表示交流电压档，"A"表示电流档），接着把表笔接电源或电池两端，并保持接触稳定。数值可以直接从显示屏上读取，若显示为"1."，则表明量程太小，那么就要加大量程后再测量。如果在数值左边出现"－"，则表明表笔极性与实际电源极性相反，此时红表笔接的是负极。

2）交流电压的测量。表笔连接的插孔与直流电压测量时一样，不过应该将旋钮旋到交流档"V～"处所需的量程。交流电压无正负之分，测量方法跟前面相似。

无论测交流电压还是直流电压，都要注意人身安全，不要随便用手触摸表笔的金属部分。

2. 电流的测量

1）直流电流的测量。先将黑表笔连接的插头插入"COM"孔。若测量大于 200mA 的电流，则要将红表笔连接的插头插入"10A"插孔并将旋钮旋到直流"10A"档；若测量小于200mA的电流，则将红表笔连接的插头插入"200mA"插孔，将旋钮旋到直流200mA以内的合适量程。调整好后，就可以测量了。将万用表串联进电路中，保持稳定即可读数。若显示为"1"，那么就要加大量程；如果在数值左边出现"－"，则表明电流从黑表笔流进万用表。

2）交流电流的测量。测量方法与1）相同，不过应该选择交流档位，电流测量完毕后应将红表笔连接的插头插回"VΩ"孔，若忘记这一步而直接测电压，万用表会被烧坏。

3. 电阻的测量

将表笔连接的插头插进"COM"和"VΩ"孔中，把旋钮旋到"Ω"档中所需的量程，用表笔接电阻两端金属部位，测量中可以用手接触电阻，但不要把手同时接触电阻两端，这样会影响测量精确度，因为人体是电阻很大但是有限大的导体。读数时，要保持表笔和电阻有良好的接触。注意单位：在"200"档时单位是Ω，在"2k"到"200k"档时单位是kΩ，"2M"档以上的单位是MΩ。

4. 二极管的测量

数字式万用表可以测量发光二极管、整流二极管等。测量时，表笔连接的插孔与电压测量一样，将旋钮旋到"hFE"档；用红表笔接二极管的正极，黑表笔接负极，这时会显示二极管的正向压降。肖特基二极管的正向压降是0.2V左右，普通硅整流管（1N4000、1N5400系列等）的正向压降约为0.7V，发光二极管的正向压降为1.8~2.3V。调换表笔，显示屏显示"1."则为正常，因为二极管的反向电阻很大，否则此二极管已被击穿。

5. 晶体管的测量

表笔连接的插孔同上。先假定A脚为基极，用黑表笔与该脚相接，红表笔与其他两脚分别接触；若两次读数均为0.7V左右，然后再用红表笔接A脚，黑表笔接触其他两脚，若均显示"1"，则A脚为基极（否则需要重新测量），且此管为PNP型晶体管。那么集电极和发射极如何判断呢？数字式万用表不能像指针式万用表那样利用指针摆幅来判断，那怎么办呢？我们可以利用"hFE"档来判断：先将档位旋到"hFE"档，可以看到档位旁有一排小插孔，分为PNP型和NPN型管的测量。前面已经判断出管型，将基极插入对应管型"b"孔，其余两脚分别插入"c""e"孔，此时可以读取数值，即β值；再固定基极，其余两脚对调。比较两次读数，读数较大时，管脚位置与表面"c""e"相对应。

小技巧：上述方法只能直接对9000系列等的小型管测量，若要测量大型管，可以采用接线法，即用小导线将三个管脚引出。

◆ 理论知识

一、基尔霍夫定律

基尔霍夫定律

对于简单电路，用欧姆定律即可求解，但在电路的求解过程中，常会遇到一些不能用串并联公式进行简化的电路，即复杂电路，要解决这类问题就需要基尔霍夫定律与欧姆定律配合使用。下面着重介绍基尔霍夫定律。

基尔霍夫定律包括电流定律和电压定律。为了便于讨论，先介绍几个名词。

支路：电路中流过同一电流的一个分支称为一条支路。图2-7中共有3支路，分别为：bafe、be、bcde。其中，两条含有电源的支路称为有源支路，不

支路、节点、回路和网孔

含电源的支路称为无源支路。

节点：电路中三条或三条以上支路的连接点称为节点。图 2-7 中有 2 个节点，分别为 b 点和 e 点。

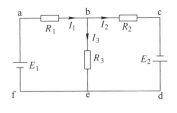

回路：电路中任一闭合路径称为回路。图 2-7 中有 3 个回路，分别为：abefa、bcdeb 和 abcdefa。

网孔：内部不含支路的回路称为网孔。图 2-7 中有 2 个网孔，分别为：abefa 和 bcdeb。

图 2-7 复杂电路

1. 基尔霍夫电流定律

基尔霍夫电流定律（简称 KCL）定义为：在电路中，对任一节点，在任一时刻，流入节点的电流之和等于流出节点的电流之和，即 $\Sigma I_\text{入} = \Sigma I_\text{出}$。如图 2-7 所示，对于节点 b 有

$$I_1 = I_2 + I_3 \tag{2-1}$$

若规定流入节点的电流为正，流出节点的电流为负，则基尔霍夫电流定律还可表述为：对任一节点各支路的电流代数和为零，即 $\Sigma I = 0$。如图 2-7 所示，对于节点 b 有

$$I_1 - I_2 - I_3 = 0 \tag{2-2}$$

KCL 的推广：在任一时刻，流入任一闭合面（广义节点）的电流之和等于流出该闭合面的电流之和。如图 2-8 所示，有

$$I_1 = I_2 + I_3 \tag{2-3}$$

基尔霍夫电流定律的本质是电流连续性的表现，即流入节点的电流等于流出节点的电流。对于一个具有 n 个节点的电路，根据 KCL 只能列出 $n-1$ 个独立数学方程。与这些独立方程对应的节点叫独立节点。

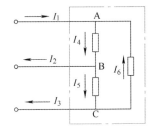

2. 基尔霍夫电压定律

基尔霍夫电压定律（简称 KVL）用以确定回路中的各段电压间的关系，定义为：在电路中，任一时刻，沿任一回路，所有支路电压的代数和恒等于零。

图 2-8 KCL 的推广

即对任一回路，有

$$\Sigma U = 0 \tag{2-4}$$

用基尔霍夫电压定律列回路方程，首先必须假定回路的绕行方向，电压参考方向与假定回路绕行方向一致时，则该支路电压取正；相反时，支路电压取负。

以图 2-7 为例说明如何列写回路电压方程。该电路有 3 个回路，取顺时针方向为绕行正方向。

对于回路 abefa，有 $\qquad I_1 R_1 + I_3 R_3 - E_1 = 0$

对于回路 bcdeb，有 $\qquad I_2 R_2 - E_2 - I_3 R_3 = 0$

对于回路 abcdefa，有 $\qquad I_1 R_1 + I_2 R_2 - E_1 - E_2 = 0$

基尔霍夫电压定律不仅适用于闭合回路，也可以推广应用到回路的部分电路（广义回路），用于求回路的开路电压 U_{ab}。如图 2-9 所示，则

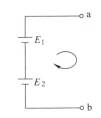

$$U_{ab} - E_1 - E_2 = 0 \tag{2-5}$$

基尔霍夫电压定律的本质是电压与路径无关，它反映了能量守恒定律。

图 2-9 KVL 的推广

对于一个具有 n 个节点、m 条支路的电路，独立的回路电压方程数等于网孔数，故按网孔列写的回路电压方程均为独立方程。

二、支路电流法

支路电流法

复杂直流电路是不能用电阻串、并联特点及欧姆定律进行分析的直流电路。

分析复杂直流电路的基本依据有以下两个。

1）欧姆定律：各个元件本身必须遵循的基本定律，即线性元件的伏安特性。

2）基尔霍夫定律：各部分电压、电流之间必须遵循的基本定律。

解决复杂电路问题的方法有两种：一种是根据电路待求的未知量，直接应用基尔霍夫定律列出足够的独立方程式，然后联立求解出未知量；另一种是应用等效变换的概念，将电路化简或进行等效变换后，再通过欧姆定律、基尔霍夫定律或分压、分流公式求解。

支路电流法：以电路中各支路电流为未知量，应用基尔霍夫电流定律和电压定律列出节点电流方程和回路电压方程，然后解方程求出各支路电流。

如果电路中有 n 个节点，b 条支路，则由 KCL 和 KVL 可以列出 $n-1$ 个独立的节点电流方程和 $b-(n-1)$ 个独立的回路电压方程。

利用支路电流法求解电路的步骤如下：

1）假设各支路电流的参考方向，以各支路电流为未知量。

2）根据 KCL 列出 $n-1$ 个独立的节点电流方程。

3）根据 KVL 列出 $b-(n-1)$ 个独立的回路电压方程。

4）联立以上方程，求解方程组，计算出各支路电流。

【例 2-1】　电路如图 2-10 所示，已知 $U_{S1}=70V$，$R_1=20\Omega$，$U_{S2}=45V$，$R_2=5\Omega$，$R_3=6\Omega$，计算各支路电流。

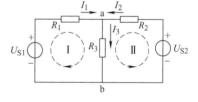

图 2-10　例 2-1 图

【解】　1）假设电路中各支路电流的参考方向和各回路的绕行方向，如图中所示。

2）列节点电流方程。根据 2 个节点，可列出 $2-1=1$ 个独立的节点电流方程。

节点 a：
$$I_1+I_2-I_3=0$$

3）列回路电压方程。根据 3 个回路，可列出 $3-(2-1)=2$ 个独立的回路电压方程。

$$I_1R_1+I_3R_3=U_{S1}$$
$$I_2R_2+I_3R_3=U_{S2}$$

4）解联立方程组：

$$I_1+I_2-I_3=0$$
$$I_1R_1+I_3R_3=U_{S1}$$
$$I_2R_2+I_3R_3=U_{S2}$$

5）代入数据求解，得 $I_1=2A$，$I_2=3A$，$I_3=5A$。

电流为正值，说明该电流实际方向与参考方向相同；如果电流为负值，则说明它们的实际方向与参考方向相反。

三、叠加定理

在线性电路中，所有独立电源共同作用产生的响应等于每个独立电源单独作用时所产生的响应的叠加，这就是叠加定理。

所谓每个独立电源单独作用，就是假设将其余的电源均除去。除源的原则是理想电压源短路，理想电流源开路。

利用叠加定理求解电路的步骤如下：

1）将多个独立电源同时作用的电路分解成每个独立电源单独作用的分电路的叠加。

2）在分电路中标注出要求解的电压或电流的参考方向，对每个分电路进行分析，求解出相应的电压或电流。

3）将分电路的电压或电流进行叠加，求出原电路中要求解的电压或电流。

下面结合例题说明利用叠加定理求解电路的步骤。

【例 2-2】 如图 2-11a 所示，已知恒压源 $E = 10V$，恒流源 $I_S = 5A$，试用叠加定理求 $R_2 = 4\Omega$ 电阻所在支路的电流 I 及其两端的电压 U_{R2}。

【解】 假定待求支路电流 I 及电压 U_{R2} 的参考方向如图 2-11a 所示。

电路由两个独立电源共同作用，下面分别求各电源单独作用时待求支路的电流分量及电压分量。

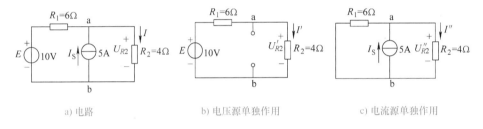

a) 电路　　　　　　　　b) 电压源单独作用　　　　　　　　c) 电流源单独作用

图 2-11　例 2-2 图

1）设电压源单独作用，令 5A 电流源不起作用，即等效为开路，此时电路如图 2-11b 所示。

$$I' = \frac{E}{R_1 + R_2} = \frac{10}{6+4}A = 1A$$

$$U'_{R2} = R_2 I' = 4 \times 1V = 4V$$

$$P'_{R2} = U'_{R2} I' = 4 \times 1W = 4W$$

2）设电流源单独作用，令 10V 电压源不起作用，即等效为短路，此时电路如图 2-11c 所示。

$$I'' = I_S \frac{R_1}{R_1 + R_2} = 5 \times \frac{6}{6+4}A = 3A$$

$$U''_{R2} = R_2 I'' = 4 \times 3V = 12V$$

$$P''_{R2} = U''_{R2} I'' = 12 \times 3W = 36W$$

将各电流分量及电压分量进行叠加，求出原电路中的电流和电压。

$$I = I' + I'' = (1+3)A = 4A$$

$$U_{R2} = U'_{R2} + U''_{R2} = 4V + 12V = 16V$$

叠加原则：当各分量电流或电压与原电路中电流或电压参考方向相同时取正，相反时取负。

$$P'_{R2} + P''_{R2} = (4+36)W = 40W$$

电阻 R_2 实际消耗的功率为

$$P_{R2} = R_2 I^2 = 4 \times 4^2 \mathrm{W} = 64 \mathrm{W}$$

由以上计算可知：$P_{R2} \neq P'_{R2} + P''_{R2}$。

可见，功率不能用叠加定理计算。

使用叠加定理时，应该注意以下几个要点：

1）叠加定理只适用于线性电路，对非线性电路不适用。

2）在叠加的各分电路中，电路的连接及所有电阻都不变，只是将其他电源进行除源处理。

3）分电路计算出的电压和电流进行叠加时要注意电压和电流的参考方向，至于各电压和电流前取"＋"号，还是取"－"号，则由选择的参考方向决定。建议将各分电路中电压和电流参考方向取为与原电路中的相同，这样在叠加时直接求和即可。

4）原电路中的功率不等于各分电路计算的功率的叠加。

叠加定理主要用于分析电路或对一些定理、推论的证明、推导和论证，一般情况下很少用叠加定理进行计算。

四、戴维南定理

实际问题中往往有这样的情况：对于一个复杂电路，并不需要把所有的支路电流都求出来，而只是求某一支路的电流，在这种情况下，应用戴维南定理来求解更为简便。此法是将待求支路从电路中取出，把其余电路用一个等效电源来代替，先把复杂的电路化为简单的电路再进行求解。

二端网络：具有两个端钮与外电路连接的网络。

有源线性二端网络：含有电源的线性二端网络。

无源线性二端网络：不含电源的线性二端网络。

任何一个有源线性二端网络在电路中的作用，均可用一个电压源和电阻的串联电路来等效代替，该电压源的电压等于有源二端网络的开路电压 U_{OC}，该电阻 R_0 等于将有源二端网络化成无源二端网络（电压源短路，电流源开路）后从两个端子看进去的等效电阻，这就是戴维南定理。

利用戴维南定理求解电路的步骤如下：

1）将复杂电路分成待求支路和有源二端网络两部分。

2）将待求支路移开，求解有源二端网络的开路电压 U_{OC}。

3）将二端网络内各电压源短路，各电流源断路，求出无源二端网络两点之间的等效电阻 R_0。

4）画出戴维南等效电路，并将其与待求支路连接，应用欧姆定律或基尔霍夫定律求出支路电流或电压。

【例2-3】 用戴维南定理求图 2-12 中的电压 U。

【解】 1）将待求支路（6Ω 电阻支路）断开，如图 2-13a 所示。求有源二端网络的开路电压 U_{OC}，则

$$I_1 = 2\mathrm{A}$$

$$U_{\mathrm{OC}} = 10\Omega \times I_1 + 10\mathrm{V} + 20\mathrm{V} = (10 \times 2 + 30)\mathrm{V} = 50\mathrm{V}$$

2）将电压源短路、电流源开路，求从 a、b 两端看进去的等

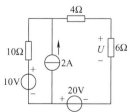

图 2-12　例 2-3 图

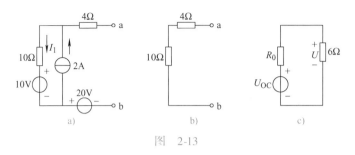

图 2-13

效电阻 R_0，如图 2-13b 所示，则

$$R_0 = 4\Omega + 10\Omega = 14\Omega$$

3）将待求支路接入戴维南等效电路，如图 2-13c 所示，所求电压为

$$U = \frac{6\Omega}{6\Omega + R_0} U_{OC} = \frac{6}{6+14} \times 50V = 15V$$

五、节点电压法

电路中任一节点与参考点之间的电压称为节点电压。

所谓节点电压法，就是在电路的 n 个节点中，选定一个节点作为参考点，再以其余各节点电压为待求量，利用基尔霍夫电流定律列出 $n-1$ 个节点电流方程式，进而求解电路响应的方法。

分析计算复杂电路时，经常会遇到一些节点数较少而支路数较多的电路，如有 2 个节点、多条支路的电路。计算支路电流时，使用支路电流法比较繁琐，利用节点电压法则会比较方便。

利用节点电压法求解电路的步骤如下：

1）选定某一节点为参考点。其余各节点与参考点之间的电压就是待求的节点电压。

2）标出各支路电流的参考方向，对 $n-1$ 个节点列写节点电流方程式。

3）使用 KVL 和欧姆定律，将节点电流方程式用节点电压的关系式代替，写出节点电压方程式。

4）解方程，求解各节点电压。

5）由节点电压求各支路电流及其响应。

图 2-14 所示电路中有 4 条支路、2 个节点，若用支路电流法求解，则需要列 4 个方程，使用节点电压法只需列一个方程即可。

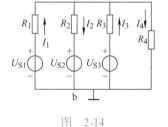

图 2-14

设以电路中的节点 b 为参考点，则 a 点的节点电压就是节点 a 与节点 b 两点之间的电压，用 U_a 表示。

对 2-14 中的节点 a，应用 KCL 得到

$$I_1 + I_3 = I_2 + I_4 \tag{2-6}$$

应用 KVL 得到

$$I_1 = \frac{U_{S1} - U_a}{R_1} \qquad I_2 = \frac{U_a - U_{S2}}{R_2}$$

$$I_3 = \frac{U_{S3} - U_a}{R_3} \qquad I_4 = \frac{U_a}{R_4} \tag{2-7}$$

将式（2-7）代入式（2-6），整理得

$$U_a = \frac{G_1 U_{S1} - G_2 U_{S2} + G_3 U_{S3}}{G_1 + G_2 + G_3 + G_4}$$

式中，$G_1 = 1/R_1$；$G_2 = 1/R_2$；$G_3 = 1/R_3$；$G_4 = 1/R_4$。

◆　项目实训

电桥电路的安装与测试

一、实训目的

1）了解电桥的特点、应用和工作原理，掌握直流电路各参数测量的基本原理，掌握简单电路的分析和设计方法。

2）掌握指针式万用表和数字式万用表的使用方法。

3）熟悉简单应用电路的设计和安装步骤。

4）会对电路进行简单的测试和调试。

5）培养学生的动手能力、创新能力和团结协作的精神。

二、实训内容

（一）下达工作任务

1. 分组

学生进行分组，选出组长（每次不同）。下发学生工作单。

2. 讲解工作任务的原理

精确测量电路参数时可以使用电桥。测量电阻的直流电桥分为惠斯顿电桥和开尔文电桥两种。惠斯顿电桥适用于测量中值电阻，测量范围为 $10 \sim 10^6\Omega$。开尔文电桥适用于测量低值电阻，测量范围为 $10^{-6} \sim 10^2\Omega$。大电阻的测量则可用超高阻电桥，电桥的供电电压为 $50 \sim 1000V$。超高阻电桥的测量范围可达 $10^{15}\Omega$。

测量交流参数的电桥则有变压器电桥和阻抗电桥两种。

惠斯顿电桥又称直流单臂电桥，其原理如图 2-15 所示。图中被测电阻 R_x 与已知电阻 R_2、R_3、R_4 连接成一个封闭的环形电路。四个电阻的连接点 a、b、c、d 称为电桥的顶点；由四个电阻组成的支路 ac、cb、ad、db 分别称为桥臂。在电桥的两个顶点 a、b 端接一个直流电源，作为电桥的输入端，另外两个顶点 c、d 端接一个检流计，作为电桥的输出端。

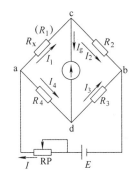

图 2-15　惠斯顿电桥原理

当电桥接通电源之后，调节桥臂电阻 R_2、R_3、R_4，使 c、d 两点的电位相等，也就是使检流计两端没有电压，其电流 $I_g = 0$，这种状态称为电桥平衡状态。电桥平衡时，必须满足下列条件，即

$$I_1 = I_2$$
$$I_3 = I_4$$
$$I_1 R_x = I_4 R_4$$
$$I_2 R_2 = I_3 R_3$$

由以上四式可得，$R_3 R_x = R_2 R_4$，则

$$R_x = \frac{R_2}{R_3} R_4$$

当电桥平衡时，由上式可求得被测电阻 R_x 的阻值。

开尔文电桥又叫直流双臂电桥，其原理如图 2-16 所示，图中，R_x 是被测电阻，R_n 是比较用的可调电阻。R_x 和 R_n 各有两对端钮，C_1 和 C_2、C_{n1} 和 C_{n2} 是它们的电流端钮，P_1 和 P_2、P_{n1} 和 P_{n2} 是它们的电位端钮。接线时必须使被测电阻 R_x 只能在电位端钮 P_1 和 P_2 之间，而电流端钮在电位端钮的外侧，否则就不能排除和减小接线电阻与接触电阻对测量结果的影响。比较用可调电阻的电流端钮

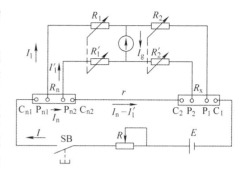

图 2-16　开尔文电桥原理

C_{n2} 与被测电阻的电流端钮 C_2 用电阻为 r 的粗导线连接起来。R_1、R'_1、R_2 和 R'_2 是桥臂电阻，其阻值均在 10Ω 以上。在结构上把 R_1 和 R'_1 以及 R_2 和 R'_2 做成同轴调节电阻，以便改变 R_1 或 R_2 的同时，R'_1 和 R'_2 也会随之变化，并能始终保持

$$\frac{R'_1}{R_1} = \frac{R'_2}{R_2}$$

测量时接上 R_x，调节各桥臂电阻使电桥平衡。此时，因为 $I_g = 0$，可得到被测电阻 R_x 为

$$R_x = \frac{R_2}{R_1} R_n$$

可见，被测电阻 R_x 仅取决于桥臂电阻 R_2 和 R_1 的比值及比较用可调电阻 R_n，而与粗导线电阻 r 无关。比值 R_2/R_1 称为开尔文电桥的倍率，所以电桥平衡时有

被测电阻值 = 倍率读数 × 比较用可调电阻读数

因此，为了保证测量的准确性，连接 R_x 和 R_n 电流端钮的导线应尽量选用导电性能良好且短而粗的导线。

只要能保证 $\dfrac{R'_1}{R_1} = \dfrac{R'_2}{R_2}$，$R_1$、$R'_1$、$R_2$ 和 R'_2 均大于 10Ω，r 又很小，且接线正确，开尔文电桥就可较好地消除或减小接线电阻与接触电阻的影响。因此，用开尔文电桥测量小电阻时，能得到较准确的测量结果。

3. 具体要求

1）任务要求：①设计一个用于测试电阻的电桥电路，画出测试电路图；②要求被测电阻值为 $200 \sim 800\Omega$，电源电压为 $10V$；③计算所需元器件的参数，正确选择元器件。

2）制作要求：按电路图制作电路，按布线规范要求进行布线，要求电路能正常运行。

3）测试要求：①电桥不平衡时，测量电路中各电阻上的电压、电流，并计算出每个电阻上的实际功率；②电桥平衡时，测量电路中各电阻上的电压、电流，并计算出每个电阻上的实际功率；③测出电阻值。

（二）学生设计实施方案

学生小组根据电桥原理图，查找相关资料，自己计算并选择各电路元器件，并进行元器

件的检查，确定项目实施方案。在此过程中，指导教师要巡视课堂，了解情况，对问题与疑点积极引导，适时点拨。对学习困难学生积极鼓励，并适度助学。

（三）学生阐述设计方案

每组学生派代表阐述自己的设计方案（注：自己制作 PPT），老师和各组同学分别对方案进行评价，同时指导教师对重点内容进行精讲，并帮助学生确定方案的可行性。

（四）学生实施方案

学生组长负责组织实施方案（包括测电路参数、电路连接、调试）。在此过程中，指导教师要进行巡视指导，帮助同学解决各种问题，掌握学生的学习动态，了解课堂的教学效果。

（五）学生展示

学生小组派代表进行成果展示（注：自己制作 PPT），老师和各组同学分别对方案进行考核打分，组长对本组组员进行打分。

（六）教师点评

教师对每组进行点评，并总结成果及不足。

三、评价标准（见表 2-1）

表 2-1　评价标准

项目名称	电桥电路的安装与测试		时间		总分	
组长		组员				
评价内容及标准			自评	组长评价	教师评价	
任务准备	课前预习、准备资料（5分）					
电路设计、焊接、调试	元器件参数计算（10分）					
	电路图设计（15分）					
	焊接质量（10分）					
	功能的实现（15分）					
	电工工具的使用（10分）					
	参数的测试（10分）					
工作态度	不迟到，不早退；学习积极性高，工作认真负责（5分）					
	具有安全操作意识和团队协作精神（5分）					
任务完成	完成速度，完成质量（5分）					
	工作单的完成情况（5分）					
个人答辩	能够正确回答问题并进行原理叙述，思路清晰、语言组织能力力强（5分）					
评价等级						
项目最终评价：自评占20%，组长评价占30%，教师评价占50%						

四、学生工作单（见表 2-2）

表 2-2　学生工作单

学习项目	电桥电路的安装与测试		班级		组别		成绩	
组长		组员						

一、咨询阶段任务

1. 简述指针式万用表和数字式万用表的区别。

2. 电路常用的分析方法有哪些？

3. 简述二端网络的定义。

4. 简述节点、支路、回路、网孔的含义。

5. 简述基尔霍夫定律的应用场合。

6. 简述支路电流法、叠加定理、戴维南定理、节点电压法各自的应用场合。

二、过程和方案设计（计划和决策）任务

1. 画出电桥电路设计图。

2. 电桥电路所需的元器件有哪些？如何计算？

3. 万用表的使用注意事项有哪些？

4. 如何用万用表测电阻、电压和电流等参数？

三、实施阶段任务

1. 简述惠斯顿电桥和开尔文电桥电路原理差异及使用注意事项。

2. 验证叠加定理实验中，当一个电源单独作用时，其余独立电源按零值处理，如果其余电源中有电压源和电流源，你该如何做到让它们为零值？

3. 在求戴维南定理等效网络时，测量短路电流的条件是什么？能不能直接将负载短路？

4. 比较电压、电流、功率的测量值和实际值，分析误差原因。

四、检查和评价阶段任务

1. 在方案实施过程中出现了哪些问题？又是如何解决的？

2. 任务完成过程中有什么收获？自己在什么地方做得比较满意？哪些地方不满意？

3. 总结自己在任务完成过程中有哪些不足之处。如何改进？

学生自评：	教师评语：
学生互评：	

◆　习题及拓展训练

一、项目习题

1. 填空题

（1）图 2-17 所示电路中，已知 $R_1 = 50\Omega$，两个安培表的读数分别为 $I = 6A$，$I_1 = 4A$，则 $I_2 = $ _____ A，$R_2 = $ _____ Ω。

（2）图 2-18 所示电路中，$I_4 = $ _____ A，$I_5 = $ _____ A。

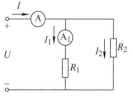

图 2-17　填空题（1）图

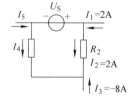

图 2-18　填空题（2）图

（3）列出图 2-19 所示含源支路中电流的方程式：$I_1 = $ _____ ，$I_2 = $ _____ 。

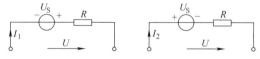

图 2-19　填空题（3）图

（4）图 2-20 所示电路中，$I_1 = 3A$，$I_2 = -2A$，$I_3 = -4A$，$I_4 = 5A$，$I_5 = $ _____ A。

2. 电路如图 2-21 所示，求通过电压源的电流 I。

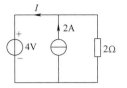

图 2-20　填空题（4）图 　　　　　　　　　　　　　　图　2-21

3. 求图 2-22 所示电路中的电压 U_1、U_2、U_3。

4. 求图 2-23 所示电路中 R_3 为何值时，R_5 支路中的电流 $I_5 = 0$。

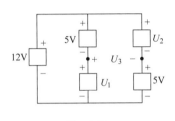

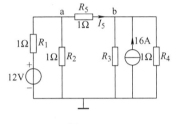

图　2-22 　　　　　　　　　　　　　　　　图　2-23

5. 应用支路电流法计算图 2-24 所示电路中的各支路电流。

6. 电路如图 2-25 所示，已知电压源 $E = 24V$，$I_S = 1.5A$，电阻 $R_1 = 100\Omega$，$R_2 = 200\Omega$。

（1）用叠加定理求支路电流 I_1、I_2；

（2）通过计算说明能否用叠加定理计算电路的功率。

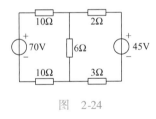

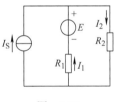

图　2-24 　　　　　　　　　　　　　　　　图　2-25

7. 试用戴维南定理计算图 2-26 所示电路中 4Ω 电阻中的电流 I。

8. 用戴维南定理求图 2-27 所示电路中 R_5 所在支路的电流。已知 $R_1 = R_2 = R_4 = R_5 = 5\Omega$，$R_3 = 10\Omega$，$U = 6.5V$。

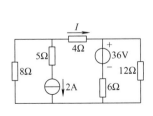

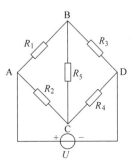

图　2-26 　　　　　　　　　　　　　　　　图　2-27

9. 用节点电压法求图 2-28 所示电路中各支路电流，并验证电路功率平衡。

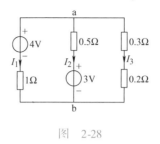

图 2-28

二、拓展提高

按照图 2-29 完成简单照明电路的连接与测量，并检查线路与排除故障，同时对照明电路进行分析与测量。

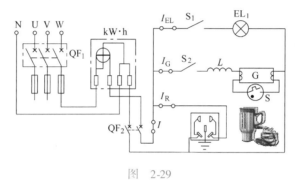

图 2-29

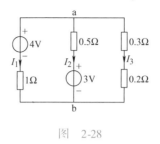

名人寄语

先相信自己，然后别人才会相信你。

——罗曼·罗兰

项目三　延时开关电路的设计与安装

◆　项目目标

1. 熟悉电容和电感的结构和特性，掌握正弦交流电的基本知识、RLC 串并联电路及谐振电路的特点和分析方法。

2. 掌握功率表和电能表的使用方法，会对元件进行在线检测。

3. 掌握电路图的识读方法，并能够查阅资料，根据要求对电路进行设计及安装。

4. 提高学生的动手能力，培养学生团结协作精神和创新意识。

◆　工作情境

1. 实训环境要求

本项目的教学应在一体化的电工技能实训室和电子装配实训室进行，实训室内设有教学区（配备多媒体）、工作区、资料区和展示区。要配备常用的电工实验台等设备、万用表等常用仪表及常用电工工具。

2. 指导要求

配备一名主讲教师和一名实验室辅助教师。

3. 学生要求

根据班级情况进行分组，一般每组 3~4 名同学，选出组长。

4. 教学手段选择

1）主要应用讲授法、任务教学法、讨论法和演示法进行教学。

2）多媒体教学与实物演示相结合。

3）现场教学与动手操作相结合。

4）教师主导与学生自主学习相结合。

实践知识　——功率表

一、功率表的结构和工作原理

功率表又称瓦特表，用 W 表示。功率表是测量某一时刻电气设备所发出、传送、消耗的电能（即功率）的指示仪表。

功率表大多由电动式测量机构构成。电动式功率表具有两组线圈，一组与负载串联，反映流过负载的电流；另一组与负载并联，反映负载两端的电压，所以适用于测量功率。

使用功率表测量时将匝数少、导线粗的固定线圈与负载串联，从而使通过固定线圈的电流等于负载电流，因而固定线圈又叫电流线圈；将匝数多、导线细的可动线圈串联附加电阻后与负载并联，从而使加在该支路两端的电压等于负载两端电压，所以可动线圈又称为电压线圈。功率表使用时的原理图如图 3-1a 所示，电动式功率表符号如图 3-1b 所示。

通过固定线圈的电流 I_1 就是负载电流，通过可动线圈的电流为 $I_2 = U/R_2$，φ 是 I_1 和 I_2

的相位差。

则测量机构的偏转角为

$$\alpha = KI_1I_2\cos\varphi = KI\frac{U}{R_2}\cos\varphi$$

$$\alpha = K_PIU\cos\varphi = K_PP$$

式中，K 是一个系数。电动式测量机构测量直流电时，指针的偏转角 α 与两线圈中电流的乘积成正比；电动式测量机构测量交流电时，指针的偏转角 α 不仅与通过两线圈中电流的有效值 I_1、I_2 有关，还与两电流相位差的余弦 $\cos\varphi$ 有关。

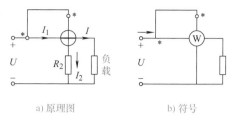

图 3-1　电动式功率表

可见，电动式功率表的偏转角与被测功率成正比，如果适当选择线圈的形状、尺寸和可动部分的起始位置，使系数 K_P 为常数，则电动式功率表可获得接近完全均匀的标尺刻度。

二、功率表的使用

（一）功率表量程及扩展

功率表通常做成多量程的，功率表量程的扩展是通过电流和电压量程的扩展来实现的，一般有两个电流量程，以及两个或三个电压量程。电流的两个量程是由两个完全相同的线圈采用串联或并联的方法来实现的。两个线圈串联时，如果电流量程为 I_N，线圈并联时，电流量程则为 $2I_N$。通过改变两个线圈的连接方式可实现线圈的串联或并联，如图 3-2 所示。

改变电压量程的方法和电压表类似，即改变附加电阻的阻值，如图 3-3 所示。

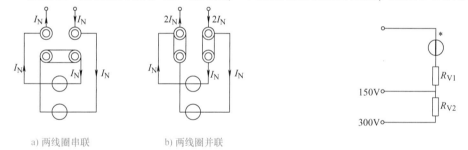

图 3-2　用连接片改变功率表的电流量程

图 3-3　功率表电压量程的扩大

（二）功率表的正确接线和读数

1. 功率表的接线规则

功率表通常有两个电流量程和多个电压量程，可根据被测负载的电流和电压的最大值来选择不同的电压量程和电流量程。功率表是否过载是不能仅仅根据表的指针是否超过满偏来确定的。这是因为当功率表的电流线圈没有电流时，即使电压线圈已经过载而将要烧坏，功率表的读数却仍然为零，反之亦然，所以使用功率表时必须保证其电压线圈和电流线圈都不能过载。

功率表的电压线圈相当于一个电压表，因此应并接在电源两端；功率表的电流线圈相当于一个电流表，当然要串联在电源与负载之间的相线上。为了使接线不发生错误，引起仪表反转，通常在电压线圈和电流线圈的一个接线端上标有"＊"的极性符号，称为"发电机端"。将这两个端子用一根短接线相连后，与电源的相线相接，称为电压线圈前接法，适用于负载阻抗远大于电流线圈阻抗的情况。如果将电压线圈带"＊"端和电流

线圈不带"＊"端接到一起，则称为电压线
圈后接法，适用于负载阻抗远小于电流线圈
阻抗的情况。这样才能保证两个线圈的电流
都从发电机端流入，使功率表指针正向偏转，
如图 3-4 所示。

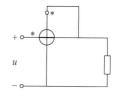

a) 电压线圈前接　　　b) 电压线圈后接

2. 功率表的读数方法

在多量程功率表中，刻度盘上只有一条标

图 3-4　功率表的正确接线

尺，它不标示瓦特数，只标示分格数，因此，被测功率必须按所选量程正确读出。

例如，刻度盘上的标尺格数为 75，而所选取的量程为 $U = 300\text{V}$，$I = 1\text{A}$，所以功率表满
量程的读数应为 300W，因此将读数乘以 4 才是实际的功率数。

（三）有功功率的测量

由于工程上广泛采用三相交流电，三相交流电功率的测量也就成了基本的电测量之一。
测量三相功率时，大多采用单相功率表，也有的采用三相功率表。

1. 用一个单相功率表测三相对称负载功率

在三相对称负载系统中，可用一只单相功率表测量一相负载的功率，三相负载总功率就
等于功率表读数的 3 倍（以下简称"一表法"）。"一表法"测三相功率接线方法如图 3-5
所示。

功率表的电流线圈串联接入三相电路中的任意一相，通过电流线圈的电流为相电流；功
率表电压线圈两端的电压是相电压，所以功率表的读数就是对称负载一相的功率。

2. 用两个单相功率表测三相三线制负载的功率（以下简称"两表法"）

"两表法"测三相功率接线方法如图 3-6 所示。

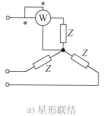

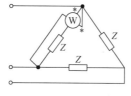

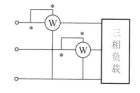

a) 星形联结　　　　　　b) 三角形联结

图 3-5　"一表法"测三相功率接线方法

图 3-6　"两表法"测三相
功率接线方法

用两只单相功率表来测量三相功率，三相总功率为两个功率表的读数之和。若负载功率
因数小于 0.5，则其中一个功率表的读数为负，会使这个功率表的指针反转。为了避免指针
反转，需将其电压线圈或电流线圈反接，这时三相总功率为
两个功率表的读数之差。

3. 用三个单相功率表测量不对称三相四线制电路的功率
（以下简称"三表法"）

三相四线制负载多数是不对称的，所以需要用三个单相
功率表才能测量。"三表法"测三相功率接线方法如图 3-7
所示。

每个单相功率表的接线和用一个单相功率表测量三相对

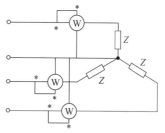

图 3-7　"三表法"测
三相功率接线方法

称负载的功率时的接线一样，只是把三个功率表的电流线圈相应地串接入每一相线，三个功率表的电压支路的"＊"端接到该功率表电流线圈所在的线上，另一端都接到中性线上。这样，每个功率表测量了一相的功率，三相负载总功率就等于三个功率表读数之和。

4. 用三相功率表测量三相负载功率

三相功率表通常有二元三相功率表和三元三相功率表两种。二元三相功率表适用于测量三相三线制或负载完全对称的三相四线制电路的功率。三元三相功率表则适用于测量一般三相四线制电路的功率。二元三相功率表有 7 个接线端钮，其中 4 个为电流端钮，3 个为电压端钮，其接入电路的方法如图 3-8a 所示；三元三相功率表有 10 个接线端钮，其中 6 个为电流端钮，4 个为电压端钮，其接入电路的方法如图 3-8b 所示。

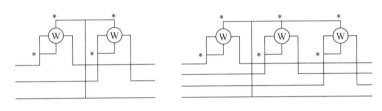

a) 二元三相功率表　　　　　　　　　　b) 三元三相功率表

图 3-8　三相功率表测三相负载功率

◆　理论知识

一、电容和电感

电容基础知识

（一）电容

1. 电容基本知识

电子设备或仪器中有许多电容器，凡是两块导体（金属薄膜）中间夹着绝缘介质构成的整体就是电容器。不同的绝缘介质可构成不同的电容器。

实际电容器的理想化电路模型称为电容，它的图形符号如图 3-9 所示。电容的参数用电容量 C 表示。

当电容两端的电压与电容充、放电电流为关联参考方向时，电容极板上的电荷量与电容两端的电压具有下述关系：

$$C = \frac{q}{u} \text{ 或 } q = Cu$$

若电荷量的单位是库［仑］（C），电压的单位是伏［特］（V），则电容量的单位为法［拉］（F）。

$$1F = 1C/V$$

比法还小的单位有微法（μF）和皮法（pF），它们的换算关系是

$$1\mu F = 10^{-6}F \qquad 1pF = 10^{-12}F$$

电容量简称电容，它反映了电容储存电场能量本领的大小，成品电容器的电容是确定的。

若电容为常数，则称为线性电容。

线性电容的库伏关系可用 $q—u$ 平面上一条通过原点的直线表征。线性电容的库伏特性如图 3-10 所示。

图 3-9 线性电容的图形符号

图 3-10 线性电容的库伏特性

若电容不为常数，则称为非线性电容。本书仅讨论线性电容。

2. 电容的伏安（u—i）关系

当电容两端的电压与其支路的电流取关联参考方向时，其充、放电电流与极间电压的关系为

$$i = \frac{\mathrm{d}q}{\mathrm{d}t} = \frac{\mathrm{d}(Cu)}{\mathrm{d}t} = C\frac{\mathrm{d}u}{\mathrm{d}t} \tag{3-1}$$

电容的伏安关系说明，在关联参考方向下电容支路的电流与电容两端电压的变化率成正比。当电容两端加直流电压时，电容支路的电流为零，电容相当于开路（隔直流作用）；当电流 i 为有限值时，电压的变化率也为有限值，即电容的电压只能连续变化，不能跃变。电压变化时必有电流产生，故电容又称为动态元件。

3. 电容的储能

电容吸收的电场能为

$$W_C = \int_0^t ui\mathrm{d}t = \int_0^u Cu\mathrm{d}u = \frac{1}{2}Cu^2$$

式中，C 为电容（F）；u 为电压（V）；W_C 为电容元件吸收的电场能（J）。

上式表明，电容从电路吸收电能，并把吸收的电能转换成电场能的形式储存于电容中。实际电容器的电特性是多元和复杂的，理想电容的电特性是单一的，即只具有储存电场能的电特性。

4. 电容吸收的功率

在电压和电流关联参考方向下，电容吸收的功率为

$$p = ui = uC\frac{\mathrm{d}u}{\mathrm{d}t}$$

（二）电感

1. 电感基本知识

日常生活中常见的电机、变压器等电气设备内部都含有电感线圈，收音机的接收电路、电视机的高频头也都含有电感线圈。

（1）自感磁链（磁通链） 图 3-11 所示是用导线绕制的实际电感线圈，通入电流 i 后会产生磁通 ϕ_L，若磁通 ϕ_L 与 N 匝线圈相交链，则 $\Psi_L = N\phi_L$，Ψ_L 称为自感磁链（磁通链）。

（2）电感量 电感量是表征电感线圈储存磁场能量本领大小的物理量，简称电感。单位电流产生的自感磁链称为电感线圈的电感量或自感系数（电感系数），用 L 表示。

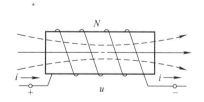

图 3-11 线圈的磁通和磁通链

$$L = \frac{\Psi_L}{i}$$

电感的单位是亨[利]（H）；自感磁链的单位是韦[伯]（Wb）；电流的单位是安[培]（A）。

$$1H = 1Wb/A$$

比亨还小的单位有毫亨（mH）、微亨（μH）。它们与亨的换算关系为

$$1mH = 10^{-3}H \quad 1\mu H = 10^{-6}H$$

（3）电感的概念及韦安特性　因为实际电感线圈是由导线绕制的，因此，除了具有电感外，总有一定的电阻。忽略电阻的电感线圈称为理想电感线圈或纯电感线圈。

若电感为常数，则称为线性电感。例如，空心电感线圈可视为线性电感。

实际电感器的理想化电路模型称为电感，其图形符号如图 3-12a 所示，其韦安特性是一条通过原点的直线，如图 3-12b 所示。

若电感不为常数，则称为非线性电感。铁心线圈可视为非线性电感。本书仅讨论线性电感。

a) 图形符号　　　　b) 韦安特性

图 3-12　线性电感的图形符号及韦安特性

2. 电感的伏安（u—i）关系

根据法拉第电磁感应定律知，电感两端的电压和通过电感的电流为关联参考方向时，有以下关系：

$$\Psi_L = Li$$

$$e_L = -N\frac{\mathrm{d}\phi_L}{\mathrm{d}t} = -\frac{\mathrm{d}\Psi_L}{\mathrm{d}t} = -L\frac{\mathrm{d}i}{\mathrm{d}t}$$

$$u = -e_L = L\frac{\mathrm{d}i}{\mathrm{d}t} \tag{3-2}$$

电感的伏安关系说明，当通入电感的电流为恒定直流电流时，电感两端的电压为零，故直流电流作用下电感相当于短路；当电压 u_L 为有限值时，电流的变化率也为有限值，即电感的电流只能连续变化，不能跃变。电流变化时必有自感电压产生，故电感又称为动态元件。

3. 电感的储能

$$W_L = \int_0^t ui\mathrm{d}t = \int_0^i Li\mathrm{d}i = \frac{1}{2}Li^2$$

式中，L 为电感（H）；i 为电流（A）；W_L 为电感元件储存的磁场能（J）。

上式表明，电感从电路吸收电能，并把吸收的电能转换成磁场能的形式储存于电感中。

实际电感线圈的电特性是多元和复杂的，理想电感的电特性是单一的，即只具有储存磁场能的电特性。

二、正弦交流电的基本知识

（一）正弦交流电的特征参数

直流电与交流电的区别

大小和方向随时间按正弦规律变化的电动势、电压及电流统称为正弦交流电。交流电流、电压、电动势的瞬时值用小写字母 i、u 和 e 表示。以 i 为例，其波形图如图 3-13 所示。它的表达式为

$$i = I_m\sin(\omega t + \psi) \tag{3-3}$$

式中，幅值 I_m、角频率 ω 和初相 ψ 称为交流电的三要素。如果已知这三个量，交流电的瞬时值即可确定。

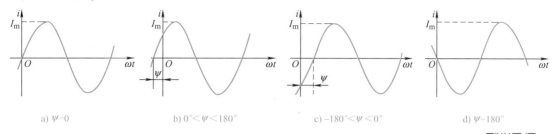

a) $\psi = 0$ b) $0° < \psi < 180°$ c) $-180° < \psi < 0°$ d) $\psi = 180°$

图 3-13 交流电的波形图

1. 交流电的三要素

（1）频率和角频率 正弦交流电完整变化一周所需的时间叫周期，用字母 T 表示，单位是秒（s）。每秒时间内正弦交流电重复变化的次数称为频率，用字母 f 表示，频率的单位是赫［兹］（Hz），更大的频率单位是千赫或兆赫。周期和频率是描述正弦量变化快慢的物理量。

周期和频率的关系是 $$f = \frac{1}{T} \text{ 或 } T = \frac{1}{f}$$

我国规定工业用电的标准频率为 50Hz，其周期为 0.02s，这种频率在工业上广泛应用，习惯也称为工频。在电工技术中正弦量变化快慢还常用角频率表示，它表示单位时间内其电角度变化的弧度数，角频率用 ω 表示，单位是弧度每秒（rad/s）。它与频率和周期的关系为

$$\omega = \frac{2\pi}{T} \text{ 或 } \omega = 2\pi f$$

（2）幅值和有效值 幅值是交流电的最大值，表示交流电的强度，用带下标 m 的字母表示，如式（3-3）中的 I_m。

正弦交流电的瞬时值和幅值只是交流电某一瞬时的数值，不能反映交流电在电路中做功的实际效果，而且测量和计算都不方便。为此，在电工技术中常用有效值来表示交流电的大小。交流电的有效值用大写英文字母如 U、I 等表示。有效值是分析和计算交流电路的重要工具。在实际生产中，一般所说的交流电的大小，都是指它的有效值。如交流电路中的电压 220V、380V，都是指有效值；在电路中用电流表、电压表、功率表测量所得的值都是有效值；电机铭牌上所标的电流、电压值也是有效值。交流电的有效值是根据电流热效应原理来确定的。如果一个交流电流 i 通过一个电阻时，在一个周期内，与一个直流电流 I 流过相同的电阻、相同的时间时所产生的热量相等，则这个直流电流 I 就称为该交流电流 i 的有效值。

正弦交流电量幅值与有效值的关系为

$$U_m = \sqrt{2}\,U$$

$$I_m = \sqrt{2}\,I$$

（3）初相 式（3-3）中的 $\omega t + \psi$ 称为交流电的相位。它表示交流电随时间变化的进程。当 $t = 0$ 时，$\omega t = 0$，此时的相位为 ψ，称为交流电的初相。它表示计时开始时交流电所处的状态，如图 3-13 所示。

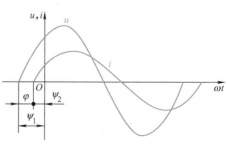

图 3-14 正弦交流电压和电流

2. 相位差

在正弦交流电路中，有时要比较两个同频率正弦量的相位。两个同频率正弦量相位之差称为相位差，以字母 φ 表示。根据相位差的正负可以定义两个相量相位的超前和滞后关系，如果相位差为正，则称为超前；相位差为负，则称为滞后，图 3-14 中我们称电压超前电流 φ 角。若 $u = U_{\mathrm{m}}\sin(\omega t + \psi_1)$、$i = I_{\mathrm{m}}\sin(\omega t + \psi_2)$，则电压与电流的相位差为

$$\varphi = (\omega t + \psi_1) - (\omega t + \psi_2) = \psi_1 - \psi_2$$

相位差等于它们的初相之差，与时间 t 无关。需要注意的是只有同频率的正弦量才能比较相位。另外，相位差和初相都规定不得超过 $\pm 180°$。

若 $\varphi > 0$，表明 $\psi_1 > \psi_2$，则 u 比 i 先达到最大值，称 u 超前于 i 一个相位角 φ，或者说 i 滞后于 u 一个相位角 φ。

若 $\varphi = 0$，表明 $\psi_1 = \psi_2$，则 u 与 i 同时达到最大值，称 u 与 i 同相位，简称同相，如图 3-15a 所示。

若 $\varphi = \pm 180°$，则称 u 与 i 的相位相反，简称反相，如图 3-15b 所示。

若 $\varphi < 0$，表明 $\psi_1 < \psi_2$，则 u 滞后于 i（或 i 超前于 u）一个相位角 $|\varphi|$。

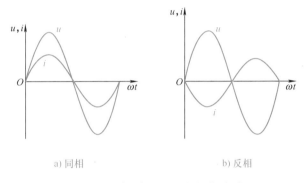

a) 同相　　　　　b) 反相

图 3-15　同频率正弦量的相位关系

（二）相量

交流电的瞬时值表达式是以三角函数的形式表示出交流电的变化规律，从交流电的波形图可直观地看出交流电的变化状态。这两种方法虽然比较直观，但是用它们分析和计算正弦交流电路时十分复杂，为了便于交流电路的分析和计算，常用复数表示交流电。用复数表示交流电的方法，称为交流电的相量表示法。

图 3-16 是正弦电压 $u = U_{\mathrm{m}}\sin(\omega t + \psi)$ 的波形，有向线段 A 在 xy 坐标系中以角速度 ω 逆时针旋转，A 的长度代表正弦量的幅值，它的初始位置与 x 轴正方向的夹角等于正弦量的初相 ψ。可见，旋转的有向线段 A 具有了正弦量的三个特征，所以可用来表示正弦量。

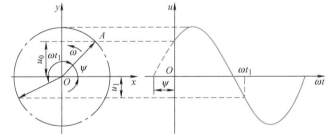

图 3-16　用正弦波形和旋转有向线段表示正弦量

正弦量也可用复数表示，在一个直角坐标系中，设横轴为实轴，单位用 +1 表示；纵轴为虚轴，单位用 +j 表示（在数学中虚轴的单位 i，这里为了和电流符号相区别而改用 j），则构成的复平面如图 3-17 所示。这些量之间的关系为

$$a = r\cos\psi \quad （复数的实部）$$

$$b = r\sin\psi \quad （复数的虚部）$$

$$r = \sqrt{a^2 + b^2} \quad （复数的模）$$

$$\psi = \arctan\frac{b}{a} \quad （复数的幅角）$$

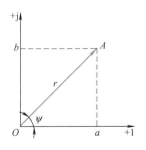

图 3-17　有向线段复数表示

根据以上关系可得出复数常用的两种表示形式，即代数式和极坐标式。

$$A = a + jb \tag{3-4}$$

$$A = r \underline{/\psi} \tag{3-5}$$

用复数表示的正弦量称为相量，为了与一般的复数区分，规定正弦量的相量用上方加"·"的大写字母表示。

三、单一参数的正弦交流电

最简单的交流电路是由电阻、电容或电感中任一个元件组成的交流电路，这些电路元件仅由 R、L、C 三个参数中的一个来表征其特性，这样的电路称为单一参数的交流电路。各种实际电工、电子元器件及电气设备在进行电路分析时均可用电阻、电感、电容三种电路元件来等效。

（一）电阻电路

电路中导线和负载上产生的热损耗以及用电器吸收的不可逆的电能，通常归结于电阻，电阻元件的参数用 R 表示。日常生活中所用的白炽灯、电饭锅、热水器等在交流电路中都可以看成是电阻元件，其电路图如图 3-18a 所示。

1. 电压与电流的关系

在电阻 R 两端加上正弦交流电压，电路中就会有交流电流流过。按图 3-18a 中所示的电流、电压的参考正方向，以电压为参考变量，令其初相为零，则其瞬时值表达式为

$$u = U_m \sin\omega t$$

如选择电流为参考变量，即电流的初相为 $0°$，则其瞬时值表达式为

$$i = I_m \sin\omega t$$

其波形图如图 3-18b 所示。由波形图可知，电阻电路中 u 与 i 同频率、同相位，其有效值及相量关系分别为

$$U = RI \tag{3-6}$$

$$\dot{U} = R\dot{I} \tag{3-7}$$

此即为电阻电路中欧姆定律的有效值形式和相量形式。电压与电流的相量图如图 3-18c 所示。

2. 电阻电路中的功率

在交流电路中，电压与电流都是随时间而变化的，因此，电阻所消耗的功率也是随时间变化的。瞬时功率就是任一瞬间的电压与电流瞬时值的乘积，用小写字母 p 表示，即

$$p = ui = U_m \sin(\omega t + \psi) I_m \sin(\omega t + \psi) = UI - UI\cos(2\omega t + 2\psi)$$

瞬时功率随时间变化的规律如图 3-18d 所示，由此可见，功率 p 的频率是 i 的频率的 2倍，电阻元件上瞬时功率总是大于或等于零。瞬时功率为正值，说明元件吸收电能。从能量的观点看，电阻元件上的能量转换过程不可逆，所以电阻元件是电路中的耗能元件。

瞬时功率总随时间变动，因此无法确切地度量电阻元件上的能量转换规模，只能说明功率的变化情况，实用意义不大。通常用瞬时功率在一个周期内的平均值来表示电路实际消耗的功率，称为平均功率，又称有功功率，用大写字母 P 来表示，则电阻元件的平均功率为

$$P = UI = I^2R = U^2/R \tag{3-8}$$

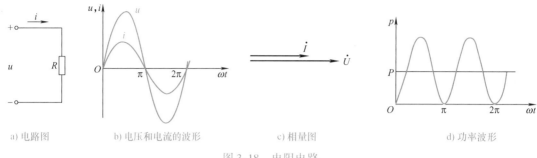

a) 电路图　　　b) 电压和电流的波形　　　c) 相量图　　　d) 功率波形

图 3-18　电阻电路

通常交流电器设备的铭牌上所标示的额定功率就是平均功率。平均功率也称为有功功率，所谓有功，实际上指的是能量转换过程电阻元件上消耗的能量。

（二）电感电路

电感在电工技术中应用非常广泛，如变压器的线圈、电动机的绕组等。电阻忽略不计时，这个线圈或绕组可视为一个理想电感，将它接在交流电源上就是纯电感电路，电感的参数用 L 表示，其电路图如图 3-19a 所示。

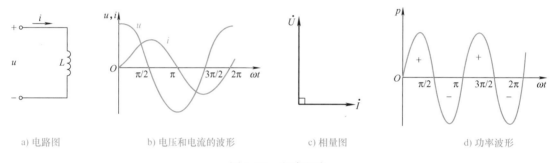

a) 电路图　　　b) 电压和电流的波形　　　c) 相量图　　　d) 功率波形

图 3-19　电感电路

1. 电压与电流的关系

如选择电流为参考正弦量，即电流 i 的初相为 0°，则其瞬时值表达式为

$$i = I_m \sin\omega t$$

电感两端的电压为

$$u = L \frac{di}{dt} = L \frac{dI_m \sin\omega t}{dt} = \omega L I_m \cos\omega t = U_m(\sin\omega t + 90°)$$

由上式可见，对于电感电路，u 与 i 频率相同，相位却不同，u 超前 i 90°，其波形如图 3-19b 所示。

电感电路中电压、电流有效值的关系为

$$U = X_L I \quad \text{或} \quad I = U/X_L \tag{3-9}$$

式中，X_L 为感抗，单位是欧［姆］（Ω），$X_L = \omega L = 2\pi f L$。它是表示电感对电流阻碍作用大小的物理量。$X_L$ 与电感 L 和频率 f 成正比，如果 L 一定，f 越高则 X_L 越大，f 越低则 X_L 越小。在直流电路中，$f = 0$，$X_L = \omega L = 2\pi f L = 0$，说明电感在直流电路中可视为短路，即电感有通直流阻交流的作用，因此电感线圈可以有效地阻止高频电流的通过。电感常用在交流电路中，既可起到限流作用又可避免能量损耗，如荧光灯、电焊机、电动机起动器等，均采用电感限流。

由于电感线圈对不同频率的交流电有不同的感抗，所以在电子电路中常用于滤波和选频。

需要注意的是，电感电路中电流、电压瞬时值之间的关系不符合欧姆定律，电感线圈两端电压与电流变化率成正比。

电感两端的电压与电流的相量关系为

$$\dot{U} = jX_L\dot{I}$$

相量图如图 3-19c 所示。图中 i 的初相 $\psi = 0°$，即 $\dot{I} = I\underline{/0°}$，则

$$\dot{U} = jX_L\dot{I} = \underline{/90°}X_LI\underline{/0°} = X_LI\underline{/90° + 0°} = U\underline{/90°} \tag{3-10}$$

2. 电感电路中的功率

电感的瞬时功率为

$$p = U_m\sin(\omega t + 90°)I_m\sin\omega t = 2UI\sin\omega t\cos\omega t = UI\sin2\omega t$$

由上式可知：电感上瞬时功率 p 的频率是 u（或 i）频率的 2 倍，并按正弦规律变化，如图 3-19d 所示。在 $0 \sim \pi/2$ 区间，p 为正值，电感吸收功率并把吸收的电功率转换成磁场能储存起来；在 $\pi/2 \sim \pi$ 区间，p 为负值，电感发出功率，将其储存的磁场能再送回到电源。电感并不消耗有功功率，所以称电感为储能元件。

由图 3-19d 可见，电感电路的平均功率 $P = 0$。虽然电感不消耗功率，但作为负载的电感与电源之间存在着能量交换，交换的能量用无功功率 Q 来计量。无功功率的单位为乏（var）。

$$Q = UI = I^2X_L = \frac{U^2}{X_L} \tag{3-11}$$

无功功率不表示电路消耗功率的能力，只表示电路与电源互换电能的能力，即表示电感建立磁场和储存磁场能的能力，应注意与消耗能量的有功功率相区别。

（三）电容电路

电容具有通交流、隔直流的作用，在电子线路中常用来滤波、隔直及旁路交流，与其他元件配合用来选频；在电力系统中常用来提高系统的功率因数。下面讨论电容在交流电路中的作用。电容电路如图 3-20a 所示。

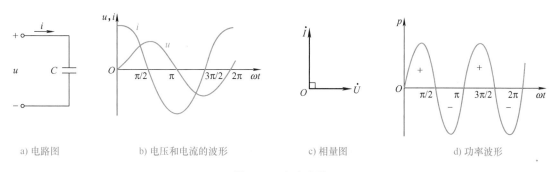

a) 电路图　　　　b) 电压和电流的波形　　　　c) 相量图　　　　d) 功率波形

图 3-20　电容电路

1. 电压与电流的关系

随着电容两端电压不断变化，电容上电荷量不断变化，电路中产生电流。如选择电压为参考正弦量，即电压的初相为 $0°$，电压 u 的瞬时值表达式为

$$u = U_m\sin\omega t$$

则电容上所流过的电流为

$$i = C\frac{du}{dt} = C\frac{dU_m\sin\omega t}{dt} = \omega CU_m\cos\omega t = I_m\sin(\omega t + 90°)$$

由上式可知，对于电容电路，u 与 i 也是频率相同而相位不同，i 超前 u 90°，其波形如图 3-20b 所示。其有效值的关系为

$$U = X_C I \text{ 或 } I = \frac{U}{X_C} \tag{3-12}$$

式中，$X_C = \frac{1}{\omega C} = \frac{1}{2\pi f C}$，$X_C$ 反映了电容对交流电的阻碍作用，称为容抗，单位是欧［姆］，符号为 Ω，它是表示电容对电流阻碍作用大小的物理量。当频率 f 一定时，容抗 X_C 与电容量 C 成反比，即 C 越大，X_C 越小。电容 C 一定时，容抗 X_C 与频率 f 成反比，即电压变化频率越高，容抗越小。当 $f = 0$ 时，即在直流电的作用下，$X_C = \infty$，电容相当于开路，也就是说电容具有隔直流通交流的作用。

式（3-12）说明纯电容电路中，电流、电压有效值的关系符合欧姆定律。

需特别注意的是， 纯电容电路中，电压与电流瞬时值间的关系不符合欧姆定律，通过电容的电流与电容两端电压的变化率成正比。电容两端电压与电流的相量关系为

$$\dot{U} = -jX_C \dot{I} \text{ 或 } \dot{I} = \frac{\dot{U}}{-jX_C} = j\frac{\dot{U}}{X_C}$$

相量图如图 3-20c 所示。图中 u 的初相 $\psi = 0°$，即 $\dot{U} = U \underline{/0°}$，则

$$\dot{I} = j\frac{\dot{U}}{X_C} = \frac{U}{X_C} \underline{/90° + 0°} = I \underline{/90°} \tag{3-13}$$

2. 电容电路中的功率

电容的瞬时功率为

$$p = I_m \sin(\omega t + 90°) U_m \sin\omega t = 2UI\sin\omega t\cos\omega t = UI\sin 2\omega t$$

由式可见：电容上瞬时功率 p 的频率也是 u（或 i）频率的 2 倍，并按正弦规律变化，如图 3-20d 所示。由 p 的波形图可见，在 $0 \sim \pi/2$ 区间，p 为正值，电容吸收功率，并把吸收的电功率以电场能的形式储存起来；在 $\pi/2 \sim \pi$ 区间，p 为负值，电容发出功率，是将其储存的电场能量再送回到电源。电容并不消耗功率，所以电容也是储能元件。电容在一个完整周期内的瞬时功率两个 1/4 周期为正，两个 1/4 周期为负，说明它两个 1/4 周期吸收电能，两个 1/4 周期释放电能。它吸收与释放的电能相等，说明电容用在交流电路中时不消耗电能，只是与电源之间进行电能的相互交换。电容电路的平均功率 $P = 0$。电容与电源之间交换的能量用无功功率 Q 来表示，单位是乏（var）。

$$Q = UI = I^2 X_C = \frac{U^2}{X_C} \tag{3-14}$$

它表示电容建立电场和储存电场能的能力，与消耗能量的有功功率不同。

四、*RLC* 串并联电路

单一参数的正弦交流电路属于理想化电路，而实际电路往往由多参数组合而成。例如电动机、继电器等设备都含有线圈，线圈通电后总要发热，说明实际线圈不仅有电感，还存在发热电阻。电阻、电感、电容串联的电路如图 3-21 所示。下面讨论电阻、电感、电容串联后的阻抗、电压、电流及功率的关系。

1. 电压三角形

在图 3-21 中，设电流为参考量，则电流 $i = I_m\sin\omega t$，根据基尔霍夫电压定律可列方程式如下

$$u = u_R + u_L + u_C \tag{3-15}$$

$$u_R = RI_m\sin\omega t = \sqrt{2}U_R\sin\omega t$$

$$u_L = X_LI_m\sin(\omega t + 90°) = \sqrt{2}U_L\sin(\omega t + 90°)$$

$$u_C = X_CI_m\sin(\omega t - 90°) = \sqrt{2}U_C\sin(\omega t - 90°)$$

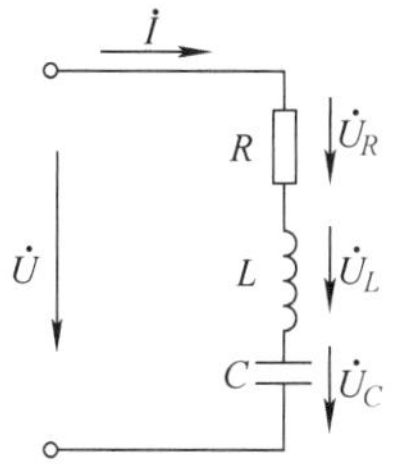

图 3-21　*RLC* 串联电路

对应的电压有效值相量表达式为

$$\begin{aligned}\dot{U} &= \dot{U}_R + \dot{U}_L + \dot{U}_C \\ &= R\dot{I} + jX_L\dot{I} + (-jX_C)\dot{I} \\ &= [R + j(X_L - X_C)]\dot{I} = (R + jX)\dot{I} = Z\dot{I}\end{aligned}$$

上式称为基尔霍夫电压定律的相量表示式，用相量图表示如图 3-22 所示。

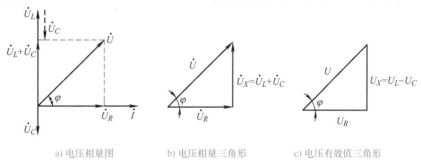

a) 电压相量图　　b) 电压相量三角形　　c) 电压有效值三角形

图 3-22　*RLC* 串联电路电压关系图

图 3-22a 所示为电压相量图，φ 为电压 $\dot{U}$ 与电流 $\dot{I}$ 之间的相位差，数值上与阻抗角相等。图 3-22b 所示为电压相量三角形，图 3-22c 所示为电压有效值三角形，简称电压三角形。电压有效值之间的关系为

$$U = \sqrt{U_R^2 + (U_L - U_C)^2} \tag{3-16}$$

电压与电流之间的相位差 φ 也可从中得出，即

$$\varphi = \arctan\frac{U_L - U_C}{U_R} \tag{3-17}$$

2. 阻抗三角形

R、*L*、*C* 串联后对电流的阻碍作用称为阻抗。根据上文分析，可得

$$\dot{U} = \dot{I}\sqrt{R^2 + (X_L - X_C)^2}\ \Big/\arctan\frac{X_L - X_C}{R} = \dot{I}\,|Z|\,\underline{/\varphi} \tag{3-18}$$

式中，Z 叫复阻抗，其模值 $|Z|$ 反映了电阻、电感和电容串联电路对正弦交流电流所产生的总的阻碍作用，称为正弦交流电的阻抗，即 $|Z| = \sqrt{R^2 + (X_L - X_C)^2}$，复阻抗 Z 的阻抗角 φ 可表示为 $\varphi = \arctan\dfrac{X_L - X_C}{R}$。阻抗三角形如图 3-23 所示。

当频率一定时，φ 的大小由电路负载参数决定，即：

1）若 $X_L > X_C$，则 $\varphi > 0$，此时电压超前电流 φ 角，电路呈感性。

2）若 $X_L < X_C$，则 $\varphi < 0$，此时电压滞后电流 φ 角，电路呈容性。

3）若 $X_L = X_C$，则 $\varphi = 0$，此时电压与电流同相位，电路呈阻性。

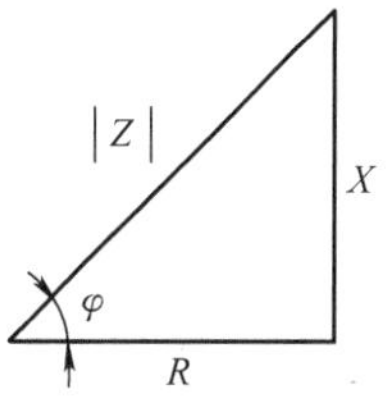

图 3-23　*RLC* 串联电路阻抗三角形

3. 功率三角形

在电阻、电感与电容串联的正弦交流电路中，将电压三角形的各个边乘以电流 I，就可得到功率三角形，如图 3-24 所示，其中 P 为有功功率，即电阻所消耗的功率，单位是瓦（W）。由电压三角形中电压关系知

$$U_R = U\cos\varphi = RI$$

则有功功率为

$$P = UI\cos\varphi = U_R I = I^2 R \tag{3-19}$$

有功功率、无功功率
和视在功率

在交流电路中，平均功率一般不等于电压与电流有效值的乘积。电压与电流有效值的乘积称为视在功率，其单位为伏安（VA），用 S 表示，即

$$S = UI \tag{3-20}$$

家用电器耗
电量的计算

电感和电容都要在正弦交流电路中进行能量的互换，因此相应的无功功率 Q 是由这两个元件共同作用形成的，即

$$Q = U_L I - U_C I = (X_L - X_C)I^2 = UI\sin\varphi \tag{3-21}$$

有功功率 P、无功功率 Q 和视在功率 S 三者之间的关系构成了一个直角三角形，称为功率三角形，如图 3-24 所示。图中的 φ 称为功率因数角，在数值上功率因数角、阻抗角和总电压与电流之间的相位差，三者是相等的。

阻抗三角形、电压三角形和功率三角形是分析计算 R、L、C 串联或其中两种元件串联电路的重要依据。

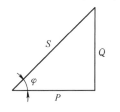

图 3-24 RLC 串联电路
功率三角形

4. 功率因数的提高

设交流电路中电压和电流之间的相位差为 φ，则有功功率 P 为

$$P = UI\cos\varphi \tag{3-22}$$

此处的 $\cos\varphi$ 称为电路的功率因数。由前文分析可知，$\cos\varphi$ 的大小由电路的参数决定：对纯电阻负载，φ 为 0，则 $\cos\varphi = 1$；对于其他负载电路，$\cos\varphi$ 介于 0 ~ 1 之间。电路功率因数过低，会引起两个方面的不良后果：一是发电设备的容量不能充分利用；二是线路损耗增加。当负载的有功功率 P 和电压 U 一定时，线路中的电流为 $I = \dfrac{P}{U\cos\varphi}$。可见 $\cos\varphi$ 越小，线路中的电流就越大，消耗在输电线路和设备上的功率损耗就越大。反之，提高功率因数会大大降低线路损耗，因此，提高功率因数有很大的经济意义。我国供电规则中要求：高压供电企业的功率因数不低于 0.95，其他用电单位不低于 0.9。要提高功率因数的值，必须尽可能减小阻抗角 φ，常用的方法是在电感性负载端并联补偿电容。

【例 3-1】 图 3-25a 所示电路中，已知感性负载的功率 $P = 100\text{W}$，电源电压有效值为 100V，功率因数 $\cos\varphi_1 = 0.6$，要将功率因数提高到 $\cos\varphi_2 = 0.9$，求两端应并联多大的电容（设 $f = 50\text{Hz}$）。

【解】 并联电容前：$I_1 = \dfrac{P}{U\cos\varphi_1} = \dfrac{100}{100 \times 0.6}\text{A} \approx 1.67\text{A}$

并联电容后，虽然电路的总电流发生变化，但是流过电感负载的电流、负载吸收的有功功率和无功功率都没有变化，而流过电容的电流将比电压超前 90°，电压和电流的相量图如图 3-25b 所示。

因此可得

$$\varphi_1 = \arccos 0.6 \approx 53.1°$$
$$\varphi_2 = \arccos 0.9 \approx 25.8°$$
$$UI_1\cos\varphi_1 = UI\cos\varphi_2$$

故并联后的电路总电流 I 为

$$I = \frac{UI_1\cos\varphi_1}{U\cos\varphi_2} = \frac{1.67 \times 0.6}{0.9}\text{A} \approx 1.11\text{A}$$

根据相量图可求得

$$I_C = I_1\sin\varphi_1 - I\sin\varphi_2 \approx 0.85\text{A}$$

由 $I_C = \dfrac{U}{X_C} = U\omega C$ 可得

$$C = \frac{I_C}{U\omega} = \frac{0.85}{100 \times 2 \times 3.14 \times 50}\text{F} \approx 27\mu\text{F}$$

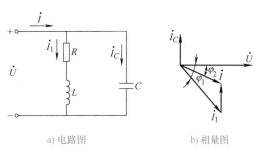

图 3-25　例 3-1 图

五、谐振

正弦交流电路中，如果包含电感和电容，则电路两端的电压和电流一般 RLC谐振现象 不同相。如果调节电源的频率或调节电路的参数，使得电路端口的电压和电流同相，使整个电路的负载呈纯电阻性，这种现象称为谐振。所以谐振发生的条件是：电压与电流相位相同。按谐振发生的电路不同，谐振分为串联谐振和并联谐振两种。谐振在计算机、收音机、电视机、手机等电子线路中都有应用，在工业生产中的高频淬火、高频加热等也有着广泛的应用。但有时谐振也会带来干扰和损坏元器件等不利现象。讨论谐振产生的条件和特点，可以取其利而避其害。

1. 串联谐振

RLC 串联电路如图 3-26a 所示。

当 $X_L = X_C$ 时，$\varphi = 0$，电源电压与电流同相，如图 3-26b 所示，此时发生的现象称为谐振。因为谐振是发生在串联电路中的，所以该谐振称为串联谐振。此时电路的频率称为谐振频率，用 f_0 表示。由阻抗三角形可以得出，串联谐振的条件是 $X_L = X_C$，即

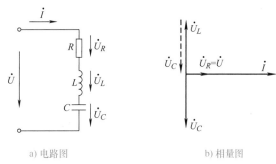

图 3-26　串联谐振

$$2\pi f_0 L = \frac{1}{2\pi f_0 C}$$

式中，f_0 为固有频率，$f_0 = \dfrac{1}{2\pi\sqrt{LC}}$。

从上式可知，电路发生谐振是通过改变电路的频率和电路的参数来实现的。电路发生串联谐振时具有以下几个特点：

1）电路的阻抗最小并呈纯电阻性，根据阻抗三角形可知此时电路阻抗为

$$|Z_0| = \sqrt{R^2 + (X_L - X_C)^2} = R \tag{3-23}$$

2）电路中的电流最大，谐振时的电流为

$$I_0 = \frac{U}{|Z_0|} = \frac{U}{R} \tag{3-24}$$

3）$U_L = U_C$ 且相位相反，互相抵消。

4）有功功率 $P = UI$，无功功率 $Q = 0$。

由于串联谐振的这些特点，它在无线电工程中有广泛应用。例如，在收音机的输入电路中，就是通过调节电容值使某一频率的信号在电路中发生谐振，在回路中产生最大电流，再通过互感送到下一级。调节可变电容的值使电路的谐振频率达到某个电台信号的频率，该信号输出最强；相反，其他电台信号在电路中没有产生串联谐振，相应地在线路中的电流小，无法被选中。这样只有频率为谐振频率的无线电信号被天线回路选择出来。

2. 并联谐振

电感线圈与电容并联的电路如图 3-27a 所示。图 3-27a 中 R 为线圈电阻，一般很小，特别是在频率较高时，$R \ll \omega L$。当总电流 $\dot{I}$ 与电压 $\dot{U}$ 同相时，即 $\varphi = 0$，电路产生并联谐振。由复阻抗的串并联关系可推导出并联谐振的条件是（在 $R \ll \omega L$ 时）$X_L = X_C$，谐振频率为 $f_0 = \dfrac{1}{2\pi\sqrt{LC}}$。

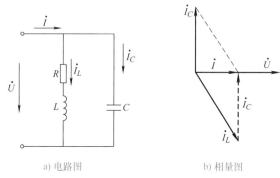

a) 电路图　　b) 相量图

图 3-27　并联谐振

可见，并联谐振频率与串联谐振频率近似相等。电路发生并联谐振时，具有以下几个特点：

1）电路的阻抗最大，呈电阻性，$|Z_0| = \dfrac{L}{RC}$。

2）电路的总电流最小，$I_0 = \dfrac{U}{|Z_0|}$。

3）$X_L \approx X_C$ 且并联支路电流远高于总电流。谐振总电流和支路电流的相量关系如图3-27b 所示。

如果并联谐振电路改由电流源供电，当电源为某一频率时电路发生谐振，电路阻抗最大，电流通过时电路两端的电压也是最大。当电源频率改变后电路不发生谐振，称为失谐，此时阻抗较小，电路两端的电压也较小，这样就起了从多个不同频率的信号中选择其一的作用。

◆ 项目实训

延时开关电路的设计与安装

一、实训目的

1）掌握延时开关电路的基本工作原理，并能够根据电路图计算、选择元器件型号。

2）熟练掌握布线规范，能够正确地对电路进行安装和调试。

3）掌握功率表、电能表等常用电工仪表的使用方法，能够对电路中的各参数进行测试。

4）培养学生的动手能力、创新能力和团结协作精神。

二、实训内容

（一）下达工作任务

1. 分组

学生进行分组，选出组长（每次不同），下发学生工作单。

2. 讲解工作任务的原理

照明电路的延时开关电路可采用多种形式构成，图3-28是由电阻和电容元件构成的延时开关电路，设延时时间为 t。

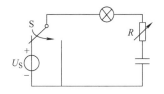

图 3-28　延时开关电路

1）触摸延时开关 S 一次，电路状态转换一次。

2）电阻用可调电位器，$4RC \approx t$，如果阻值不够可在电路中再串联电阻，如果有可变电容，也可选用可变电容。

3）根据自己选择的电路，计算延时时间的可调范围，并进行测量验证。

3. 具体要求

1）设计要求：画出延时电路图，并计算所用元器件的参数，在电路图中标出元器件型号。

2）制作要求：正确选用元器件，按规范要求进行布线。

3）测试要求：测量电路中灯泡的延时时间、灯泡的功率、电容（或电感）值，并与计算值进行比较。

（二）学生设计实施方案

学生小组根据电路模型，选择系统部件，并进行部件的功能检查。查找相关资料，设计项目实施方案。在此过程中，指导教师要巡视课堂，了解情况，对问题与疑点积极引导，适时点拨。对学习困难学生积极鼓励，并适度助学。

（三）学生阐述设计方案

每组学生派代表阐述自己的设计方案（注：自己制作 PPT），老师和各组同学分别对方案进行评价，同时指导教师对重点内容进行精讲，并帮助学生确定方案的可行性。

（四）学生实施方案

学生组长负责组织实施方案（包括测电路参数、电路连接、调试）。在此过程中，指导教师要进行巡视指导，帮助同学解决各种问题，掌握学生的学习动态，了解课堂的教学效果。

（五）学生展示

学生小组派代表进行成果展示（注：自己制作 PPT），老师和各组同学分别对方案进行考核打分，组长对本组组员进行打分。

（六）教师点评

教师对每组进行点评，并总结成果及不足。

三、评价标准（见表3-1）

表 3-1　评价标准

项目名称		延时开关电路的设计与安装		时间		总分	
组长		组员					
评价内容及标准				自评	组长评价		教师评价
任务准备	课前预习、准备资料（5 分）						
电路设计、焊接、调试	元器件选择（10 分）						
	电路图设计（15 分）						
	焊接质量（10 分）						
	功能的实现（15 分）						
	电工工具的使用（10 分）						
	参数的测试（10 分）						

（续）

项目名称	延时开关电路的设计与安装			时间		总分	
组长		组员					
评价内容及标准				自评	组长评价	教师评价	
工作态度	不迟到，不早退；学习积极性高，工作认真负责（5分）						
	具有安全操作意识和团队协作精神（5分）						
任务完成	完成速度，完成质量（5分）						
	工作单的完成情况（5分）						
个人答辩	能够正确回答问题并进行原理叙述，思路清晰、语言组织能力强（5分）						
评价等级							
项目最终评价：自评占20%，组长评价占30%，教师评价占50%							

四、学生工作单（见表3-2）

表3-2　学生工作单

学习项目	延时开关电路的设计与安装		班级		组别		成绩	
组长		组员						

一、咨询阶段任务

1. 举例说明日常生活中常见的应用延时开关的实例。

2. 举例说明功率表和电能表的应用场合。

3. 功率表的读数方法。

4. 简述电能表铭牌参数的含义。

5. 简述理想电容、电感的工作特性。

6. 简述正弦交流电的三要素。

二、过程和方案设计（计划和决策）任务

1. 功率表接线过程中有哪些注意事项？

2. 一般来说，电容、电感的电压与电流波形是不相同的，为什么？

3. 简述功率因数的含义。提高功率因数对电路有何影响？

4. 什么是电路的谐振？谐振有哪些应用？

三、实施阶段任务

1. 画出延时开关电路图。

2. 延时时间如果不在要求范围内，该如何调节？

3. 比较各元件功率的测得值和实际值，分析误差原因。

四、检查和评价阶段任务

1. 在方案实施过程中出现了哪些问题？又是如何解决的？

2. 任务完成过程中有什么收获？自己在什么地方做得比较满意？哪些地方不满意？

3. 总结自己在任务完成过程中有哪些不足之处？如何改进？

学生自评：	教师评语：
学生互评：	

◆　习题及拓展训练

一、项目习题

1. 填空题

（1）已知正弦交流电动势有效值为100V，周期为0.02s，初相是 $-30°$，则其解析式为_____。

（2）电阻元件 R 在正弦电路中的复阻抗为_____，电感 L 在正弦电路中的复阻抗为_____，电容元件 C 在正弦电路中的复阻抗为_____，RLC 串联电路的复阻抗为_____。

（3）画串联电路相量图时，通常选择_____作为参考相量；画并联电路相量图时，一般选择_____作为参考相量。

（4）在交流电源电压不变、内阻不计的情况下，给 RL 串联电路并联一只电容 C 后，该电路仍为感性，则电路中的总电流（变大、变小、不变）_____，电源提供的有功功率（变大、变小、不变）_____。

（5）只有电阻和电感相串联的电路性质呈_____；只有电阻和电容元件相串联的电路性质呈_____。

（6）能量转换过程中不可逆的功率（电路消耗的功率）通常称为_____功率，能量转换过程中可逆的功率（电路占用的功率）叫作_____功率，电源提供的总功率称为_____功率。

（7）在 RLC 串联正弦交流电路中，当频率为 f 时发生谐振，当电源频率变为 $2f$ 时，电路为_____负载。

（8）实际电气设备大多为感性负载，功率因数往往较低，提高感性负载功率因数的方法是_____。

（9）两个正弦交流电流 $i_1 = 5\sin(2\pi t - 45°)$A，$i_2 = 5\sin(2\pi t + 45°)$A，则 i_1 滞后于 i_2 _____。

2. 某电容的额定耐压值为450V，能否把它接在交流380V的电源上使用？为什么？

3. 某水电站以22万 V 的高电压向功率因数 $\lambda = 0.6$ 的工厂输送24万 kW 的电力，若输电线路的总电阻为10Ω，试计算当功率因数提高到0.9时，输电线路一年可以节省的电能。

4. 现有一电感线圈，当接于电压为32V的直流电源时，测得线圈电流为4A，将其改接到50Hz、60V的交流电源上，电流为6A，求线圈的电阻和电感。

5. RL 串联电路如图3-29所示，已知 $R = 6\Omega$，当电压 $u = 12\sqrt{2}\sin(200t + 30°)$V 时，测得电感 L 端电压的有效值 $U_L = 6\sqrt{2}$V，求电感 L。

6. 如图3-30所示，已知：$R = 30\Omega$，$L = 127\text{mH}$，$C = 40\mu\text{F}$，$u = 220\sqrt{2}\sin(314t + 30°)$V。求：（1）电流 i；（2）有功功率 P。

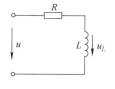

图 3-29　RL 串联电路

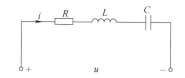

图 3-30　RLC 串联电路

7. 某荧光灯管与镇流器串联后接到交流电压上，可等效为 RL 串联电路。已知灯管的等效电阻 $R_1 = 200\Omega$，镇流器的电阻和电感分别为 $R_0 = 100\Omega$ 和 $L = 2\text{H}$，电源电压 $U = 220\text{V}$，频率 $f = 50\text{Hz}$，试求电路中的电流 I_0、灯管电压以及镇流器两端电压的有效值。

8. RLC 串联电路如图3-31所示，已知电路有功功率 $P = 60\text{W}$，电源电压 $\dot{U} = 220\underline{/0°}$V，功率因数 $\cos\varphi = 0.8$，$X_C = 50\Omega$，试求电流 I、电阻 R 及 X_L。

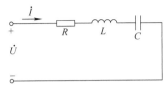

图 3-31 *RLC* 串联电路

9. 某线性无源二端网络的端口工频电压和电流分别为 $\dot{U} = 220 \underline{/65°}\text{V}$，$\dot{I} = 10 \underline{/35°}\text{A}$，电压、电流取关联参考方向。（1）求等效阻抗及等效参数，并画出等效电路图；（2）判断电路性质。

10. 利用交流电流表、电压表及单相功率表可以测量实际线圈的电感量。设加在线圈上的电压为工频电压，有效值为110V，测得流过线圈的电流为5A，功率表读数为400W，则该线圈的电感量为多大？

二、拓展提高

运用所学知识，查阅相关资料，设计一个声光控楼道灯开关。

要求：①白天电路不工作，电灯不亮；②晚上电灯闻声而亮；③电灯亮时延时。

名人寄语

时间是由分秒积成的，善于利用零星时间的人，才会做出更大的成绩来。

——华罗庚

项目四　家庭配电线路的设计与安装

◆　项目目标

1. 了解对称三相交流电的特点及电源、负载的连接方法；掌握相电压与线电压、相电流与线电流在对称三相电路中的相互关系。掌握对称三相电路电压、电流和功率的计算，熟悉不对称三相四线制电路中中性线的作用。

2. 能够根据要求进行电路的设计和参数计算，能按照布线规范进行电路接线。

3. 能正确使用常用电工仪表对电路元件进行检测，掌握电路调试和排除故障的基本方法。

4. 熟悉电路连接的基本原则和安全规程，培养良好的职业素养和规范的操作习惯。

◆　工作情境

1. 实训环境要求

本项目的教学应在一体化的电工技能实训室和电子装配实训室进行，实训室内设有教学区（配备多媒体）、工作区、资料区和展示区。要配备常用的电工实验台等设备、万用表等常用仪表及常用电工工具。

2. 指导要求

配备一名主讲教师和一名实验室辅助教师。

3. 学生要求

根据班级情况进行分组，一般每组 3～4 名同学，选出组长。

4. 教学手段选择

1）主要应用讲授法、任务教学法、讨论法和演示法进行教学。

2）多媒体教学与实物演示相结合。

3）现场教学与动手操作相结合。

4）教师主导与学生自主学习相结合。

实践知识　——兆欧表

一、兆欧表简介

兆欧表又称绝缘电阻表，是测量高电阻的仪表。它是专用于检查和测量电气设备或供电线路的绝缘电阻的一种可携式仪表，其中手摇发电传统式的外形如图 4-1 所示。

由于多数电气设备要求其绝缘材料在高压（几百伏至万伏左右）情况下满足规定的绝缘性能，因此，测量绝缘电阻应在规定的耐压条件下进行。这就是必须采用具有高压电源的兆欧表而不能采用普通测量大电阻方法进行测量的原因。

一般绝缘材料的电阻都在兆欧（$10^6\,\Omega$）级以上，所以兆欧

图 4-1　兆欧表外形示例

表标度尺的单位以兆欧（MΩ）表示。

常用的手摇式兆欧表有 ZC-7、ZC-11 及 ZC-25 等型号，兆欧表的额定电压有 250V、500V、1000V 及 2500V 等几种，测量范围有 50MΩ、1000MΩ 及 2000MΩ 等。

二、兆欧表的使用

1. 测量前的准备

1）测量前应正确选择兆欧表的额定电压和测量范围。当被测量设备的额定电压在 500V 以下时，应选用 500V 或 1000V 的兆欧表；当被测量设备的额定电压在 500V 以上时，应选用 1000V 或 2500V 的兆欧表。

选择的兆欧表的测量范围要适应被测绝缘电阻的数值，否则会发生较大的测量误差。另外，有些兆欧表的标尺并不是从零开始，而是从 1MΩ 或 2MΩ 开始的，这种兆欧表不适宜测量处于潮湿环境中低压电气设备的绝缘电阻，因为此时电气设备的绝缘电阻可能小于 1MΩ，在兆欧表上将得不到读数，容易误认为绝缘电阻为零。

2）测量前必须将被测设备的电源切断，并对地短路放电，决不允许设备带电进行测量。用兆欧表测量过的电气设备，也要及时接地放电，方可再次测量。

3）被测物表面要清洁，减少接触电阻，确保测量结果的正确性。

4）测量前要检查兆欧表是否处于正常工作状态，主要检查其"0"和"∞"两点，即摇动手柄，使其发电机达到额定转速，开路时指针应指向"∞"位置。慢慢摇动手柄，兆欧表在短路时指针应指向"0"位置。如果符合以上情况，则说明兆欧表是好的，否则不能用。

5）兆欧表使用时应放在平稳、牢固的地方，且远离大的外电流导体和外磁场。

2. 兆欧表的使用方法和注意事项

1）正确接线。

2）测量时，转速要均匀，应保持 120r/min 的稳定转速。通常要摇动 1min 等指针稳定后再读数。测量电容器、电缆、大容量变压器和电机绝缘时，要先持续摇动一段时间，等指针稳定后再读数，不然读数不准。

3）兆欧表没有停止转动或被测设备尚未进行放电之前不允许用手接触导体。

4）测量完毕，应对被测设备进行充分放电，拆线也不可直接接触连线的裸露部分，以免发生触电事故。

5）不能在雷电时或附近有高压导体的设备上测量绝缘电阻，只有在设备不带电又不会受其他电源干预的情况下才可测量。

◆　理论知识

前面学习的单相交流电路是一个电源供电的交流电路。目前普遍使用的是由三相交流电源组成的供电系统。由三相交流电源供电的电路称为三相交流电路。三相交流供电系统比单相交流供电系统在电能的产生、输送、分配及应用方面都具有一系列优点。现代电力系统大多采用三相交流电源。单相交流电源可由单相交流发电机产生，也可以从三相交流电源中取出一相作为单相电源使用。实际上平常应用的单相交流电源就是取自三相交流供电系统。

一、对称三相交流电及其特点

（一）对称三相交流电及其表示方法

三相交流电一般是由三相交流发电机产生的。三相交流发电机结构　三相电你了解吗？

示意图如图4-2a所示，三相交流发电机中有三个相同的绕组（三相绕组），它们嵌放在静止不动的定子铁心槽中。能旋转的转子是绕有通电线圈的磁极，它做成特殊的极靴状。这样定子与转子间的气隙磁场可按正弦规律变化。三个定子绕组的首端分别用 U_1、V_1、W_1 表示，末端分别用 U_2、V_2、W_2 表示，这三个绕组分别称为 U 相、V 相、W 相，它们在空间的位置互差 120°（对两极发电机而言），称为对称三相绕组。

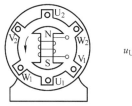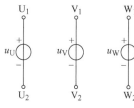

a) 三相交流发电机结构   b) 三相绕组

图 4-2 三相交流发电机结构示意图

当原动机拖动发电机转子转动时，三相绕组均与气隙中的磁场相互作用，切割磁力线感应出最大值相等、角频率相同、相位互差 120°的三个正弦电压，这样一组电压称为对称三相正弦电压。

对称三相正弦电压的参考方向如图4-2b所示。一般规定各相绕组的首端为电压的" + "极，末端为" – "极。U 相、V 相、W 相的电压分别为 u_U、u_V、u_W。

1. 对称三相交流电的特征

1）最大值相等。

2）角频率相同。

3）相位互差 120°。

2. 对称三相交流电的表示方法

对称三相交流电可用以下几种方法表示。

1）设以 U 相电压为参考正弦量，则对称三相电压对应的瞬时值表达式（解析式）为

$$u_U = \sqrt{2}\,U_P\sin\omega t$$
$$u_V = \sqrt{2}\,U_P\sin(\omega t - 120°) \tag{4-1}$$
$$u_W = \sqrt{2}\,U_P\sin(\omega t + 120°)$$

式中，U_P 表示电源相电压的有效值。

2）对称三相电压对应的相量形式为

$$\dot{U}_U = U_P\underline{/0°}$$
$$\dot{U}_V = U_P\underline{/-120°} \tag{4-2}$$
$$\dot{U}_W = U_P\underline{/120°}$$

3）对称三相电压对应的波形图及相量图如图4-3所示。

（二）对称三相交流电的特点及相序

1. 对称三相交流电的特点

从图4-3所示的波形图和相量图可看出，任一瞬间，对称三相电压瞬时值之和及相量和为零，即

$$u_U + u_V + u_W = 0$$

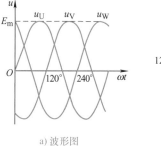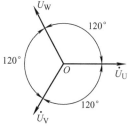

a) 波形图   b) 相量图

图 4-3 对称三相电压

或

$$\dot{U}_{\mathrm{U}} + \dot{U}_{\mathrm{V}} + \dot{U}_{\mathrm{W}} = 0$$

2. 相序

对称三相交流电在相位上的先后顺序称为相序，它表示了三相交流电达到正的最大值（或相应零值）的顺序。

如图 4-3a 所示，三相电压达到正的最大值的先后顺序是 u_{U}、u_{V}、u_{W}，其相序简计为 U→V→W→U，这样的相序称为正序，而把 W→V→U 称为逆序或负序。若不加说明，三相电源都是指正序。在我国，通常在三相发电机或配电装置的三相母线上涂上黄、绿、红三种颜色以区分 U 相、V 相、W 相。

改变三相电源的相序，可改变三相电动机的旋转方向。电动机的正反转控制就是通过改变电源接入的相序实现的。实际应用中，可任意对调两相相线与三相电源的连接关系实现电动机反转控制。

二、三相电源的连接

1. 星形（丫）联结

如图 4-4 所示，把三相电源绕组的尾端连在一起向外引出 1 根电线 N，称其为电源的中性线（俗称零线）；由三相电源绕组的首端分别向外引出 3 根输电线，称为电源的相线或端线（俗称火线）。

相电压、电流与
线电压、电流

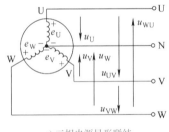

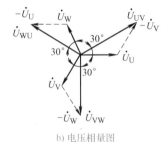

a) 三相电源星形联结　　　　　　b) 电压相量图

小鸟为何站在电线
上不会触电？

图 4-4　三相电源的星形联结

按照图 4-4a 所示星形联结方式向外供电的体制称为三相四线制。我们把相线与相线之间的电压称为线电压，分别用 u_{UV}、u_{VW} 和 u_{WU} 表示。相线与中性线之间的电压称为相电压，分别用 u_{U}、u_{V} 和 u_{W} 表示。由于 3 个相电压通常是对称的，对称的 3 个相电压有效值相等，用 U_{P} 统一表示。在相电压对称的情况下，3 个线电压也对称，对称的 3 个线电压有效值也相等，用 U_{L} 统一表示。在中性线接地的情况下，各相相电压即等于 3 根相线端的电位值，则各线电压分别为

$$\dot{U}_{\mathrm{UV}} = \dot{U}_{\mathrm{U}} - \dot{U}_{\mathrm{V}}$$

$$\dot{U}_{\mathrm{VW}} = \dot{U}_{\mathrm{V}} - \dot{U}_{\mathrm{W}} \tag{4-3}$$

$$\dot{U}_{\mathrm{WU}} = \dot{U}_{\mathrm{W}} - \dot{U}_{\mathrm{U}}$$

三个相电压总是对称的，如图 4-4b 所示。

根据上述关系式，应用平行四边形法则相量求和的方法作出相量图，根据相量图的几何关系求得各线电压分别为

$$\dot{U}_{\mathrm{UV}} = \sqrt{3}\,\dot{U}_{\mathrm{U}}\ \underline{/30°}$$

$$\dot{U}_{\mathrm{VW}} = \sqrt{3}\,\dot{U}_{\mathrm{V}}\ \underline{/30°} \tag{4-4}$$

$$\dot{U}_{\mathrm{WU}} = \sqrt{3}\,\dot{U}_{\mathrm{W}}\ \underline{/30°}$$

上式说明，线电压在相位上超前与其相对应的相电压 $30°$，数量上是各相电压的 $\sqrt{3}$ 倍，线、相电压之间的数量关系可表示为

$$U_{\mathrm{L}} = \sqrt{3}\,U_{\mathrm{P}} \tag{4-5}$$

一般低压供电系统中，经常采用的供电线电压为 380V，对应相电压为 220V。日常生活照明设备的额定电压一般均为 220V，因此应接在相线与中性线之间。不加说明的三相电源和负载的额定电压通常都指线电压的数值。

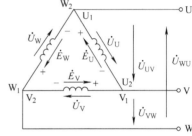

图 4-5　三相电源的三角形联结

2. 三角形（△）联结

三相电源的三角形联结如图 4-5 所示，三相电源绕组的 6 个引出端依次首尾相接连成一个闭环，由 3 个连接点分别向外引出 3 根相线的供电方式为三相电源的三角形联结。

此时线电压等于相电压，即

$$\dot{U}_{\mathrm{UV}} = \dot{U}_{\mathrm{U}}$$

$$\dot{U}_{\mathrm{VW}} = \dot{U}_{\mathrm{V}} \tag{4-6}$$

$$\dot{U}_{\mathrm{WU}} = \dot{U}_{\mathrm{W}}$$

其数值表达式为

$$U_{\mathrm{L}} = U_{\mathrm{P}} \tag{4-7}$$

三相电源三角形联结且电动势对称时三相电压的相量和为零，即

$$\dot{U}_{\mathrm{U}} + \dot{U}_{\mathrm{V}} + \dot{U}_{\mathrm{W}} = 0 \tag{4-8}$$

电源绕组三角形联结时，各相绕组的首尾端决不能接反，否则将在电源内部引起环流把电源烧损，因此实际生产中发电机绕组很少接成三角形。

三、三相负载的连接

日常生活中我们都有这样的疑问：

① 三相照明负载需要中性线，三相变压器、三相电动机等负载不需要中性线，这是为什么呢？

② 两台额定电压不同的三相电动机（一台额定电压为 220V，另一台额定电压为 380V）接到相同的三相电源上，为什么它们都能正常工作呢？

③ 电源的中性线上不允许装熔断器，这又是为什么呢？

带着这些问题，我们一起学习三相负载连接的电路形式、特点及其电路的分析计算。

1. 实际负载接入三相电源的原则

在工程技术和日常生活中，用电设备种类繁多，归纳起来有单相和三相之分，如电灯、

家用插座为何有 2 孔和 3 孔？

电风扇等家用电器，只需单相电源供电即可，而三相电动机、三相电阻炉、三相空调机等需要三相电源供电才能工作。负载接入三相电源的原则如下：

1）为了使负载能够安全可靠地长期工作，更合理地使用三相电源，应按照电源电压等于负载额定电压的原则将负载接入三相供电系统。

2）应使负载尽可能地均匀分布到三相电源上，力求使三相电路的负载均衡、对称。

三相电路中的三相负载有对称和不对称两种情况。

对称三相负载：各相负载的复阻抗相等，即 $Z_U = Z_V = Z_W$（阻抗的模相等，阻抗角相同），称为对称三相负载，如三相变压器、三相电阻炉、三相电动机等。

不对称三相负载：各相负载的复阻抗不相等，如三相照明电路中的负载。

一般情况下，三相电源是对称的。因此，由对称三相负载组成的三相电路称为三相对称电路，由不对称三相负载组成的三相电路称为三相不对称电路。

交流电气设备种类繁多，按其需要配用的电源可分为两类：一类为三相负载，需要配用三相电源，如三相异步电动机、大功率三相电炉；另一类是单相负载，需配用单相电源，如各种照明灯具和家用电器等。三相电路的负载由三部分组成，其中的每一部分叫作一相负载。与三相电源一样，三相负载也可以有星形（丫）联结和三角形（△）联结两种连接方式。

2. 负载的丫联结

图4-6所示为三相负载与三相电源间的丫联结电路，也称三相四线制电路。三相四线制电路中，各相电源与各相负载经中性线构成各自独立的回路，可以利用单相交流电的分析方法对每相负载进行独立分析。

每相负载所流过的电流称为相电流，其有效值用 I_P 表示；流过相线的电流称为线电流，其有效值用 I_L 表示。负载丫联结时，线电流与相电流、线电压与相电压的关系为

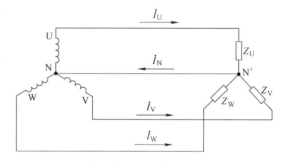

图4-6　三相四线制电路

$$I_L = I_P = \frac{U_P}{|Z_P|} \qquad (4\text{-}9)$$

$$U_L = \sqrt{3}\, U_P \qquad (4\text{-}10)$$

各相电流与各相电压及各相负载之间的相量关系为

$$\dot{I}_U = \frac{\dot{U}_U}{Z_U}$$

$$\dot{I}_V = \frac{\dot{U}_V}{Z_V} \qquad (4\text{-}11)$$

$$\dot{I}_W = \frac{\dot{U}_W}{Z_W}$$

中性线上的电流根据 KCL 可得

$$\dot{I}_N = \dot{I}_U + \dot{I}_V + \dot{I}_W \qquad (4\text{-}12)$$

三相四线制电路的中性线不能断开，中性线上不允许安装熔断器和开关。否则，一旦中性线断开，各相不能独立正常工作，将出现过电压或欠电压甚至负载损坏的情况。

负载 $Z_U = Z_V = Z_W$ 时，称为对称负载，这时有 $I_U = I_V = I_W$，相位互差120°，若以 $\dot{I}_U$ 为参考相量，则电流相量关系如图4-7所示。

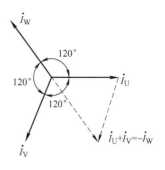

根据相量关系可得

$$\dot{I}_N = \dot{I}_U + \dot{I}_V + \dot{I}_W = 0$$

图 4-7　对称负载电流相量图

对称负载丫联结时，$\dot{I}_N = 0$，中性线可以省去，构成丫联结三相三线制。工厂中使用的额定功率 $P_N \leqslant 3kW$ 的三相异步电动机，均采用丫联结三相三线制。

3. 负载的△联结

三相负载△联结电路如图4-8所示，由图可见，三相负载的电压即为电源的线电压，且无论负载对称与否，电压总是对称的，即 $U_P = U_L$。

三相负载对称时，有

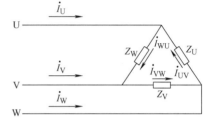

$$I_L = \sqrt{3} I_P \tag{4-13}$$

$$I_P = \frac{U_P}{|Z_P|} = \frac{U_L}{|Z_P|} \tag{4-14}$$

图 4-8　三相负载△联结电路

三相负载不对称时，尽管三个相电压对称，但三个相电流因阻抗不同而不再对称，三相电流各不相等，只能逐相计算各线电流。

三相电动机铭牌上常有"丫/△、380V/220V"标识，即丫联结时接380V线电压，△联结时接220V线电压，每相负载均工作在相电压下。

四、三相电路的功率

（一）三相电路的功率概述

1. 三相负载的有功功率

三相电源发出的总有功功率等于每相电源发出的有功功率之和，一个三相负载吸收（或消耗）的总有功功率等于各相负载吸收的有功功率的和。因此，对于交流电路的总有功功率，不论三相负载是否对称，下列公式均成立。

$$P = P_U + P_V + P_W = U_U I_U \cos\varphi_U + U_V I_V \cos\varphi_V + U_W I_W \cos\varphi_W \tag{4-15}$$

式中，U_U、U_V、U_W 是三相负载的相电压；I_U、I_V、I_W 是三相负载的相电流；φ_U、φ_V、φ_W 是各相负载相电压与相电流的相位差。

2. 三相负载的无功功率

同理，三相交流电路总的无功功率等于各相负载无功功率的和，即

$$Q = Q_U + Q_V + Q_W = U_U I_U \sin\varphi_U + U_V I_V \sin\varphi_V + U_W I_W \sin\varphi_W \tag{4-16}$$

3. 三相负载的视在功率

$$S = \sqrt{P^2 + Q^2} \tag{4-17}$$

4. 三相负载的功率因数

$$\lambda = \frac{P}{S} = \cos\varphi \tag{4-18}$$

式中，φ 为三相电路中相电压与相电流的夹角。

（二）对称三相电路的功率

对称三相电路中，各相电压、相电流的有效值均相等，功率因数也相同，即

$$P = 3U_PI_P\cos\varphi$$
$$Q = 3U_PI_P\sin\varphi \tag{4-19}$$
$$S = \sqrt{P^2 + Q^2} = 3U_PI_P$$

在实际应用中，对于三角形联结的负载，测量其线电流比测量相电流方便；而对于星形联结没有中性线的三相负载，测量其线电压比测量相电压更方便，所以三相功率的计算常用线电流、线电压来表示。

负载星形联结时的三相功率为

$$P = 3U_PI_P\cos\varphi = 3\frac{U_L}{\sqrt{3}}I_L\cos\varphi = \sqrt{3}U_LI_L\cos\varphi$$

负载三角形联结时的三相功率为

$$P = 3U_PI_P\cos\varphi = 3U_L\frac{I_L}{\sqrt{3}}\cos\varphi = \sqrt{3}U_LI_L\cos\varphi$$

可见，负载对称时，不论三相负载采用何种连接，求总功率的公式都是相同的，即

$$P = 3U_PI_P\cos\varphi = \sqrt{3}U_LI_L\cos\varphi$$
$$Q = 3U_PI_P\sin\varphi = \sqrt{3}U_LI_L\sin\varphi \tag{4-20}$$
$$S = \sqrt{P^2 + Q^2} = \sqrt{3}U_LI_L$$

【例4-1】 如图4-9所示的三相对称负载，每相负载的电阻 $R = 6\Omega$、电抗 $X_L = 8\Omega$，接入380V 三相三线制电源。试比较丫联结和△联结时三相负载总的有功功率。

【解】 各相负载的阻抗为

$$|Z| = \sqrt{R^2 + X_L^2} = \sqrt{6^2 + 8^2}\,\Omega = 10\Omega$$

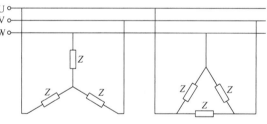

图4-9 例4-1图

1）丫联结时，负载的相电压

$$U_P = \frac{U_L}{\sqrt{3}} = \frac{380}{\sqrt{3}}V = 220V$$

线电流等于相电流

$$I_L = I_P = \frac{U_P}{|Z|} = \frac{220}{10}A = 22A$$

负载的功率因数

$$\cos\varphi = \frac{R}{|Z|} = \frac{6}{10} = 0.6$$

故丫联结时三相负载总的有功功率为

$$P_丫 = \sqrt{3}U_LI_L\cos\varphi = 1.732 \times 380 \times 22 \times 0.6W = 8.7kW$$

2）若改为△联结，负载的相电压等于电源的线电压，即

$$U_L = U_P = 380V$$

负载的相电流

$$I_P = \frac{U_P}{|Z|} = \frac{380}{10}A = 38A$$

则线电流

$$I_L = \sqrt{3} I_P = \sqrt{3} \times 38A = 66A$$

负载的功率因数不变，仍为 $\cos\varphi = 0.6$，则△联结时的三相负载总的有功功率为

$$P_\triangle = \sqrt{3} U_L I_L \cos\varphi = 1.732 \times 380 \times 66 \times 0.6W = 26.1kW$$

由此例可知

$$P_\triangle = 3P_\curlyvee$$

此例结果表明，在三相电源线电压一定的条件下，对称负载△联结的功率是丫联结的 3 倍。这是由于△联结时负载相电压是丫联结时的 $\sqrt{3}$ 倍，因而使相电流增加到 $\sqrt{3}$ 倍；又由于△联结时线电流是相电流的 $\sqrt{3}$ 倍，使△联结时的线电流是丫联结时线电流的 3 倍，因此 $P_\triangle = 3P_\curlyvee$。

◆ 项目实训

家庭配电线路的设计与安装

一、实训目的

1）熟悉照明电路的基本工作原理，掌握常用电子器件的识别和检测方法。

2）熟练掌握各种电工工具和仪表的使用方法。

3）熟练掌握布线规范，能够正确地对电路进行安装和调试。

4）培养学生分析实际电路的能力、动手能力、创新能力和团结协作的精神。

二、实训内容

（一）下达工作任务

1. 分组

学生进行分组，选出组长（每次不同）。下发学生工作单。

2. 讲解工作任务的原理

（1）两室一厅配电线路参考图 如图 4-10 所示。

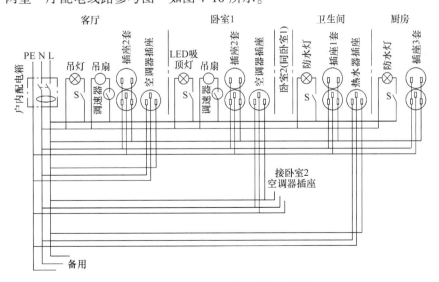

图 4-10 两室一厅配电线路参考图

六路配线为：照明及吊扇、插座、客厅空调器插座、卧室空调器插座、热水器插座和备用。

（2）元器件的选择 元器件清单见表4-1。

表4-1 元器件清单

序号	名称	规格	要求
1	电能表	单相电子式电能表 DDS106 型（长寿命型）或 DDSY106 型（预付费型）	设计使用功率 11.5kW
2	剩余电流断路器或熔断器	DZ47LE C45N/1P16A	除两路空调器外，其余均须有漏电保护
3	灯开关	跷板式	
4	插座	空调器插座 15～20A 厨房插座 20A 热水器插座 10～15A 其余插座 10A	空调器插座距地面 1.8m 厨房插座距地面 1.3m 热水器插座距地面 2.2m 其余插座距地面 0.3m
5	照明灯	客厅有 LED 变色的吊灯 卧室荧光吸顶灯 厨房和卫生间防水灯	照明灯功率 20～40W
6	吊扇	悬挂式吊扇	
7	调速器	简易调速器	
8	导线	进线 BV-2×25mm² +1×16mm² DG32 支线 BV-3×2.5mm² DG20	

1）剩余电流断路器。剩余电流断路器作为一项有效的电气安全技术装置已经被广泛使用。现以 DZ47LE 剩余电流断路器为例，分析其工作原理。从图4-11中可知，此剩余电流断路器由小型断路器和剩余电流控制器（电子线路部分）组合而成。

电流互感器 TA 的环状铁心上绕有二次线圈。电源相线经 QF 后与中性线从 TA 中穿过，构成一次线圈。TA 的作用是反映剩余电流信号，构成剩余电流控制器的检测部分；VTH 为单向晶闸管，与整流桥构成剩余电流控制器的比较部分；L 为电感线圈，是剩余电流控制器的执行元件。按钮 SB 与电阻 R_1 为剩余电流断路器的试验装置。R_V 为压敏电阻。剩余电流断路器对线路中的过载和短路也能起保护作用。

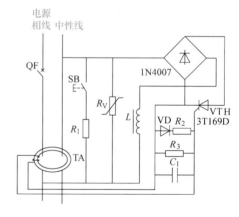

图 4-11 剩余电流断路器

2）灯开关。灯开关按装置方式分为：明装式开关、暗装式开关、悬挂式开关、附装式开关；按操作方法分为：翘板式开关、倒板式开关、拉线式开关、按钮式开关、推移式开关、旋转式开关、触摸式开关等；按接通方法分为：单联开关、双联开关、双控开关、双路开关等。部分样图如图4-12所示。

3）照明灯具。照明灯具有白炽灯、荧光灯、LED 灯、高压汞灯、高压钠灯和金属卤化物灯等，它们均属于电光源。电光源的分类如图4-13所示。

a) 翘板式开关

b) 触摸式开关

c) 按钮式开关

图 4-12　开关

4）常用家用电器的功率。常用家用电器的功率范围大致如下：微波炉为 600～1500W；电饭煲为 500～1700W；电磁炉为 300～1800W；电炒锅为 800～2000W；电热水器为 800～2000W；电冰箱为 70～250W；电暖器为 800～2500W；电烤箱为 800～2000W；消毒柜为 600～800W；电熨斗为 500～2000W；空调器为 600～5000W。

考虑到远期用电发展，每户的用电量应按最有可能同时使用的电器最大功率总和计算。所用家用电

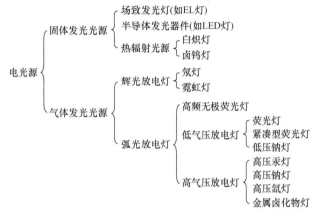

图 4-13　电光源的分类

器的说明书上都标有最大功率，可以根据其标注的最大功率计算出总用电量。

一定要按照电能表的容量来配置家用电器。如果电能表容量小于同时使用的家用电器最大用电量，则必须更换电能表，并同时考虑入户导线是否符合容量的要求。

5）导线的选择。进户线是按每户用电量并考虑今后发展的可能性选取的。住宅内常用的导线截面积有 $1.5mm^2$、$2.5mm^2$、$4mm^2$、$6mm^2$、$10mm^2$、$16mm^2$、$25mm^2$、$35mm^2$、$50mm^2$ 等。另外住宅电气电路一定选用铜导线，因使用铝导线会埋下众多的安全隐患，住宅一旦施工完毕，很难再次更换导线，因此，不安全的隐患会持续多年。

6）熔断器的选择。居民家庭用的熔断器应根据用电容量的大小来选用。使用容量为 5A 的电表时，熔丝应大于 6A 小于 10A；使用容量为 10A 的电表时，熔丝应大于 12A 小于 20A，也就是选用的熔丝应是电表容量的 1.2～2 倍。选用的熔丝应符合规定，不能以小容量的熔丝多根并用，更不能用铜丝代替熔丝使用。

7）电能表的选择。

① 看懂产品铭牌标识。选购电能表首先要注意型号和各项技术数据。在电能表的铭牌上都标有一些字母和数字，如 "DD862，220V，50Hz，5（20）A，1950r/kW·h"，其中 DD862 是电能表的型号，DD 表示单相电能表，数字 862 为设计序号。家庭使用一般选用 DD 系列的电能表，设计序号可以不同。"220V、50Hz" 是电能表的额定电压和工作频率，它必须与电源的规格相符合。就是说，如果电源电压是 220V，就必须选用 220V 的电能表，不能采用 110V 的电能表。"5（20）A" 是电能表的标定电流值和最大电流值，括号外的 "5" 表示额定电流为 5A，括号内的 "20" 表示允许使用的最大电流为 20A。这样，我们可以知道这只电能表允许室内用电器的最大总功率为 $P = UI = 220V \times$

$20\,A = 4400\,W$。

② 计算总用电量：选购电能表前，需要把所有用电器的功率加起来，比如，电视机 65W + 电冰箱 93W + 洗衣机 150W + 照明灯 4 只共 160W + 电熨斗 300W + 空调 1800W = 2568W。选购电能表时，要使电能表允许的最大总功率大于家中所有用电器的总功率（如上面算出的 2568W），而且还应留有适当的余量。上例中家庭选购 5（20）A 的电能表就比较合适，因为即使家中所有用电器同时工作，电流的最大值 $I = P/U = 2568\,W/220\,V = 11.7\,A$，没有超过电能表的最大电流值 20A，同时还有一定余量，因此是安全可靠的。

8）电视。常采用三种方式：第一种为利用城市有线电视网络，在小区内设电视放大器总箱，由总箱分若干条支路向每栋楼的放大器箱送信号，再由该箱向本楼的各单元及住户（当时采用串接分支器）送信号，由于住户装修时，有的将电视插座改动接线，造成其后面的住户无电视信号，现在已不采用；第二种是主干网为光纤网，小区内设电视放大器总箱，然后用同轴电缆送到每栋楼的电视放大器箱，户内为分支分配器；第三种是主干网为同轴电缆，其余同第二种。不管哪种方式，在每个单元入口处均设手孔井，布线为穿管暗设，每层楼梯间内设转线盒，距地 0.5 ~ 1.8m，以 0.5m 为好。

3. 设计内容

1）客厅：空调器 1 台、吊灯 1 盏、顶灯 2 盏、壁灯 2 盏、插座 4 只、彩电 1 台。

2）卧室：空调器 1 台、吊灯 1 盏、壁灯 1 盏、插座 2 只、彩电 1 台。

3）厨房：消毒柜 1 台、油烟机 1 台、微波炉 1 台、电饭煲 1 台、顶灯 1 盏、插座 2 只。

4）卫生间：电热水器 1 台、顶灯 1 盏、浴霸 1 个、插座 2 只。

4. 具体要求

1）根据设计要求，设计配电线路图。

2）正确选择元器件及导线。

3）根据家庭用电情况，正确选择电能表。

（二）学生设计实施方案

学生小组根据电路模型选择系统部件，并进行部件的功能检查。查找相关资料，设计项目实施方案。在此过程中，指导教师要巡视课堂，了解情况，对问题与疑点积极引导，适时点拨。对学习困难学生积极鼓励，并适度助学。

（三）学生阐述设计方案

每组学生派代表阐述自己的设计方案（注：自己制作 PPT），老师和各组同学分别对方案进行评价，同时指导教师对重点内容进行精讲，并帮助学生确定方案的可行性。

（四）学生实施方案

学生组长负责，组织实施方案（包括配电线路图、电路连接、调试）。在此过程中，指导教师要进行巡视指导，帮助同学解决各种问题，掌握学生的学习动态，了解课堂的教学效果。

（五）学生展示

学生小组派代表进行成果展示（注：自己制作 PPT），老师和各组同学分别对方案进行考核打分，组长对本组组员进行打分。

（六）教师点评

教师对每组进行点评，并总结成果及不足。

三、评价标准（见表4-2）

表4-2　评价标准

项目名称		家庭配电线路的设计与安装		时间		总分	
组长		组员					
评价内容及标准				自评	组长评价	教师评价	
任务准备	课前预习、准备资料（5分）						
电路设计、焊接、调试	元器件选择（10分）						
	电路图设计（15分）						
	焊接质量（10分）						
	功能的实现（15分）						
	电工工具的使用（10分）						
	参数的测试（10分）						
工作态度	不迟到，不早退；学习积极性高，工作认真负责（5分）						
	具有安全操作意识和团队协作精神（5分）						
任务完成	完成速度，完成质量（5分）						
	工作单的完成情况（5分）						
个人答辩	能够正确回答问题并进行原理叙述，思路清晰、语言组织能力强（5分）						
评价等级							
项目最终评价：自评占20%，组长评价占30%，教师评价占50%							

四、学生工作单（见表4-3）

表4-3　学生工作单

学习项目	家庭配电线路的设计与安装		班级		组别		成绩	
组长		组员						

一、咨询阶段任务

1. 简述兆欧表的应用场合。

2. 对称三相交流电的定义及特点。

3. 简述兆欧表的工作原理。

4. 简述兆欧表在使用中的注意事项。

5. 对称三相电源的连接方式有哪些？简述三相三线制电路和三相四线制电路的区别。

6. 简述三相负载的连接方式及特点。

二、过程和方案设计（计划和决策）任务

1. 简述相电压和线电压、相电流和线电流的区别和联系。

2. 简述有功功率、无功功率、视在功率的区别和联系。

3. 什么是功率因数？提高功率因数有何意义？如何提高功率因数。

4. 设计一室一厅配电线路图。

三、实施阶段任务

1. 家庭用电负荷如何计算？电能表如何选择？

2. 如何用兆欧表测试电路？

3. 计算电路各元器件的有功功率、无功功率、视在功率。

4. 试计算电路的功率因数，如何提高电路的功率因数？

四、检查和评价阶段任务

1. 在方案实施过程中出现了哪些问题？又是如何解决的？

2. 任务完成过程中有什么收获？自己在什么地方做得比较满意？哪些地方不满意？

3. 总结自己在任务完成过程中有哪些不足之处？如何改进？

学生自评：	教师评语：
学生互评：	

◆ 习题及拓展训练

一、项目习题

1. 填空题

（1）三相对称负载作星形联结时，线电压是相电压的_____倍，线电流是相电流的_____倍；三相对称负载作三角形联结时，线电压是相电压的_____倍，线电流是相电流的_____倍。

（2）对称三相电源要满足_____、_____、_____3 个条件。

（3）不对称三相负载接成星形，供电电路必须为_____制，其每相负载的相电压对称且为线电压的_____。

（4）若三相异步电动机每相绕组的额定电压为 380V，则该电动机应采用_____联结才能接入相电压为 220V 的三相交流电源中正常工作。

（5）接在线电压为 380V 的三相四线制线路上的星形对称负载发生 U 相负载断路时，V 相和 W 相负载上的电压均为_____。

2. 判断题

（1）三相四线制供电系统只能提供一种电压。 （   ）

（2）三相负载星形联结时必须有中性线。 （   ）

（3）凡三相负载作三角形联结时，线电流必为相电流的 $\sqrt{3}$ 倍。 （   ）

（4）三相负载越接近对称，中性线电流就越小。 （   ）

（5）三相负载作星形联结时，线电流等于相电流。 （   ）

（6）三相不对称负载作星形联结时，为了使各相电压保持对称，必须采用三相四线制供电。 （   ）

（7）三相对称负载作星形和三角形联结时，其总有功功率均为 $P = \sqrt{3} U_L I_L \cos\varphi$。

（   ）

3. 如图 4-14 所示对称三相电路中，$R_{UV} = R_{VW} = R_{WU} = 100\Omega$，电源线电压为 380V，求：

（1）电压表 Ⓥ 和电流表 Ⓐ 的读数各是多少？

（2）三相负载消耗的功率 P 是多少？

4. 如图 4-15 所示电路中，对称负载三角形联结，电源线电压 $U_L = 220V$，每相负载的电阻为 30Ω，感抗为 40Ω，试求相电流与线电流。

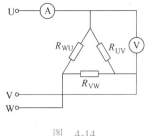

图 4-14

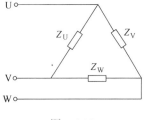

图 4-15

5. 在三相四线制电路上接入三相照明负载，如图 4-16 所示。已知 $R_U = 5\Omega$，$R_V = 10\Omega$，$R_W = 10\Omega$，电源电压 $U_L = 380V$，负载的额定电压为 220V。

（1）求各相电流；（2）若 W 相发生断线故障，计算各相负载的相电压、相电流以及中性线电流。U 相和 V 相负载能否正常工作？

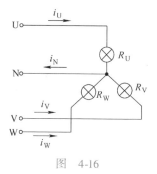

图　4-16

6. 某对称三相负载，每相的电阻 $R = 6\Omega$、$X_L = 8\Omega$，分别按星形、三角形接法接到线电压为 380V 的对称三相电源上。求：

（1）负载为星形联结时相电流、线电流的有效值及有功功率。

（2）负载为三角形联结时相电流、线电流的有效值及有功功率。

7. 某三层大楼照明采用三相四线制供电，线电压为 380V，每层楼均有 "220V，100W" 的白炽灯各 110 只，分别接在 U、V、W 三相上，求：

（1）三层楼的电灯全部开亮时的相电流和线电流的有效值及有功功率。

（2）当第一层楼的电灯全部熄灭，另两层楼的电灯全部开亮时的相电流和线电流的有效值。

（3）当第一层楼的电灯全部熄灭，且中性线因故断开，另两层楼的电灯全部开亮时白炽灯两端电压为多少？

二、拓展提高

根据图 4-17 所示的单相电能表装接图对电路进行安装和调试。

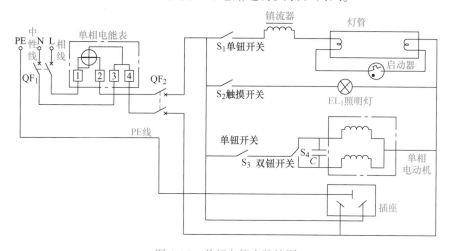

图 4-17　单相电能表装接图

名人寄语

　　时间抓起来是金子，抓不住就是流水。

——谚语

项目五 变压器的设计与制作

◆ 项目目标

1. 了解变压器的应用，掌握变压器的基本工作原理和结构，熟悉变压器的选择和使用方法。

2. 能够进行变压器的极性判别，学会制作简单变压器。

3. 培养学生分析解决问题的能力、自我学习能力。

4. 培养学生对工作认真负责、精益求精的工作态度及团结协作的精神和意识。

◆ 工作情境

1. 实训环境要求

本项目的教学应在一体化的电工技能实训室和电子装配实训室进行，实训室内设有教学区（配备多媒体）、工作区、资料区和展示区。要配备常用的电工实验台等设备、万用表等常用仪表及常用电工工具。

2. 指导要求

配备一名主讲教师和一名实验室辅助教师。

3. 学生要求

根据班级情况进行分组，一般每组 3 ~ 4 名同学，选出组长。

4. 教学手段选择

1）主要应用讲授法、任务教学法、讨论法、演示法等进行教学。

2）多媒体教学与实物演示相结合。

3）现场教学与动手操作相结合。

4）教师主导与学生自主学习相结合。

实践知识 ——变压器的选择和使用

变压器是通过电磁感应原理，将一种等级（电压、电流、相数）的交流电，变换为同频率的另一种等级的交流电的电气设备。其主要用途是变换电压，此外还可以改变交流电流、变换阻抗及改变相位等。

选用变压器时，首先要调查用电地的电源电压、用户的实际用电负荷和所在地方的条件；然后参照变压器铭牌标示的技术数据逐一选择，一般应从变压器容量、电压、电流及环境条件综合考虑，其中容量选择应根据用户用电设备的容量、性质和使用时间来确定所需的负荷量，以此来选择、使用和维护变压器。

一、变压器的分类

变压器的种类很多，可以按用途、绕组数、相数、铁心结构、冷却介质和冷却方式等进行分类。

按用途不同，可以分为电力变压器（主要用在输配电系统中，又分为升压变压器、降压变压器和配电变压器）和特种变压器（如仪用变压器、试验变压器、电炉变压器和电焊变压器等）。

按绕组数不同，可分为单绕组（自耦）变压器、双绕组变压器、三绕组变压器和多绕组变压器等。

按相数不同，可分为单相变压器、三相变压器和多相变压器。

按铁心结构不同，可分为心式变压器和壳式变压器。

按冷却介质和冷却方式的不同，可以分为空气自冷式（或称为干式）变压器、油浸式变压器和充气式变压器。

电力变压器按容量大小又可分为小型变压器（容量为 10~630kVA）、中型变压器（容量为 800~6300kVA）、大型变压器（容量为 8000~63000kVA）和特大型变压器（容量为 90000kVA 及以上）。

二、变压器的型号

在选择和使用变压器时，一定要清楚所选变压器的型号，现就变压器的型号进行简要说明。变压器型号如图 5-1 所示。

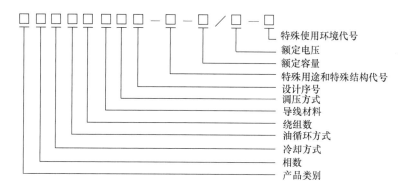

图 5-1　变压器型号

（1）产品类别

O——自耦变压器，通用电力变压器不标。

H——电弧炉变压器。

C——感应电炉变压器。

Z——整流变压器。

K——矿用变压器。

Y——试验变压器。

（2）相数

D——单相变压器。

S——三相变压器。

（3）冷却方式

F——风冷式。

W——水冷式。

注：油浸自冷式和空气自冷式不标注。

（4）油循环方式

N——自然循环。

O——强迫导向循环。

P——强迫循环。

（5）绕组数

S——三绕组。

注：双绕组不标注。

（6）导线材料

L——铝绕组。

注：铜绕组不标注。

（7）调压方式

Z——有载调压。

注：无载调压不标注。

（8）特殊用途和特殊结构代号

Z——低噪声用。

L——电缆引出。

X——现场组装式。

J——中性点为全绝缘。

CY——发电厂自用变压器。

（9）额定容量　变压器的额定容量单位为 kVA。

（10）额定电压　变压器的额定电压单位为 kV。

例：一台三相、油浸、风冷、双绕组、无励磁调压、20000kVA、110kV 级电力变压器产品，其性能水平符合 GB/T 6451—2015 规定，该产品的型号为 SF11—20000/110。

◆　**理论知识**

一、磁路

（一）磁路的基本概念

通有电流的线圈内部及周围有磁场存在。在变压器、电动机等电工设备中，为了用较小的电流产生较强的磁场，通常把线圈绕在用铁磁材料制成的铁心上。由于铁磁材料的导磁性能比非铁磁材料好得多，因此，当线圈中有电流流过，产生的磁通绝大部分将集中在铁心中，沿铁心而闭合，这部分磁通称为主磁通，用字母 ϕ 表示。只有很少一部分磁通沿铁心以外的空间而闭合，这部分磁通称为漏磁通，用 ϕ_σ 表示。在实际应用中，由于 ϕ_σ 很小，在工程上常将它忽略不计。

主磁通通过的闭合路径称为磁路。主磁通磁路有纯铁心磁路，如图 5-2a、c 所示；也有含气隙的磁路，如图 5-2b 所示；磁路有不分支磁路，如图 5-2a、b 所示；也有分支磁路，如图 5-2c 所示。磁路中的磁通可由线圈通过电流产生，用来产生磁通的电流称为励磁电流，流过励磁电流的线圈称为励磁线圈。由直流电流励磁的磁路称为直流励磁，由交流电流励磁的磁路称为交流励磁。

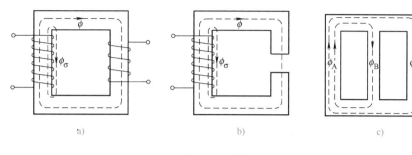

图 5-2 磁路

(二) 铁磁材料

根据导磁性能的不同，自然界的物质可分为两大类：一类称为铁磁材料，如铁、钢、镍、钴及其合金和铁氧体等材料，这类材料的导磁性能好，磁导率很高；另一类为非铁磁材料，如铝、铜、纸、空气等，这类材料的导磁性能差，磁导率很低。铁磁材料是制造变压器、电机、电器等各种电工设备的主要材料。

(三) 交流铁心线圈电路

将交流铁心线圈接交流电源，线圈中通过交流电流，产生交变磁通，并在铁心和线圈中产生感应电动势。变压器、交流电机以及其他各种交流电磁器件的线圈都是交流铁心线圈。图 5-3 为交流铁心线圈。

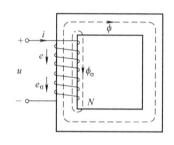

图 5-3 交流铁心线圈

1. 电磁关系

交流铁心线圈中，外加交流电压 u 时，在线圈中会产生交流励磁电流 i，从而产生磁通势 F_i，产生两部分交变磁通，即主磁通 ϕ 和漏磁通 ϕ_σ，这两个磁通又分别在线圈中产生两个电动势，即主磁电动势 e 和漏磁电动势 e_σ，根据基尔霍夫电压定律得铁心线圈的电压平衡方程为

$$u = Ri - e_\sigma - e \tag{5-1}$$

由于线圈电阻 R 上的电压降和漏磁电动势都很小，可忽略不计，故上式可写成

$$u = -e \tag{5-2}$$

在规定的参考方向下，由电磁感应定律得

$$e = -N\frac{\mathrm{d}\phi}{\mathrm{d}t}$$

则

$$u = N\frac{\mathrm{d}\phi}{\mathrm{d}t} \tag{5-3}$$

当电源电压 u 为正弦量时，ϕ 与 e 都为同频率的正弦量。

若 $\phi = \phi_m \sin \omega t$，则

$$u = N\frac{\mathrm{d}\phi}{\mathrm{d}t} = N\frac{\mathrm{d}(\phi_m \sin \omega t)}{\mathrm{d}t} = N\omega\phi_m \cos \omega t$$

$$= 2\pi f N\phi_m \sin\left(\omega t + \frac{\pi}{2}\right) = U_m \sin\left(\omega t + \frac{\pi}{2}\right) \tag{5-4}$$

由上式可见，铁心中磁通的相位滞后外加电压$\frac{\pi}{2}$。由该式可求出外加电压的有效值为

$$U = \frac{U_{\mathrm{m}}}{\sqrt{2}} \approx \frac{2\pi f N \phi_{\mathrm{m}}}{\sqrt{2}} = 4.44 f N \phi_{\mathrm{m}} = 4.44 f N B_{\mathrm{m}} S \tag{5-5}$$

上式表明，在忽略线圈电阻及漏磁通的条件下，当线圈匝数 N 及电源频率 f 一定时，主磁通的幅值 ϕ_{m} 取决于励磁线圈外加电压的有效值，而与铁心的材料及尺寸无关，也就是说，当外加电压 U 与频率 f 一定时，主磁通的幅值 ϕ_{m} 几乎是不变的，与磁路的磁阻 R_{m} 无关。这是交流磁路的一个重要特点。

2. 功率损耗

交流铁心线圈中的功率损耗包括两部分，即铜损和铁损。线圈电阻 R 通电流后所产生的发热损耗，称为铜损，用 ΔP_{Cu}（$\Delta P_{\mathrm{Cu}} = I^2 R$）表示；铁心在交变磁通作用下产生的磁滞损耗和涡流损耗，两者合称为铁损，用 ΔP_{Fe} 表示，铁损将使铁心发热，从而影响设备绝缘材料的使用寿命。

（1）磁滞损耗　磁滞损耗是铁磁性物质在交变磁化时，克服彼此间的阻力而产生的发热损耗，常用 ΔP_{h} 表示。

磁导率 μ 是表征物质导磁性能的物理量。不同的物质其磁导率不同，真空中的磁导率 $\mu_0 = 4\pi \times 10^{-7} \mathrm{H/m}$，是一个常数。铁磁材料的磁导率 μ 远大于 μ_0，且随磁场强度的变化而变化。工程上除了铁磁材料外，其余物质的磁导率都认为是 μ_0（非铁磁材料的 μ 接近 μ_0）。由于铁磁材料具有高导磁性，且磁阻小，易使磁通通过，所以往往利用它来做磁路，以提高效率，减小电磁设备的体积和重量。铁心中的磁滞损耗与该铁心磁滞回线所包围的面积成正比，同时励磁电流频率 f 越高磁滞损耗越大。当电流频率一定时，磁滞损耗与铁心磁感应强度最大值的二次方成正比。因此，应采用磁滞回线窄小的铁磁材料以减少磁滞损耗，例如变压器、交流电机中的硅钢片，磁滞损耗较小。

（2）涡流损耗　当线圈中通入交变电流时，铁心中的交变磁通将在铁心中产生感应电动势和感应电流，这种电流就称为涡流。因铁心有一定的电阻，故涡流将在铁心中产生发热损耗，称为涡流损耗，用 ΔP_{e} 表示。涡流对电机、变压器等设备的工作会产生不良影响，它不仅消耗了电能，使电气设备的效率降低，而且使电气设备中的铁心发热、温度升高，从而影响电气设备的正常运行。

为了减小涡流损耗，当线圈用于一般工频交流时，可采用彼此绝缘且顺着磁场方向的硅钢片叠成铁心，这样将涡流限制在较小的截面内流通；因铁心含硅，电阻率较大，也使涡流及其损耗大为减小。一般电机和变压器的铁心常采用厚度为 0.35mm 或 0.5mm 的硅钢片叠成。对高频铁心线圈，常采用铁氧体磁心，其电阻率很高，可大大降低涡流损耗。

涡流也有有利的一面，可利用其热效应来冶炼金属，如中频感应炉。涡流损耗与电源频率的二次方及铁心磁感应强度最大值的二次方成正比。

二、变压器的结构和工作原理

（一）变压器的基本结构

变压器基本知识

变压器的主要组成部分是铁心和一次绕组、二次绕组。大、中容量的电力变压器，为了散热的需要，常将变压器的铁心和绕组浸入封闭的油箱中，对外电路的连接由绝缘套管引出。因此电力变压器还有绝缘套管、油箱及其他附件。

1. 铁心

铁心是变压器的磁路系统，同时也是绕组的支撑骨架。铁心由铁心柱和铁轭两部分组成，如图 5-4 所示，铁心柱上套绕组，铁轭将铁心柱连接起来形成闭合磁路，对铁心的要求是导磁性能好，磁滞损耗和涡流损耗要尽量小，因此均采用硅钢片制成。硅钢片有热轧和冷轧两种，其厚度为 $0.35 \sim 0.5mm$，两面涂以厚 $0.02 \sim 0.23mm$ 的漆膜，使片与片之间绝缘。随着科学技术的进步，已经采用铁基、铁镍基等非晶体材料来制作变压器的铁心，它具有体积小、效率高、节能等优点，极有发展前途。

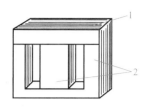

图 5-4　变压器铁心
1—铁轭　2—铁心柱

变压器的铁心结构有心式和壳式两类。心式结构变压器的特点是铁心柱被绕组包围，如图 5-5a 所示；壳式结构变压器的特点是铁心包围绕组的顶面、底面和侧面，如图 5-5b 所示。心式结构简单，绕组装配和绝缘比较容易；壳式结构机械强度好，但制造复杂，铁心用材料较多。因此电力变压器中的铁心主要采用心式结构。

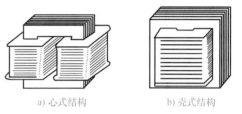

a) 心式结构　　　　b) 壳式结构

图 5-5　单相变压器结构

心式变压器的叠片一般用"口"字形或斜"口"字形硅钢片交叉叠成；壳式变压器的叠片一般用 E 形或 F 形硅钢片交叉叠成，如图 5-6 所示。为了减小铁心磁路的磁阻，铁心在装配时，接缝处的气隙越小越好。

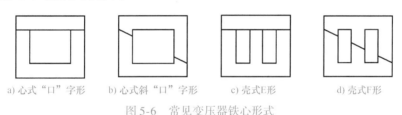

a) 心式"口"字形　　b) 心式斜"口"字形　　c) 壳式E形　　d) 壳式F形

图 5-6　常见变压器铁心形式

2. 绕组

变压器的绕圈通常称为绕组，它是变压器的电路部分，由铜或铝绝缘导线绕制而成，容量稍大的变压器则用扁铜线或扁铝线绕制。

在变压器中，接到高压电网的绕组称为高压绕组，接到低压电网的绕组称为低压绕组。按照高压绕组和低压绕组的相互位置和形状的不同，绕组可以分为同心式和交叠式两种。同心式绕组的高、低压绕组同心地套在铁心柱上，如图 5-7a 所示。小容量单相变压器一般采用此种结构，为了便于绝缘，低压绕组靠近铁心柱，高压绕组套在低压绕组的外面，两个绕组之间留有油道。交

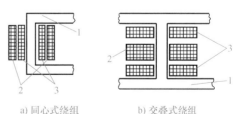

a) 同心式绕组　　　　b) 交叠式绕组

图 5-7　变压器的绕组
1—铁心　2—高压绕组　3—低压绕组

叠式绕组的高、低压绕组交叠放置在铁心上，如图 5-7b 所示。变压器的两个绕组套在同一个铁心柱上，以增大其间的电磁耦合作用。

为了便于识图，常将变压器的两个绕组分别画在铁心的两侧，如图 5-8a 所示。其中 N_1 为

一次绕组的匝数，一次绕组旧称为原绕组或原边。N_2 为二次绕组的匝数，二次绕组旧称为副绕组或副边。变压器的图形符号如图 5-8b 所示。

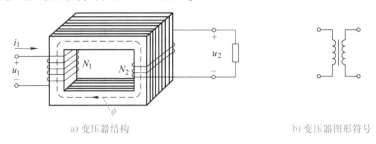

a) 变压器结构　　　　　　　　　　　　　　　b) 变压器图形符号

图 5-8　变压器结构和图形符号

3. 油箱等其他附件

（1）油箱　变压器的器身放置在装有变压器油的油箱内，变压器油起着绝缘和冷却散热的作用。通过变压器油的对流，铁心和绕组产生的热量传递给油箱和散热管，再散发到空气中。

（2）储油柜　储油柜亦称油枕，它是安装在油箱上的圆筒形容器，它通过连通管与油箱相连，柜内油面高度随着油箱内变压器油的热胀冷缩而变动。储油柜的作用是保证变压器的器身始终浸在变压器油中，同时减少油和空气的接触面积，从而降低变压器油受潮和老化的速度。

（3）绝缘套管　电力变压器的引出线从油箱内穿过油箱盖时，必须穿过瓷质的绝缘套管，以使带电的引出线与接地的油箱绝缘。绝缘套管的结构取决于电压等级，较低电压采用实心瓷套管；10～35kV 电压采用空心充气式或充油式套管；电压在 110kV 及以上时采用电容式套管。为了增加表面爬电距离，绝缘套管的外形常做成多级伞形，电压越高，级数越多。

（4）分接开关　油箱盖上面还装有分接开关，通过分接开关可改变变压器高压绕组的匝数，从而调节输出电压的大小。通常输出电压的调节范围是额定电压的 ±5%。

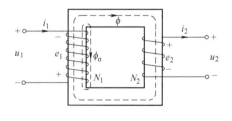

变压器的
工作原理

（二）变压器的工作原理

变压器主要由铁心和套在铁心上的两个独立绕组组成，如图 5-9 所示。这两个绕组间只有磁的耦合的联系，而没有电的联系，且具有不同的匝数，其中接入交流电源的绕组称为一次绕组，其匝数为 N_1；与负载相接的绕组称为二次绕组，其匝数为 N_2。

图 5-9　变压器的电路原理示意图

由于变压器是在交流电源上工作，因此通过变压器的电压、电流、磁通及电动势的大小和方向都随时间在不断地变化。为了能正确表达它们之间的相位关系，必须规定它们的参考方向，参考方向原则上可以任意规定，但为了统一起见，习惯上都按照"电工惯例"来规定参考方向：

1）同一支路中，电压的参考方向和电流的参考方向一致。

2）磁通的参考方向和电流的参考方向之间符合右手螺旋定则。

3）由交变磁通 ϕ 产生的感应电动势 e，其参考方向与产生该磁通的电流方向一致。

在一般情况下，变压器的损耗和漏磁通都是很小的，因此，在不计变压器一、二次绕组的电阻和漏磁通，不计铁心损耗时，即可认为是理想变压器。

1. 变换交流电压

当一次绕组外加电压为 u_1 的交流电源，二次绕组接负载时，一次绕组中将流过交变电流 i_1，并在铁心中产生交变磁通 ϕ，该磁通同时交链一、二次绕组，并在两绕组中分别产生感应电动势 e_1、e_2，从而在二次绕组两端产生电压 u_2 和电流 i_2。对于理想变压器，根据电磁感应定律可得

$$\left. \begin{aligned} u_1 &= -e_1 = N_1 \frac{\mathrm{d}\phi}{\mathrm{d}t} \\ u_2 &= -e_2 = N_2 \frac{\mathrm{d}\phi}{\mathrm{d}t} \end{aligned} \right\}$$

根据上式可得一、二次绕组的电压和电动势有效值与匝数的关系为

$$\frac{U_1}{U_2} = \frac{E_1}{E_2} = \frac{N_1}{N_2} = K \tag{5-6}$$

式中，K 为匝数比，亦即电压比。

可见，变压器一、二次绕组的端电压之比等于两个线圈的匝数比。如果 $N_2 > N_1$，则 $U_2 > U_1$，变压器使电压升高，称为升压变压器。如果 $N_2 < N_1$，则 $U_2 < U_1$，变压器使电压降低，称为降压变压器。

2. 变换交流电流

由以上分析，变压器能从电网中获取能量，并通过电磁感应进行能量转换后，再把电能输送给负载。根据能量守恒定律可得 $U_1 I_1 = U_2 I_2$，即

$$\frac{I_1}{I_2} = \frac{U_2}{U_1} = \frac{N_2}{N_1} = \frac{1}{K} \tag{5-7}$$

由式可知，变压器一、二次绕组的电流与绕组的匝数成反比。变压器高压绕组的匝数多而通过的电流小，可用较细的导线绕制；低压绕组的匝数少而通过的电流大，可用较粗的导线绕制。

3. 变换交流阻抗

在电子线路中，常用变压器来变换交流阻抗。对于收音机和其他的电子装置，总是希望获得最大功率，而要想获得最大的功率，其条件是负载电阻等于信号源的内阻，称为阻抗匹配。但在实际中，由于负载电阻与信号源的内阻往往不相等，因此，常用变压器来进行阻抗匹配，使负载获得较大的功率。

设变压器一次侧输入阻抗为 $|Z_1|$，二次侧的负载阻抗为 $|Z_2|$，则

$$|Z_1| = \frac{U_1}{I_1} \tag{5-8}$$

将 $U_1 \approx \frac{N_1}{N_2} U_2$，$I_1 \approx \frac{N_2}{N_1} I_2$ 代入上式，整理后得 $|Z_1| \approx \left(\frac{N_1}{N_2}\right)^2 \frac{U_2}{I_2}$。

因为
$$\frac{U_2}{I_2} = |Z_2|$$

所以
$$|Z_1| \approx \left(\frac{N_1}{N_2}\right)^2 |Z_2| = K^2 |Z_2| \tag{5-9}$$

可见，在二次侧接上负载阻抗 $|Z_2|$ 时，就相当于使电源接上一个阻抗 $|Z_1| \approx K^2 |Z_2|$。

【例 5-1】　图 5-10 所示是一电源变压器，一次绕组匝数为 550 匝，接电源 220V，它有两个二次绕组，一个电压为 36V，负载功率为 36W，另一个电压为 12V，负载功率为 24W，不计空载电流，求：

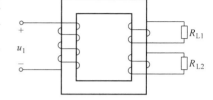

图 5-10　例 5-1

(1) 两个二次绕组的匝数 N_{21} 和 N_{22}；

(2) 一次电流 I_1；

(3) 变压器的容量至少应为多少?

【解】　(1)

$$N_{21} = N_1 U_{21}/U_1 = (550 \times 36/220) \text{ 匝} = 90 \text{ 匝}$$

$$N_{22} = N_1 U_{22}/U_1 = (550 \times 12/220) \text{ 匝} = 30 \text{ 匝}$$

(2)

$$I_{21} = P_{21}/U_{21} = (36/36) \text{A} = 1\text{A}$$

$$I_{22} = P_{22}/U_{22} = (24/12) \text{A} = 2\text{A}$$

$$I_1 = I_{21} U_{21}/U_1 + I_{22} U_{22}/U_1 = (1 \times 36/220 + 2 \times 12/220)\text{A} = 0.27\text{A}$$

(3) 电阻性负载且不计空载电流时

$$S_N = I_1 U_1 = (0.27 \times 220)\text{VA} \approx 60\text{VA}$$

三、变压器的运行

1. 空载运行（变压作用）

变压器一次绕组接上交流电压 u_1，二次绕组开路，这种状态称为空载运行。此时二次电流 $I_2 = 0$，二次电压为开路电压 U_{20}，一次绕组通过电流为 I_{10}（空载电流）。变压器空载运行如图 5-11 所示。

$$U_1 \approx E_1 = 4.44fN_1\phi_m \qquad (5\text{-}10)$$

$$U_2 \approx E_2 = 4.44fN_2\phi_m \qquad (5\text{-}11)$$

将上述二式进行比较，得

$$\frac{U_1}{U_2} \approx \frac{E_1}{E_2} = \frac{4.44fN_1\phi_m}{4.44fN_2\phi_m} = \frac{N_1}{N_2} = K \qquad (5\text{-}12)$$

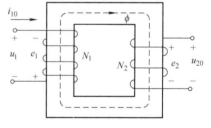

图 5-11　变压器空载运行

可见，变压器空载运行时，一、二次绕组上电压的比值等于两者的匝数比。该比值称为变压器的电压比，用 K 表示。

当输入电压 U_1 不变时，改变变压器的电压比就可以改变输出电压 U_2，这就是变压器的变压作用。若 $N_1 < N_2$，即 $K < 1$，则为升压变压器，反之为降压变压器。

2. 负载运行（变流作用）

变压器的二次绕组接有负载时，称为负载运行。此时在二次绕组电动势 e_2 的作用下，将产生二次电流 i_2，而一次电流由 i_{10} 增加为 i_1，如图 5-12 所示。

二次绕组有电流 i_2 后，二次绕组的磁动势 N_2i_2 也要在铁心中产生磁通。此时变压器的铁心中的主磁通是由一、二次绕组的磁动势共同产生的。N_2i_2 的出现将改变铁心中原有的主磁通，但在一次绕组的外加电

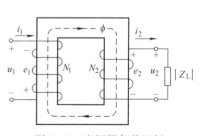

图 5-12　变压器负载运行

压（电源电压）不变的情况下，主磁通基本保持不变，因而一次绕组的电流必须由 i_{10} 增加为 i_1，以抵消二次电流 i_2 产生的磁通，这样才能保证铁心中原有的主磁通不变。

其磁动势平衡方程为

$$N_1 i_1 + N_2 i_2 = N_1 i_{10} \tag{5-13}$$

变压器负载运行时，一、二次绕组的磁动势方向相反，即二次电流 i_2 对一次电流 i_1 产生的磁通有去磁作用，当 i_2 增加时，铁心中的磁通将减小，于是一次电流 i_1 必然增加以保持主磁通基本不变。无论 i_2 如何变化，i_1 总能按比例自动调节，以适应负载电流的变化。由于空载电流很小，因此它产生的磁动势 $N_1 i_{10}$ 可忽略不计。故

$$N_1 i_1 = - N_2 i_2$$

则变压器一、二次电流有效值的关系为

$$\frac{I_1}{I_2} = - \frac{N_2}{N_1} = \frac{1}{K} \tag{5-14}$$

由式可知，当变压器负载运行时，一、二次电流之比近似等于其匝数之比的倒数。改变一、二次绕组的匝数就可以改变一、二次绕组电流的比值，这就是变压器的变流作用。

3. 阻抗变换作用

变压器除了能起变压作用、变流作用外，它还有变换阻抗的作用，以实现阻抗匹配，即使负载上能获得最大功率。如图 5-13 所示，变压器一次侧接电源 U_1，二次侧接负载 $|Z_L|$，对于电源来说，图中点画线框内的电路可用另一个等效阻抗 $|Z_L'|$ 来等效代替。所谓等效，就是它们从电源吸收的电流和功率相等，两者的关系由下式计算得：

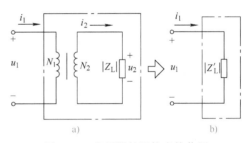

图 5-13　变压器的阻抗变换作用

$$|Z_L'| = \frac{U_1}{I_1} = \frac{\dfrac{N_1}{N_2} U_2}{\dfrac{N_2}{N_1} I_2} = \left(\frac{N_1}{N_2}\right)^2 \frac{U_2}{I_2} = K^2 |Z_L| \tag{5-15}$$

线圈匝数不同，实际负载阻抗 $|Z_L|$ 折算到一次侧的等效阻抗 $|Z_L'|$ 也不同，人们可以用不同的匝数比，把实际负载变换为所需要的比较合适的数值，这种做法通常称为阻抗匹配。

4. 变压器的外特性

当一次电压 U_1 和负载功率因数 $\cos\varphi_2$ 保持不变时，二次侧输出电压 U_2 和输出电流 I_2 的关系 $U_2 = f(I_2)$ 称为变压器的外特性。外特性曲线如图 5-14 所示。对电阻性和电感性负载而言，电压 U_2 随电流 I_2 的增加而下降。

电压变化率反应电压 U_2 的变化程度，通常希望电压 U_2 的变动越小越好，一般变压器的电压变化率为 5%。从空载到某一负载，二次电压的变化程度用电压变化率 ΔU 来表示，即

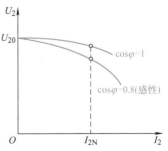

图 5-14　变压器的外特性曲线

$$\Delta U = \frac{U_{20} - U_2}{U_{20}} \times 100\% \tag{5-16}$$

5. 变压器的并联运行

变压器的并联运行是指将两台或两台以上的变压器的一、二次绕组分别接在一、二次侧的公共母线上，共同向负载供电的运行方式，如图 5-15 所示。变压器的并联运行可以提高供电的可靠性、经济性。其意义在于，当一台变压器发生故障时，并联的其他变压器可以继续供电，保证重要用户的用电；当变压器检修时，又能保证不间断供电，提高变压器的可靠性。由于用电负荷季节性很强，在负荷较轻的季节可将部分变压器退出运行，这样既可以减少变压器的空载损耗，提高效率，又可以减少无功励磁电流，改善电网的功率因数，提高系统的经济性。

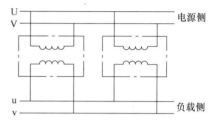

图 5-15　变压器的并联运行

变压器并联运行的理想情况是，当变压器并联还没带负载时，各变压器之间没有循环电流；带负载后，能按照各变压器的容量比例分担负荷，且不超过各自的容量。因此，并联变压器必须满足以下条件：各变压器的极性相同；各变压器的电压比相等；各变压器的阻抗值相等；各变压器的漏电抗与电阻之比相等。

6. 变压器的额定值

（1）额定电压 U_{1N}、U_{2N}　一次额定电压 U_{1N} 是根据绕组的绝缘强度和允许发热所规定的应加在一次绕组上的正常工作电压的有效值；二次额定电压 U_{2N}，在电力系统中是指变压器一次侧施加额定电压时的二次侧的空载电压有效值。

（2）额定电流 I_{1N}、I_{2N}　一、二次额定电流 I_{1N}、I_{2N} 是指变压器在连续运行时，一、二次绕组允许通过的最大电流的有效值。

（3）额定容量 S_N　额定容量 S_N 是指变压器二次额定电压和二次额定电流的乘积，即二次侧的额定功率。

$$S_N = U_{2N}I_{2N}$$

额定容量反映了变压器所能传送电功率的能力，并不是指变压器的实际输出功率。

（4）额定频率 f　额定频率 f 是指变压器应接入的电源频率，我国电力系统的标准频率为 $50Hz$。

知识拓展延伸：电感、电容与电源的能量交换，帮我们理解了奉献与索取的关系。马克思主义关于人的价值理论中曾指出：只有每个人都对社会做出了贡献，并且贡献大于从社会索取的，这样，人类才能够在维持生存的同时，仍有财富的积累，才能够扩大再生产，社会才能发展。

四、特殊变压器

1. 自耦变压器

普通双绕变压器一、二次绕组是两个分离的电路，二者之间只有磁的耦合，没有电的直接联系。而自耦变压器的结构特点是低压绕组为高压绕组的一部分，因此自耦变压器一、二次绕组之间既有磁的耦合，又有电的联系。图 5-16 所示为单相降压自耦变压器，$U_1 U_2$ 为一次绕组，匝数为 N_1；$u_1 u_1$ 为二次绕组，匝数为 N_2。因为 $u_1 u_1$ 绕组既是二次绕组又是一次绕组的一部分，故又称为公共绕组；$U_1 u_1$ 绕组匝数为 $N_1 - N_2$，称为串联绕组。自耦变压器也可看成是从双绕组变压器演变而来的，把双绕组变压器的一、二次绕组顺向串联作高压绕组，其二次绕组作低压绕组，就成为一台自耦变压器了。

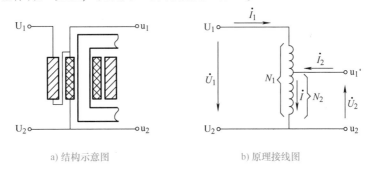

a) 结构示意图　　　　　　　　　b) 原理接线图

图 5-16　降压自耦变压器

在电力系统中，自耦变压器主要用来连接两个电压等级相近的电力网，作为两个电网的联络变压器；在实验室中常采用二次侧有滑动触头的自耦变压器作为调压器；另外，当异步电动机或同步电动机需降压起动时，也常用自耦变压器进行降压起动。

自耦变压器的原理与普通变压器一样，也是利用电磁感应原理工作的。因此

1）自耦变压器的电压比为

$$k_a = \frac{E_1}{E_2} = \frac{N_1}{N_2} \approx \frac{U_1}{U_2} \qquad (5-17)$$

自耦变压器的电压比一般为 1.5～2。

2）自耦变压器的电流关系为

$$\frac{I_1}{I_2} \approx \frac{N_2}{N_1} = \frac{1}{K} \qquad (5-18)$$

3）容量关系。自耦变压器的额定容量（铭牌容量）是指输入容量或输出容量，二者相等，为

$$S_N = U_{1N}I_{1N} = U_{2N}I_{2N} \qquad (5-19)$$

4）自耦变压器的优、缺点。

优点：结构简单，节省用铜量，且效率较高，自耦变压器的电压比一般不超过 2，电压比越小，其优点越明显。

缺点：一次侧电路与二次侧电路有直接的电的联系，高压侧的电气故障会波及低压侧，故高、低压侧应采用同一绝缘等级。

2. 互感器

互感器是在电气测量中经常使用的一种特殊变压器，分为电压互感器和电流互感器，它们的工作原理与变压器相同。

使用互感器有两个目的：一是为了用小量程的电压表和电流表测量高电压和大电流；二是为了使测量回路与高压线路隔离，以保障工作人员和测试设备的安全。

互感器的主要性能指标是测量精度，影响测量精度的重要因素是互感器的线性度，即一、二次电压或电流的线性程度。为了保证测量精度，通常互感器靠采用不同于普通变压器的特殊结构来保证线性度。下面分别介绍电压互感器、电流互感器的工作原理以及提高测量精度的措施。

（1）电压互感器

1）工作原理。电压互感器一次绕组匝数多，二次绕组匝数少。图 5-17 是电压互感器的工作原理图。一次绕组并接到被测量的高电压电路上，二次绕组接电压表或功率表的电压线圈。由于电压表的阻抗很大，所以电压互感器工作时，相当于降压变压器的空载运行状态。如果忽略很小的漏阻抗压降，则一、二次电压与匝数成正比，即

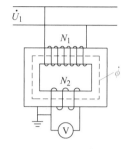

图 5-17 电压互感器原理

$$\frac{U_1}{U_2} = \frac{N_1}{N_2} = k_u \tag{5-20}$$

式中，k_u 称为电压比。可见，将二次侧电压表读数 U_2 乘上 k_u，就是被测高电压 U_1 的数值。通常将电压表的表盘按 $k_u U_2$ 来刻度，这样可以直接读出被测电压 U_1 的数值。电压互感器二次额定电压都统一设计成 100V，而一次侧可以有几个抽头，便于根据被测电路电压大小，选取适当的电压比 k_u。

电压互感器的准确度等级有 0.2、0.5、1.0 和 3.0 四级。如 0.5 级的电压互感器，表示在额定电压时的最大误差不超过 ±0.5%。实验室精密测量可采用 0.2 级的电压互感器；发电厂和变电所的盘式仪表一般配用 0.5 或 1.0 级的电压互感器；用于计量电能的电能表可选用 0.5 级的电压互感器；3.0 级电压互感器用于一般测量和继电保护电路中。

2）使用电压互感器应注意的问题。

① 电压互感器二次侧严禁短路，否则将产生很大的短路电流，绕组将因过热而烧毁。为防止二次侧短路，电压互感器一、二次回路中应串接熔断器。

② 电压互感器的二次绕组连同铁心一起必须可靠接地，以防止绕组绝缘损坏时，高电压侵入低压回路，危及人身和设备的安全。

（2）电流互感器

1）工作原理。电流互感器的一次绕组匝数很少，一般只有一匝或几匝，二次绕组匝数很多。图 5-18 是电流互感器的工作原理图。一次绕组串联在被测量的大电流电路中，二次绕组接电流表或功率表的电流线圈。由于电流表的阻抗很小，所以电流互感器工作时，相当于变压器的短路运行状态。如果忽略很小的励磁电流，则一、二次电流与匝数成反比，即

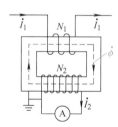

图 5-18 电流互感器原理图

$$\frac{I_1}{I_2} = \frac{N_2}{N_1} = k_i \tag{5-21}$$

式中，k_i 称为电流比。可见，将二次侧电流表读数 I_2 乘上 k_i，就是被测大电流 I_1 的数值。通常将电流表的表盘按 $k_i I_2$ 来刻度，这样可以直接读出被测电流 I_1 的数值。电流互感器二次额定电流通常设计成 5A 或 1A。

电流互感器的准确度等级有 0.2、0.5、1、3、10 五级。0.2 级电流互感器适用于实验室的精密测量；0.5、1 级适用于发电厂和变电所的盘式仪表；3、10 级适用于一般测量和继电保护装置。

2）使用电流互感器应注意的问题。

① 二次侧绝对不允许开路。如果二次侧开路，电流互感器处于空载运行状态，此时一次侧被测电路大电流全部成为励磁电流，使铁心磁通密度大大增加。这一方面使铁心严重饱

和，铁耗急剧增加，引起铁心严重过热。另一方面将在匝数很多的二次绕组中感应出很高电压，不但会使绝缘击穿，而且会危及操作人员和其他设备的安全。因此，严禁在电流互感器的二次回路中安装熔断器；运行中需要更换测量仪表时，应先把二次绕组短路后才能更换仪表。

② 二次绕组及铁心也必须可靠接地，以防止绝缘击穿后，一次侧高电压危及二次侧回路的设备及操作人员的安全。

◆ 项目实训

变压器的设计与制作

一、实训目的

1）了解变压器的基本特性。

2）掌握变压器的基本技术指标，根据设计要求设计相应的技术参数。

3）掌握变压器的制作和调试过程。

4）培养学生的动手能力、创新能力和团结协作的精神。

二、实训内容

（一）下达工作任务

1. 分组

学生进行分组，选出组长，下发学生工作单。

2. 讲解工作任务的原理图

（1）进行参数计算　图 5-19 为变压器设计及参数测量电路。

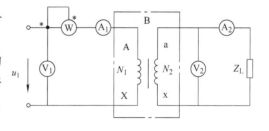

图 5-19　变压器设计及参数测量电路

由各仪表读得变压器一次侧（高压侧）的 U_1、I_1、P_1 及二次侧（低压侧）的 U_2、I_2，并用万用表 $R \times 1$ 档测出一、二次绕组的电阻 R_1 和 R_2，即可算得变压器的以下各项参数值：

1）变压器匝数比　$K = \dfrac{N_1}{N_2} \approx \dfrac{U_1}{U_2}$

2）变压器电压比　$K_u = \dfrac{U_1}{U_2} = K$

3）电流比　$K_i = \dfrac{I_2}{I_1} \approx \dfrac{1}{K}$

（2）材料准备　硅钢片、变压器骨架、漆包线、绝缘材料（层间用聚酯薄膜，为了加强组间绝缘，组间用黄蜡绸 + 青壳纸）。

3. 具体要求

1）设计要求：根据变压器的设计电路图，选择所需元器件及参数测量仪表。

2）制作要求：按变压器的使用要求进行一、二次绕组绕制，并进行绝缘处理。

3）测试要求：测量变压器的一、二次电压、电流和功率是否符合设计要求，并能够进行参数调整。

（二）学生设计实施方案

学生小组根据设计电路图选择所需元器件，并进行功能检查。查找相关资料，设计项目实施方案。在此过程中，指导教师要巡视课堂，了解情况，对问题与疑点积极引导，适时点拨。对学习困难学生积极鼓励，并适度助学。

（三）学生阐述设计方案

每组学生派代表阐述自己的设计方案（注：自己制作 PPT），老师和各组同学分别对方案进行评价，同时指导教师对重点内容进行精讲，并帮助学生确定方案的可行性。

（四）学生实施方案

学生组长负责组织实施方案（包括一、二次绕组的绕制、参数测量、调试）。在此过程中，指导教师要进行巡视指导，帮助同学解决各种问题，掌握学生的学习动态，了解课堂的教学效果。

（五）学生展示

学生小组派代表进行成果展示（注：自己制作 PPT），老师和各组同学分别对方案进行考核打分，组长对本组组员进行打分。

（六）教师点评

教师对每组进行点评，并总结成果及不足。

注意事项：

1）对制作的变压器的相关数据进行测量，如误差过大要进行处理，直至符合要求。

2）变压器要进行浸漆处理，以增加绝缘和消除线圈、铁心振动，并起到防潮的效果。变压实验要注意安全，以防高压触电。

三、评价标准（见表5-1）

表5-1 评价标准

项目名称	变压器的设计与制作		时间			总分
组长		组员				
评价内容及标准				自评	组长评价	教师评价
任务准备	课前预习、准备资料（5分）					
变压器参数的测定	测试电路图识读（10分）					
	测试仪表的选择（10分）					
	测量数据的填写（30分）					
	测量工具的使用（10分）					
	参数的测试数据分析（10分）					
工作态度	不迟到，不早退；学习积极性高，工作认真负责（5分）					
	具有安全操作意识和团队协作精神（5分）					
	完成速度，完成质量（5分）					
任务完成	工作单的完成情况（5分）					
	能够正确回答问题并进行原理叙述，思路清晰、语言组织能力强（5分）					
个人答辩						
评价等级						
项目最终评价：自评占20%，组长评价占30%，教师评价占50%						

四、学生工作单（见表5-2）

表5-2　学生工作单

学习项目	变压器的设计与制作		班级		组别		成绩	
组长			组员					

一、咨询阶段任务 1. 举例说明小型单相变压器的应用。 2. 简述变压器的工作原理。 3. 分析变压器的外特性和空载特性曲线。 4. 认识所用的仪器仪表。 二、过程和方案设计（计划和决策）任务 1. 电压表和电流表的位置能否互换？ 2. 电压表和电流表量程该如何选择？ 3. 需要测定的各数据有什么作用？ 4. 检查和校对实验仪器仪表。 三、实施阶段任务 1. 如何把测量仪表接入测量电路？	2. 根据实验内容，整理测量结果，绘出变压器的外特性和空载特性曲线。 3. 比较电压、电流、功率的理论值和实际值，分析误差原因。 四、检查和评价阶段任务 1. 在方案实施过程中出现了哪些问题？又是如何解决的？ 2. 任务完成过程中有什么收获？自己在什么地方做得比较满意？哪些地方不满意？ 3. 总结自己在任务完成过程中有哪些不足之处？如何改进？
学生自评：	教师评语：
学生互评：	

◆ 习题及拓展训练

一、项目习题

1. 填空题

（1）变压器是一种能改变＿＿＿＿＿＿而保持＿＿＿＿＿＿不变的静止的电气设备。

（2）变压器的铁心按其结构形式分为＿＿＿＿＿和＿＿＿＿＿两种。

（3）电流互感器实质为＿＿＿＿＿变压器，电压互感器实质为＿＿＿＿＿变压器。

（4）变压器的空载运行是指变压器的一次侧＿＿＿＿＿＿＿＿、二次侧＿＿＿＿＿的运行方式。

（5）变压器一次电动势和二次电动势之比等于＿＿＿＿＿和＿＿＿＿＿之比。

（6）变压器空载时的损耗主要是由于＿＿＿＿＿的磁化所引起的＿＿＿＿＿和＿＿＿＿＿损耗。

2. 判断题

（1）一台变压器一次电压 U_1 不变，二次侧接电阻性负载或接电感性负载，如负载电流相等，则两种情况下，二次电压也相等。　　　　　　　　　　　（　　）

（2）使用电压互感器时，其二次侧不允许短路；而使用电流互感器时，其二次侧则不允许开路。　　　　　　　　　　　　　　　　　　　　　　　　　（　　）

（3）变压器的铁心损耗与频率没有关系。　　　　　　　　　　　　　（　　）

（4）变压器的铜耗为常数，可以看成是不变损耗。　　　　　　　　　（　　）

（5）当变压器的二次电流变化时，一次电流也跟着变化。　　　　　　（　　）

（6）变压器铁心是由硅钢片叠装而成的闭合磁路，它具有较高的导磁系数和较大的电阻系数，可以减小涡流。　　　　　　　　　　　　　　　　　　　（　　）

3. 已知某单相变压器的一次电压为 3000V，二次电压为 220V，负载是一台 220V、25kW 的电阻炉，试求一、二次电流各为多少？

4. 单相变压器一次绕组 $N_1 = 1000$ 匝，二次绕组 $N_2 = 500$ 匝，现一次绕组加电压 $U_1 = 220V$，二次侧接电阻性负载，测得二次电流 $I_2 = 4A$，忽略变压器的内阻抗及损耗，试求：

（1）一次侧等效阻抗 $|Z_1'|$；（2）负载消耗的功率 P_2。

5. 某机修车间的单相行灯变压器，一次侧的额定电压为 220V，额定电流为 4.55A，二次侧的额定电压为 36V，试求二次侧可接 36V、60W 的白炽灯多少盏？

6. 一单相变压器，其额定容量为 50kVA，额定电压为 10000V/230V，当该变压器向 $R = 0.83\Omega$、$X_L = 0.618\Omega$ 的负载供电时，正好满载，试求变压器一、二次绕组的额定电流和电压变化率。

7. 有一台容量为 50kVA 的单相自耦变压器，已知 $U_1 = 220V$，$N_1 = 500$ 匝，要得到 $U_2 = 200V$，二次绕组应在多少匝处抽出线头？

二、拓展提高

根据所学知识，分别设计一台电压互感器和一台电流互感器。

要求：根据所学知识进行电路设计，并完成理论数据的计算。

名人寄语

对真理和知识的追求并为之奋斗，是人的最高品质之一。

——爱因斯坦

项目六　三相异步电动机控制电路的分析与测试

◆　项目目标

1. 了解在生产中电动机的应用及组成，熟悉三相异步电动机的工作原理及三相异步电动机的使用方法。

2. 能够对三相异步电动机进行控制，并能正确使用常用电工仪表对三相异步电动机进行检测。

3. 熟悉电动机安全操作规程，培养良好的职业素养和规范的操作习惯。

◆　工作情境

1. 实训环境要求

本项目的教学应在一体化的电工技能实训室和电子装配实训室进行，实训室内设有教学区（配备多媒体）、工作区、资料区和展示区。要配备常用的电工实验台等设备、万用表等常用仪表及常用电工工具。

2. 指导要求

配备一名主讲教师和一名实验室辅助教师。

3. 学生要求

根据班级情况进行分组，一般每组 3～4 名同学，选出组长。

4. 教学手段选择

1）主要应用讲授法、任务教学法、讨论法和演示法进行教学。

2）多媒体教学与实物演示相结合。

3）现场教学与动手操作相结合。

4）教师主导与学生自主学习相结合。

安全用电
你了解吗？

实践知识　——**安全用电**

所谓安全用电，是指电气工作人员、生产人员以及其他用电人员，在规定环境下采取必要的措施和手段，在保证人身及设备安全的前提下正确使用电力。如果电气设备使用不当、安装不合理、设备维护不及时和违反操作规程等，都可能造成人身伤亡的触电事故，使人体受到各种不同程度的伤害。

交流工频安全电压的上限值，在任何情况下，两导体间或任一导体与地之间都不得超过 50V。我国的安全电压的额定值为 42V、36V、24V、12V 及 6V。如手提照明灯、危险环境的携带式电动工具，应采用 36V 安全电压；金属容器内、隧道内、矿井内等工作场合，狭窄、行动不便及周围有大面积接地导体的环境，应采用 24 或 12V 安全电压，以避免因触电而造成人身伤害。

注意："安全电压"并不是所有情况下都绝对安全，只不过在一般情况下触电死亡的可能性和危险性相对较小。因此，即使我们在使用 36V 以下的电气设备时，在安装和使用上也一定要符合操作规程，否则还是会有不安全因素存在。

一、触电类型及触电方式

1. 触电的概念及类型

所谓触电，是指电流通过人体时对人体产生的生理和病理的伤害。

（1）电击　是指由于电流通过人体而造成的内部器官在生理上的反应和病变。

（2）电伤　是指由于电流的热效应、化学效应或机械效应而对人体外表造成的局部伤害，常常与电击同时发生。

1）灼伤：分为接触灼伤和电弧灼伤两种。接触灼伤发生在高压触电事故时，电流通过人体皮肤的进出口处造成灼伤。

电弧灼伤发生在误操作或过分接近高压带电体时，如产生电弧放电，高温电弧将如火焰一样把皮肤烧伤。电弧还会使眼睛受到严重伤害。

2）电烙印：电烙印发生在人体与带电体有良好接触的情况下。此时在皮肤表面将留下与被接触带电体形状相似的肿块痕迹。电烙印有时在触电后并不立即出现，而是相隔一段时间后才出现。电烙印一般不会发炎或化脓，但往往造成局部麻木和失去知觉。

3）皮肤金属化：由于电弧的温度极高（中心温度可达 $6000 \sim 10000℃$），可使周围的金属熔化、蒸发并飞溅到皮肤表层，令皮肤表层变得粗糙坚硬，其色泽与金属种类有关，如灰黄色（铅）、绿色（纯铜）、蓝绿色（黄铜）等。金属化后的皮肤经过一段时间后会自行脱落，一般不会留下不良后果。

2. 触电方式

（1）单相触电　单相触电就是人体的某一部位接触带电设备的一相，而另一部位与大地或中性线接触引起触电，如图 6-1a 所示，这是最常见的触电方式。

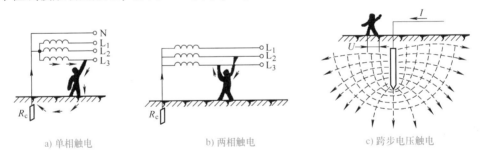

a) 单相触电　　　　　　　b) 两相触电　　　　　　　c) 跨步电压触电

图 6-1　触电方式

（2）两相触电　两相触电就是人体的不同部位同时接触两相带电体而引起的触电，加在人体上的电压为电源线电压，电流直接通过人体形成回路，触电电流远大于人体所能承受的极限电流值，如图 6-1b 所示。

（3）跨步电压触电　如图 6-1c 所示，当外壳接地的电气设备绝缘损坏而使外壳带电，或导线折断落地发生单相接地故障时，电流流入大地，向周围扩散，在接地点周围的土壤中产生电压降，接地点的电位很高，距接地点越远，电位越低。把地面上离带电体接地点距离相差 0.8m 的两处的电位差叫作跨步电压。人跨进这个区域，两脚踩在不同的电位点上就会承受跨步电压，电流从接触高电位的脚流入，从接触低电位的脚流出，步距越大，跨步电压越大。跨步电压的大小与接地电流的大小、人距接地点的远近及土壤的电阻率等有关。人体万一误入危险区，将会感到两脚发麻，这时千万不能大步跑，而应单脚跳出或双脚蹦出接地区，一般 10m 以外就没有危险了。

二、触电的预防

在日常生产和生活中，对供电系统和用电设备通常采取各种各样的接地或接零措施，以保障电力系统的安全运行，保证人身安全，保证设备正常运行。

1. 保护接地

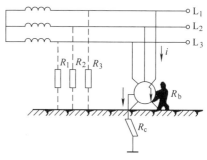

在正常情况下，将电气设备的金属外壳与埋入地下的接地体可靠连接，称为保护接地。一般用钢管、角钢等作为接地体。图 6-2 所示为保护接地的原理图。

电动机漏电时，若人体触及外壳，则人体电阻 R_b 与接地电阻 R_c 并联，由于人体电阻远大于接地电阻，所以，漏电电流主要通过接地电阻流入大地，而流过人体的电流很小，从而避免了触电的危险。

图 6-2 保护接地原理图

2. 保护接零

保护接零就是在电源中性点直接接地的三相四线制低压供电系统中，将电气的外壳与零线相连接。这时电源中性点的接地是为了保证电气设备可靠地工作。

电气设备采取保护接零后，如图 6-3 所示。当设备的某相漏电时，就会通过设备的外壳形成该相短路，使该相熔断器熔断，切断电源，避免发生触电事故。保护接零的保护作用比保护接地更为完善。

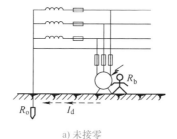

a) 未接零   b) 接零后

图 6-3 保护接零原理图

在采用保护接零时应注意，零线决不允许断开；连接零线的导线连接必须牢固可靠、接触良好，保护零线与工作零线一定要分开，决不允许把接在用电器上的零线直接与设备外壳连通，而且同一低压供电系统中决不允许一部分设备采用保护接地，而另一部分设备采用保护接零。

3. 重复接地

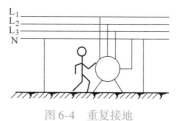

在保护接零的系统中，若零线断开，当设备绝缘损坏时，会使用电设备外壳带电，造成触电事故。因此，除将电源中性点接地外，常将零线每隔一定距离再次接地，称为重复接地，如图 6-4 所示。重复接地电阻一般不超过 10Ω。

图 6-4 重复接地

4. 其他保护接地

1）过电压保护接地是为了消除雷击或过电压的危险影响而设置的接地。

2）防静电接地是为了消除生产过程中产生的静电而设置的接地。

3）屏蔽接地是为了防止电磁感应而对电力设备的金属外壳、屏蔽罩、屏蔽线的外皮或建筑物金属屏蔽体等进行的接地。

三、安全用电措施

1）必须严格遵守操作规程，接通电流时，先合隔离开关，再合负荷开关；分断电流时，先断负荷开关，再断隔离开关。

2）电气设备一般不能受潮，在潮湿场合使用时，要有防雨水和防潮措施。电气设备工作时会发热，因此应有良好的通风散热条件和防火措施。

3）所有电气设备的金属外壳应有可靠的保护接地。电气设备运行时可能会出现故障，所以应有短路保护、过载保护、欠电压和失压保护等保护措施。

4）凡有可能被雷击的电气设备，都要安装防雷措施。

5）对电气设备要做好安全运行检查工作，对出现故障的电气设备和线路应及时检修。

◆ 理论知识

一、三相异步电动机的结构与工作原理

三相异步电动机的
结构及工作原理

电动机是将电能转换为机械能的一种能量转换设备。生产机械大都采用电动机拖动，电动机拖动可以简化生产机械的结构，提高生产率和产品质量，能够实现自动控制和远距离操作，减轻繁重的体力劳动等。

电动机种类繁多，分类方法也有很多种。按电流种类的不同，电动机可分为交流电动机和直流电动机两大类。直流电动机将直流电能转换为机械能，它具有调速性能好、起动转矩大及过载能力强等优点，但其构造复杂、成本高、运行维护困难，所以应用受到限制。

交流电动机又分为异步电动机和同步电动机。同步电动机成本高、构造复杂、使用和维护困难，一般需要功率较大、调速稳定时才使用。异步电动机构造简单、价格便宜、工作可靠、维护方便，是所有电动机中应用最广的一种。异步电动机按相数不同分为单相异步电动机和三相异步电动机；三相异步电动机根据转子结构的不同又分为笼型异步电动机和绕线转子异步电动机；按防护形式不同，可分为开启式、防护式、封闭式、隔爆式、防水式及潜水式电动机等。

生产上主要应用的是交流电动机，特别是三相异步电动机，广泛应用于各种切削机床、起重机、锻压机、传送带及铸造机械等。而直流电动机则常用在需要均匀调速的生产机械上，如龙门刨床、轧钢机、某些重型机床的主传动机构以及某些电力牵引和起重设备等。

（一）三相异步电动机的结构

异步电动机主要有两个基本组成部分：定子和转子。普通笼型三相异步电动机的结构如图6-5所示。

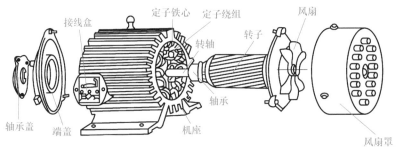

图6-5 普通笼型三相异步电动机的结构

1. 定子

三相异步电动机的定子由机座和装在机座内的圆筒形铁心以及其中的三相定子绕组构成。机座用铸铁或铸钢所制成，铁心由相互绝缘的硅钢片叠成。铁心圆筒内表面冲有槽，如图6-6所示，槽内嵌放三相对称的绕组。定子绕组是电动机的电路部分，它用铜线缠绕而成。三相对称绕组 U_1U_2、V_1V_2、W_1W_2 可接成星形或三角形，如图6-7所示。

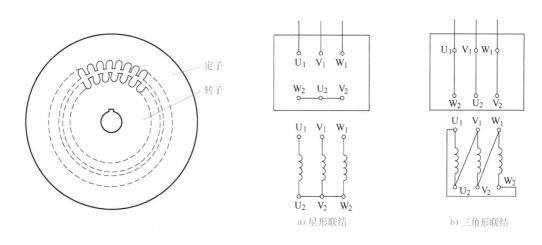

图6-6　三相异步电动机的定子和转子铁心　　　　图6-7　三线绕组的联结形式

a) 星形联结　　　　b) 三角形联结

2. 转子

三相异步电动机的转子有两种形式，笼型转子和绕线转子。转子铁心是圆柱状，也由 0.5mm 厚、两面涂有绝缘漆的硅钢片叠成，在外圆冲有均匀分布的槽，以放置导条或绕组，轴上加机械负载。笼型转子做成鼠笼状，在转子铁心的槽中置入铜条或铝条（导条），如图6-8所示。在中小型笼型异步电动机中，转子的导条多用铸铝制成。

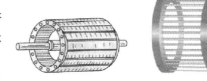

图6-8　笼型转子

绕线转子异步电动机的转子绕组同定子绕组一样，也是三相，通常接成星形。每相的始端接在三相集电环上，尾端接在一起，集电环固定在转轴上，同轴一起旋转，环与环、环与轴都相互绝缘，在环上用弹簧压着碳质电刷，借助于电刷可以改变转子电阻以改变它的起动和调速性能。

3. 其他部分

电动机的其他部分包括端盖、风扇及轴承等。端盖除起保护作用外，在端盖上还装有轴承，用来支撑转子轴，风扇用于通风散热。

（二）三相异步电动机的工作原理

1. 旋转磁场的产生

在三相异步电动机定子铁心中放有三相对称绕组：U_1U_2、V_1V_2、W_1W_2。设将三相绕组接成星形，接在三相电源上，绕组中便通入三相对称电流，其波形如图6-9所示。

三相电流分别为

$$\left.\begin{array}{l} i_{\mathrm{U}} = I_{\mathrm{m}}\sin \omega t \\ i_{\mathrm{V}} = I_{\mathrm{m}}\sin(\omega t - 120°) \\ i_{\mathrm{W}} = I_{\mathrm{m}}\sin(\omega t + 120°) \end{array}\right\} \qquad (6\text{-}1)$$

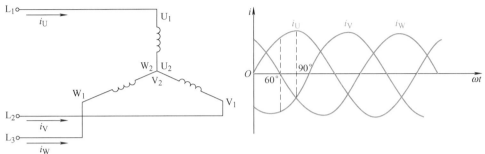

图 6-9　三相对称电流

设在正半周时，电流从绕组的首端流入，尾端流出；在负半周时，电流从绕组的尾端流入，首端流出。取各个不同的时刻，分析定子绕组中电流产生合成磁场的变化情况，用以判断它是否为旋转磁场。在 $\omega t = 0$ 时，定子绕组中电流方向如图 6-10a 所示。此时 $i_{\mathrm{U}} = 0$；i_{W} 为正半周，其电流从首端流入，尾端流出；i_{V} 为负半周，电流从尾端流入，首端流出。可由右手定则判断合成磁场的方向。同理可得出 $\omega t = 60°$ 和 $\omega t = 90°$ 时的合成磁场方向，如图 6-10b、c 所示，由图发现，当定子绕组中通入三相电流后，它们产生的合成磁场随电流的变化在空间不断地旋转。

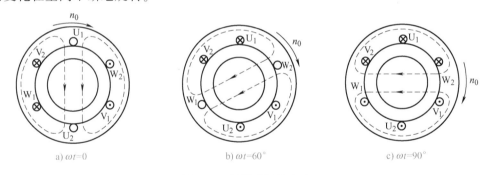

a) $\omega t = 0$　　　　　b) $\omega t = 60°$　　　　　c) $\omega t = 90°$

图 6-10　旋转磁场的产生

三相定子绕组在空间相差 120° 时产生的磁场是两极的，磁极对数 $p = 1$。旋转磁场的磁极对数与定子绕组的设置有关。

2. 旋转磁场的方向

旋转磁场的转向和三相电流 i_{U}、i_{V}、i_{W} 的顺序有关，也称相序。以上是按 U→V→W 的相序，旋转磁场就按顺时针方向旋转。如将三相电源任意两相对调位置，按 U→W→V 的相序，可发现此时旋转磁场也反转。因此改变相序可以改变三相异步电动机的转向，如图 6-11 所示。

3. 旋转磁场的转速

由上述分析可知，定子绕组通以三相交流电后，将产生磁极对数 $p = 1$ 的旋转磁场，电流交变一周后，合成磁场亦旋转一周。

旋转磁场的磁极对数 p 与定子绕组的空间排列有关，通过适当的安排，可以制成两对、

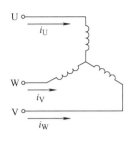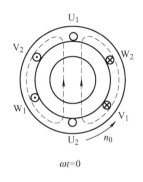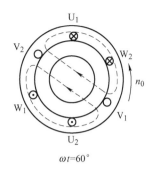

$\omega t=0$　　　　　　　　　　　　$\omega t=60°$

图 6-11　旋转磁场的反转

三对或更多对磁极的旋转磁场。

根据以上分析可知，电流变化一周期，两极旋转磁场（$p=1$）在空间旋转一周。若电流频率为 f，则旋转磁场每分钟的转速 $n_0=60f$。若使定子旋转磁场为四极（$p=2$），可以证明电流变化一周期，旋转磁场旋转半周（180°），则按类似方法，可推出具有 p 对磁极旋转磁场的转速为

$$n_0 = \frac{60f_1}{p} \tag{6-2}$$

n_0 为旋转磁场的转速，又称同步转速，一对磁极的电动机同步转速为 3000r/min。由式（6-2）可知，旋转磁场的转速 n_0 取决于电源频率 f 和电动机的磁极对数 p。我国电源频率为 50Hz，不同磁极对数旋转磁场的转速见表 6-1。

表 6-1　不同磁极对数旋转磁场的转速

磁极对数 p	1	2	3	4	5
旋转磁场的转速 $n_0/$（r/min）	3000	1500	1000	750	600

4. 三相异步电动机的工作原理

三相异步电动机的工作原理如图 6-12 所示。定子绕组通以三相对称交流电流后，在空间产生转速为 n_0 的旋转磁场，则静止的转子与旋转磁场间就有了相对运动。假设旋转磁场沿顺时针方向以同步转速旋转，即相当于转子绕组沿逆时针方向切割磁力线，转子绕组中产生感应电动势，其方向可用右手定则来判定。由于转子绕组自成回路，所以在此感应电动势的作用下，转子绕组中产生感应电流，感应电流又与旋转磁场相互作用而产生电磁力，其方向用左手定则判定，与旋转磁场的旋转方向是一致的。各转子绕组受到的电磁力对转轴形成电磁转

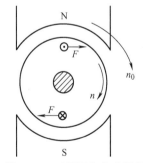

图 6-12　三相异步电动机的
工作原理

矩，在电磁转矩的作用下，转子便顺着旋转磁场的方向转动起来。改变旋转磁场的方向，即可改变转子的转向。当旋转磁场反转时，电动机也反转。

电动机转子的转向与旋转磁场相同。但转子的转速 n 不能与旋转磁场的转速相同，即 $n<n_0$。因为如果两者相等，转子与旋转磁场之间就没有相对运动，因而转子导条就不切割磁力线，转子电动势和转子电流及电磁力和电磁转矩就不存在了。这样转子就不会继续以 n_0 的转速旋转。因此转子转速与旋转磁场转速之间必须要有差别，这就是异步电动机名称

的由来。而旋转磁场的转速 n_0 常称为同步转速；把同步转速与转子转速的差值与同步转速之比称为异步电动机的转差率，用 s 表示，即

$$s = \frac{n_0 - n}{n_0} \tag{6-3}$$

可推出

$$n = n_0(1 - s) \tag{6-4}$$

转差率 s 是描绘异步电动机运行情况的重要参数。转子转速 n 越接近同步转速 n_0，转差率越小，跟随性越好，一般异步电动机的转差率很小，通常用百分数表示，一般为 $1\% \sim 5\%$。电动机在起动瞬间，$n = 0$，$s = 1$，转差率最大；空载运行时，n 接近于同步转速，转差率 s 最小。可见转差率 s 是描述转子转速与旋转磁场转速差异程度的，即电动机异步程度。

【例 6-1】 某三相异步电动机额定转速 $n = 950\text{r/min}$，试求工频情况下电动机的额定转差率及电动机的磁极对数。

【解】 由于电动机的额定转速接近于同步转速，可得电动机的同步转速 $n_0 = 1000\text{r/min}$，磁极对数 $p = 3$，额定转差率为

$$s = \frac{n_0 - n}{n_0} = \frac{1000 - 950}{1000} = 5\%$$

（三）三相异步电动机的转矩特性

1）额定转矩 T_N。额定转矩是电动机在等速运行时，电动机的电磁转矩 T 必须与负载转矩 T_Z 及空载转矩 T_0 相平衡，即 $T = T_Z + T_0$，由于空载转矩 T_0 很小，常可不计，因此 $T \approx T_Z$。

由此可得

$$T_N = T_Z = \frac{1000 P_N}{2\pi n_N / 60} = 9550 \frac{P_N}{n_N} \tag{6-5}$$

式中，P_N 是电动机轴上输出的机械功率（kW）；n_N 是电动机的额定转速（r/min）；T_N 是额定转矩（N·m）。

电动机的负载转矩增加时，在最初的瞬间，电动机的电磁转矩 $T < T_Z$，所以它的转速开始下降，随着转速的下降，电磁转矩增加，电动机在新的稳定状态下运行，这时的转速较前者为低，但是，当负载在空载与额定负载之间变化时，电动机的转速变化不大，这种特性称为硬的机械特性，在应用中非常适用于金属的切削加工。

2）最大转矩 $T_{\max}$。从机械特性曲线上看，转矩有一个最大值，称为最大转矩或临界转矩，最大转矩对应的转差率 s_m 称为临界转差率，由数学分析可得

$$s_m = \frac{R_2}{X_{20}} \tag{6-6}$$

式中，R_2 为转子电路电阻；X_{20} 为转子一相感抗。

由式（6-6）可知，改变转子电路的电阻 R_2，就可以改变 s_m。

当负载转矩超过最大转矩时，电动机就带不动负载了，会发生堵转现象。堵转后的电动机的电流迅速升高到额定电流的 $6 \sim 7$ 倍，电动机会严重过热甚至烧坏。因此，电动机在运行中一旦出现堵转，应立即切断电源，在减轻负载排除故障以后再重新起动。如果过载时间较短，电动机不至于马上过热，是允许的。

最大转矩也表示电动机短时允许过载能力，常用过载系数 λ 表示，即

$$\lambda = \frac{T_{\max}}{T_N} \tag{6-7}$$

一般 λ 取 $1.8 \sim 2.5$。在选用电动机时，必须考虑可能出现的最大负载转矩，而后根据所选电动机的过载系数算出最大转矩。

3）起动转矩 T_{st}。电动机起动时（$n=0$，$s=1$）的转矩称为起动转矩 T_{st}。起动转矩与额定转矩的比值 $\lambda_{st} = T_{st}/T_N$ 称为异步电动机的起动能力。一般 λ_{st} 取 $0.9 \sim 1.8$。只有当起动转矩大于负载转矩时，电动机才能够起动，起动转矩越大，起动越迅速。如果起动转矩小于负载转矩，则电动机不能起动。

【例6-2】　有一台三角形联结的三相异步电动机，其额定数据如下：$P_N = 40\mathrm{kW}$，$n_N = 1470\mathrm{r/min}$，$\eta = 0.9$，$\cos\varphi = 0.9$，$\lambda = 2$，$\lambda_{st} = 1.2$。试求：

（1）额定电流；（2）额定转差率；（3）额定转矩、最大转矩、起动转矩。

【解】　（1）40kW 以上的电动机的 U_N 通常是 380V，三角形联结，根据项目四中所学知识可得

$$I_N = \frac{P_N \times 10^3}{\sqrt{3}\,U_N \eta \cos\varphi} = \frac{40 \times 10^3}{\sqrt{3} \times 380 \times 0.9 \times 0.9}\mathrm{A} = 75\mathrm{A}$$

（2）根据式（6-3），由 $n_N = 1470\mathrm{r/min}$ 可知，电动机是 4 极，$p = 2$，$n_0 = 1500\mathrm{r/min}$，所以

$$s_N = \frac{n_0 - n_N}{n_0} = \frac{1500 - 1470}{1500} = 0.02$$

（3）额定转矩　　　　$T_N = 9550 \times \dfrac{40}{1470}\mathrm{N \cdot m} = 259.9\mathrm{N \cdot m}$

最大转矩　　　　　$T_{\max} = \lambda T_N = 2 \times 259.9\mathrm{N \cdot m} = 519.8\mathrm{N \cdot m}$

起动转矩　　　　　$T_{st} = \lambda_{st} T_N = 1.2 \times 259.9\mathrm{N \cdot m} = 311.88\mathrm{N \cdot m}$

二、三相异步电动机的起动、调速、制动和正反转控制

三相异步电动机的控制包括起动、调速、制动和正反转控制 4 个控制过程，下面分别介绍这几个过程。

（一）三相异步电动机的起动

三相异步电动机起动时，应尽量满足以下要求：

1）起动转矩要大，以便加快起动过程，保证其能在一定负载下起动。

2）起动电流要小，以避免起动电流在电网上引起较大的电压降，影响到接在同一电网上其他电器设备的正常工作。

3）起动时所需的控制设备应尽量简单，力求操作和维护方便。

4）起动过程中的能量损耗尽量小。

1. 直接起动

利用刀开关或接触器将电动机定子绕组直接接到电源上的起动方法称为直接起动或称全压起动，如图 6-13 所示。

直接起动的优点是设备简单，操作方便，起动过程短。只要电网的容量允许，尽量采用

直接起动。在电动机频繁起动时，电动机的容量小于为其提供电源的变压器容量的 20% 时，允许直接起动；如果电动机不频繁起动，其容量小于变压器的 30% 时，允许直接起动。

通常 10kW 以下的异步电动机采用直接起动。

2. 减压起动

如果电动机的容量较大，不满足直接起动条件，则必须采用减压起动。减压起动就是利用起动设备降低电源电压后，加在电动机定子绕组上以减小起动电流。

（1）星形-三角形（丫-△）换接起动　如果电动机在运行时其定子绕组是三角形联结，那么在起动时可把它接成星形，等到转速接近额定转速时再换接成三角形，如图 6-14 所示，这样，在起动时就把定子每相绕组上的电压降低到正常运行时的 $1/\sqrt{3}$。三角形联结时的线电流为 $I_{st\triangle}$，星形联结时的线电流为 $I_{st\curlyvee}$，则有 $I_{st\curlyvee}/I_{st\triangle} = 1/3$，可见，限制了起动电流。当然，由于电磁转矩与定子绕组电压的二次方成正比，所以用丫-△换接起动时的起动转矩也减小为直接起动时的 1/3。

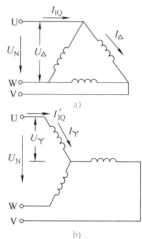

图 6-13　三相异步电动机
直接起动电路

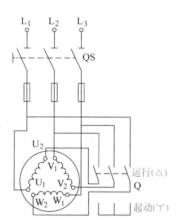

（2）自耦变压器减压起动
自耦变压器减压起动就是利用自耦变压器将电压降低后加到电动机定子绕组上，当电动机转速接近额定转速时，再加额定电压的减压起动方法，如图 6-15 所示。

图 6-14　三相笼型异步电动机丫-△换接起动

起动时把 QS 扳到"起动"位置，使三相交流电源经自耦变压器降压后，接在电动机的定子绕组上，这时电动机定子绕组得到的电压低于电源电压，因而，减小了起动电流，待电动机转速接近额定转速时，再把 QS 从起动位置迅速扳到"运行"位置，让定子绕组得到全压。

自耦变压器减压起动时，电动机定子绕组电压降为直接起动时的 $1/K$（K 为电压比），定子电流也降为直接起动时的

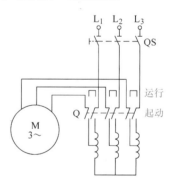

图 6-15　自耦变压器
减压起动电路

$1/K$，而电磁转矩与外加电压的二次方成正比，故起动转矩为直接起动时的 $1/K^2$。起动用的自耦变压器专用设备称为补偿器，它通常有几个抽头，可输出不同的电压，如电源电压的 80%、60%、40% 等，可供用户选用。

3. 绕线转子异步电动机串电阻起动

对于绕线转子异步电动机而言，只要在转子电路串入适当的起动电阻 R_{st}，就可以限制起动电流，如图 6-16 所示。随着转速的上升将起动电阻逐段切除。卷扬机、锻压机、起重机及转炉等设备中的电动机起动常用串电阻起动。

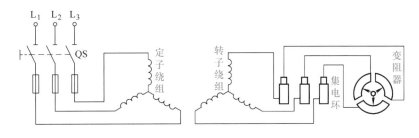

图 6-16 绕线转子异步电动机串电阻起动电路

（二）三相笼型异步电动机的调速

电动机的调速是在同一负载下得到不同的转速，以满足生产过程的要求，如各种切削机床的主轴运动，随着工件与刀具的材料、工件直径、加工工艺的要求及吃刀量的大小不同，要求电动机有不同的转速，以获得最高的生产效率和保证加工质量。若采用电气调速，则可以大大简化机械变速机构。电动机的转速公式为

$$n = (1 - s)n_0 = \frac{60f_1}{p}(1 - s) \tag{6-8}$$

由式（6-8）可知，改变电动机转速的方法有三种：改变定子绕组的极对数 p，即变极调速；改变电源的频率 f_1，即变频调速；改变电动机的转差率 s，即变转差率调速。

1. 变极调速

改变电动机的极对数 p，即改变电动机定子绕组的接线，从而得到不同的转速，因此这种调速方法是有级调速，如图 6-17 所示。

在图 6-17a 中，两个线圈串联，$p = 2$；在图 6-17b 中，两个线圈并联，$p = 1$，从而得到两种极对数（双极电动机）的转速，实现了变极调速。这种方法不能实现无级调速。双速电动机在机床上应用较多，如镗床、磨床及铣床等。

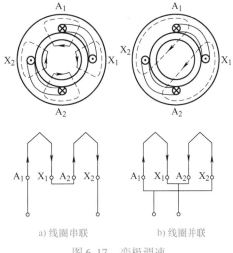

a）线圈串联　　b）线圈并联

图 6-17 变极调速

2. 变频调速

变频调速就是利用变频装置改变交流电源的频率来实现调速，变频装置主要由整流器和逆变器两大部分组成。整流器先将频率 $f = 50\mathrm{Hz}$ 的三相交流电变为直流电，再由逆变器将直流电变为频率为 f_1 且频率、电压都可调的三相交流电，供给电动机，如图 6-18 所示。当改变频率 f_1 时，即可改变电动机的转速。由此，可以使电动机实现无级变速，并具有硬的机械特性。

变频装置可由电力电子器件及触发电路组成，在变频调速时，为了保证电动机的电磁转矩不变，应保证电动机内

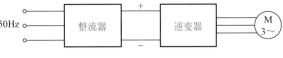

图 6-18 变频调速

旋转磁场的磁通量（称主磁通）不变，主磁通 $\varPhi_\mathrm{m} \approx \dfrac{U_1}{4.44 f_1 N}$，可见，为了改变频率 f_1 而保证主磁通 $\varPhi_\mathrm{m}$ 不变，必须同时改变电源电压 U_1，使其比值 U_1/f_1 保持不变。

3. 变转差率调速

变转差率调速是在不改变同步转速 n_0 条件下的调速，这种调速只适用于绕线转子异步电动机，是通过在转子电路中串入调速电阻来实现调速的。这种调速方法的优点是设备简单、投资少，但能量损耗较大。

（三）三相笼型异步电动机的制动

因为电动机的转动部分有惯性，所以当切断电源后，电动机还会继续转动一定时间后才能停止。但某些生产机械要求电动机脱离电源后能迅速停止，以提高生产效率和安全度，为此，需要对电动机进行制动，对电动机的制动也就是在电动机停电后施加与其旋转方向相反的制动转矩。

制动方法有机械制动和电气制动两类。机械制动通常用电磁铁制成的电磁抱闸来实现，当电动机起动时电磁抱闸的线圈同时通电，电磁铁吸合，闸瓦离开电动机的制动轮（制动轮与电动机同轴连接），电动机运行；当电动机停电时，电磁抱闸线圈失电，电磁铁释放，在弹簧作用下，闸瓦把电动机的制动轮紧紧抱住，以实现制动。起重设备常采用这种制动方法，不但提高了生产效率，还可以防止在工作中因突然停电使重物下滑而造成的事故。电气制动是利用在电动机转子导体内产生的反向电磁转矩来制动，常用的电气制动方法有以下两种。

1. 能耗制动

这种制动方法是在切断三相电源的同时，在电动机三相定子绕组的任意两相中通以一定电压的直流电，直流电流将产生固定磁场，而转子由于惯性继续按原方向转动，根据右手定则和左手定则不难确定这时转子电流与固定磁场相互作用产生的电磁转矩与电动机转动方向相反，从而起到制动的作用。制动转矩的大小与通入定子绕组直流电流的大小有关，该电流一般为电动机额定电流的 0.5 倍，这可通过调节电位器 RP 来控制。因为这种制动方法是利用消耗转子的动能（转换为电能）来进行制动控制的，所以称为能耗制动，如图6-19所示。

能耗制动的优点是制动平稳、消耗电能少，但需要有直流电源。目前一些金属切削机床中常采用这种制动方法。在一些重型机床中还将能耗制动与电磁抱闸配合

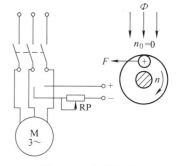

图 6-19　能耗制动

使用，先进行能耗制动，待转速降至某一值时，令电磁抱闸动作，可以有效地实现准确快速停车。

2. 反接制动

改变电动机三相电源的相序使电动机的旋转磁场反转的制动方法称为反接制动。在电动机需要停车时，可将接在电动机上的三相电源中的任意两相对调位置，使旋转磁场反转，而转子由于惯性仍按原方向转动，这时的转矩方向与电动机的转动方向相反，因而，起到制动作用。当转速接近零时，利用控制电器迅速切断电源，否则电动机将反转，如图6-20所示。

在反接制动时，由于旋转磁场转速 n_0 与转子转速 n 之间的转速差 $n_0 - n$ 很大，转差率 $s > 1$，因此，电流很大，为了限制电流及调整制动转矩的大小，常在定子电路（笼型异步电动机）或转子电

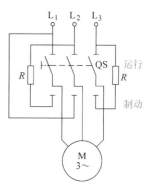

图 6-20　反接制动

路（绕线转子异步电动机）中串入适当电阻。

反接制动不需要另备直流电源，结构简单，且制动力矩较大、停车迅速，但机械冲击和能耗较大，一般在中小型车床和铣床等机床中使用这种制动方法。

（四）三相笼型异步电动机的正反转控制

根据三相异步电动机原理可知，三相异步电动机转子的转向与定子旋转磁场的转向相同，改变通入三相定子绕组的电流的相序，就可以改变旋转磁场的转向，电动机的转子转向也随之改变。

三、三相异步电动机的铭牌和选择原则

（一）三相异步电动机的铭牌

电动机的外壳上都有一块铭牌，标出了电动机的型号以及主要技术数据，以便能正确使用电动机。表6-2为某三相异步电动机的铭牌数据。

三相异步电动机
铭牌及选择

表6-2 三相异步电动机的铭牌数据

型号 Y112M-4		编号		
功率4.0kW		电流8.8A		功率因数
电压380V	转速1440r/min	效率95%		L_W82dB
接法：△	防护等级 IP44	频率50Hz		重量45kg
标准JB/T 10391—2008	工作制S1	B级绝缘		年　月
×××电机厂				

1. 型号

异步电动机型号的表示方法与其他电动机一样，一般由大写字母和数字组成，可以表示电动机的种类、规格和用途等。

例如，Y112M-4的"Y"为产品代号，代表Y系列异步电动机；"112"代表机座号（或中心高为112mm）；"M"为机座长度代号（S、M、L分别表示短、中、长机座）；"4"代表磁极数为4，即2对磁极。

2. 额定值

额定值规定了电动机正常运行的状态和条件，它是选用、安装和维修电动机的依据。异步电动机铭牌上标注的额定值主要有：

1）额定功率 P_N：指电动机额定运行时轴上输出的机械功率，单位为 kW。

2）额定电压 U_N：指电动机额定运行时加在定子绕组出线端的线电压，单位为 V。

3）额定电流 I_N：指电动机在额定电压下使用，轴上输出额定功率时，输入定子绕组的线电流，单位为 A。

对三相异步电动机，额定功率与其他额定数据之间有如下关系：

$$P_N = \sqrt{3}\, U_N I_N \cos\varphi_N \eta_N$$

式中，$\cos\varphi_N$ 为额定功率因数；η_N 为额定效率。

4）额定频率 f_1：指电动机所接的交流电源的频率，我国电网的频率（即工频）规定为50Hz。

5）额定转速 n_N：指电动机在额定电压、额定频率及额定功率下运行时转子的转速，单

位为 r/min。

此外，铭牌上还标明绕组的联结方式、防护等级及工作制等。对于绕线转子异步电动机，还标明转子绕组的额定电压（指定子绕组加额定频率的额定电压而转子绕组开路时集电环间的电压）和额定电流，以作为配用起动变阻器的依据。

联结方式（△）：表示在额定电压下，定子绕组应采取的联结方式，Y 系列功率为 4kW 及以上的电动机均采用三角形联结。

防护等级（IP44）：表示电动机外壳防护能力，格式为"IP××"，第 1 位数字表示防止固体物体进入内部的等级，第 2 位数字表示防止水进入内部的等级。

工作制：对电动机承受负载情况的说明，包括起动、电制动、负载、空载、断能、停转以及这些阶段的持续时间和先后顺序，可分为 10 类，如连续工作制、短时工作制、断续周期工作制等，其中 S1 表示电动机可以在铭牌标出的额定状态下连续运行；S2 为短时运行；S3 为断续周期运行。

绝缘等级（B 级绝缘）：表示电动机各绕组及其他绝缘部件所用绝缘材料的耐热等级。绝缘材料按耐热性能可分为 Y、A、E、B、F、H、C 共 7 个等级。目前，国产 Y 系列电动机一般采用 B 级绝缘。

铭牌上标注的"L_W　82dB"是电动机的噪声等级。

（二）三相异步电动机的选择

选择电动机应该从实用、经济与安全等原则出发，根据实际需要，正确地选择其类型、功率、电压和转速等。电动机的用途和技术数据可以从电动机产品目录中查得。

1. 类型的选择

三相笼型异步电动机结构简单、价格低廉、工作可靠、维护方便、转速稳定、过载能力强，但其起动性能较差、调速困难。因此，凡在起动、调速方面无特殊要求的场合，应尽量选用笼型异步电动机；在要求起动转矩较高的场合下，应选用线绕转子异步电动机。

为适应使用场合和工作环境的要求，对电动机的外形结构也有一定的要求：干燥、清洁、无腐蚀性、无易燃易爆气体的场合选用开启式电动机；比较干燥清洁且无腐蚀性、无爆炸性气体的环境中选用防护式电动机；水土飞溅、尘雾较多的场合选用封闭式电动机；有易燃易爆气体和粉尘的环境中选用防爆式电动机。

2. 功率的选择

选择电动机的功率时，应注意使电动机得到合理利用，避免出现"大马拉小车"或"小马拉大车"的现象。电动机在空载或轻载状况下运行时，其效率和功率因数都很低，会造成不必要的浪费。选择电动机的功率也应避免电动机长期在过载状态下运行，在这种情况下定子电流超过额定电流，会使定子绕组发热严重，对绕组造成损害、减少其寿命甚至烧毁。严重过载时，电动机会堵转，很容易烧毁电动机。所选电动机的功率是由生产机械所需的功率决定的。

3. 转速的选择

电动机的转速选择应根据生产机械的要求、设备的投资以及传动系统的可靠性来决定。系列产品中功率、电压相同的电动机，有不同的额定转速。转速高的电动机体积小、重量轻、价格便宜，具有较高的经济指标，应优先选之。如果生产机械转速较低，而选用高转速电动机时，需增加减速机构，既增加了投资，工作的可靠性也变差。所以选用电动机的转速应该等于或略大于生产机械的转速，尽量不用减速器。同步转速为 1500r/min 的电动机比较常用。

4. 使用时应注意的问题

电动机在使用时，应按照铭牌上接法、额定电压正确使用。若铭牌上的电压为380V/220V，接法为丫/△，就表明电动机每相定子绕组的额定电压是220V，所以，当电源电压为380V时，定子绕组应接成丫；当电源电压为220V时，定子绕组应接成△。

如果三相电动机接到电源的3根线断了1根，起动电动机时会听到嗡嗡声，应马上切断电源，否则电动机将被烧毁。运行中如果电源电压过低、断相或定子绕组内部断线，电动机仍将继续转动，若此时还带动额定负载，势必造成定子电流过大，甚至堵转而烧毁电动机。这种情况往往不易察觉，在使用三相电动机时必须考虑采取相应的保护措施。

◆　**项目实训**

三相异步电动机控制电路的分析与测试

一、实训目的

1）掌握三相异步电动机的各种起动方法。

2）掌握三相异步电动机调速及改变转向的方法。

3）了解三相异步电动机的各种非正常运行现象，探讨产生这些现象的原因。

二、实训内容

（一）下达工作任务

1. 分组

学生进行分组，选出组长，下发学生工作单。

2. 讲解工作任务的原理图

1）全压起动：照图6-21接线，将丫-△转换开关 Q_2 置于"△"位置后，闭合开关 Q_1，全压起动笼型异步电动机，记录起动电流、运行电流及相电压。

2）丫-△起动：将丫-△转换开关 Q_2 置于"丫"位置，闭合开关 Q_1，记录起动瞬间电流、运行电流、相电压，再将丫-△转换开关 Q_2 置于"△"位置，记录运行电流。

3）串自耦变压器起动：照图6-22接线，将调压器的输出调到某一值，闭合开关 Q_1、Q_2、Q_3，起动电动机，记录起动瞬间相电流、相电压，运行一定时间后闭合开关 Q_4，断开 Q_2、Q_3，记录运行电流。

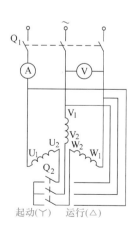

图6-21　异步电动机的丫-△起动

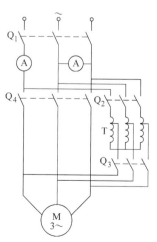

图6-22　串自耦变压器起动

3. 具体要求

1）设计要求：本项目实训在电工实验台上完成，通过电压表、电流表进行数据测量。画出三相异步电动机起动电路图，并准备所需元器件。

2）控制要求：按电路图要求进行控制电路连接，要求每种起动方法都能够保证电动机的正常起动。

3）测试要求：测量控制电路中实际电压、电流，并能够分析与理论值之间存在误差的原因。

（二）学生设计实施方案

学生小组根据三相异步电动机起动控制电路，进行线路连接，并进行检查。在此过程中，指导教师要巡视课堂，了解情况，对问题与疑点积极引导，适时点拨。对学习困难的学生积极鼓励，并适度助学。

（三）学生阐述设计方案

每组学生派代表阐述自己的设计方案（注：自己制作PPT），老师和各组同学分别对方案进行评价，同时指导教师对重点内容进行精讲，并帮助学生确定方案的可行性。

（四）学生实施方案

在此过程中，学生组长负责组织方案实施，指导教师要进行巡视指导，帮助同学解决各种问题，掌握学生的学习动态，了解本次教学实施效果。

（五）学生展示

学生小组派代表进行成果展示（注：自己制作PPT），老师和各组同学分别对方案进行考核打分，组长对本组组员进行打分。

（六）教师点评

教师对每组进行点评，并总结成果及不足。

三、评价标准（见表6-3）

表6-3 评价标准

项目名称	三相异步电动机控制电路的分析与测试		时间			总分	
组长		组员					
评价内容及标准				自评	组长评价	教师评价	
任务准备	课前预习、准备资料（5分）						
电路设计、接线、测试	所需设备及元件的选择（10分）						
	实训方案设计（15分）						
	线路连接质量（10分）						
	操作过程（15分）						
	电工工具的使用（10分）						
	数值的测试（10分）						
工作态度	不迟到，不早退；学习积极性高，工作认真负责（5分）						
	具有安全操作意识和团队协作精神（5分）						
任务完成	完成速度，完成质量（5分）						
	工作单的完成情况（5分）						
个人答辩	能够正确回答问题并进行原理叙述，思路清晰、语言组织能力强（5分）						
评价等级							
项目最终评价：自评占20%，组长评价占30%，教师评价占50%							

四、学生工作单（见表6-4）

表6-4 学生工作单

学习项目	三相异步电动机控制电路的分析与测试		班级		组别		成绩
组长		组员					

一、咨询阶段任务	2. 数据测量会产生什么问题？仪表量程如何选择？
1. 举例说明常见电动机的使用场合。 2. 查阅资料，简要叙述电动机起动的基本原理。 3. 简述不同起动方法的区别。 4. 简述测试仪表的使用方法。 **二、过程和方案设计**（计划和决策）**任务** 1. 根据工作环境选择不同的起动方法。 2. 确定起动过程中所需控制元件有哪些。 3. 确定控制元件接在控制电路的位置。 4. 起动电路方案设计。 **三、实施阶段任务** 1. 如何根据绘制的电路图进行实际线路的连接？	3. 如何准确测试所需的数值？ 4. 比较测得值和实际值，分析误差原因。 **四、检查和评价阶段任务** 1. 在方案实施过程中出现了哪些问题？又是如何解决的？ 2. 任务完成过程中有什么收获？自己在什么地方做得比较满意？哪些地方不满意？ 3. 总结自己在任务完成过程中有哪些不足之处，并思考如何改进。

学生自评：	教师评语：
学生互评：	

◆ 　习题及拓展训练

一、项目习题

1. 填空题

（1）电动机是将_____能转换为_____能的设备。

（2）三相异步电动机主要由_____和_____两部分组成。

（3）三相异步电动机的定子铁心用薄的硅钢片叠装而成，它是定子的_____部分，其内表面冲有槽孔，用来嵌放_____。

（4）三相异步电动机的三相定子绕组是定子的_____部分。

（5）三相异步电动机的转子有_____和_____两种形式。

（6）三相异步电动机的三相定子绕组通以三相交流电，则会产生_____。

（7）三相异步电动机旋转磁场的转速称_____，它与电源频率和磁极对数有关。

（8）三相异步电动机旋转磁场的转向是由_____决定的，运行中若旋转磁场的转向改变了，转子的转向_____。

（9）三相异步电动机机械负载加重时，其定子电流将_____。

（10）三相异步电动机负载不变而电源电压降低时，其转子转速将_____。

（11）三相异步电动机采用丫-△减压起动时，其起动电流是三角形联结全压起动电流的_____，起动转矩是三角形联结全压起动时的_____。

（12）电动机铭牌上所标额定电压是指电动机绕组的_____。

2. 选择题

（1）异步电动机旋转磁场的转向与（　　　）有关。

A. 电源频率　　　　　　B. 转子转速　　　　　　C. 电源相序

（2）当电源电压恒定时，异步电动机在满载和轻载下的起动转矩是（　　）。

A. 完全相同的　　　　　B. 完全不同的　　　　　C. 基本相同的

（3）当三相异步电动机的机械负载增加时，如定子端电压不变，其旋转磁场速度（　　）。

A. 增加　　　　　　　　B. 减少　　　　　　　　C. 不变

（4）当三相异步电动机的机械负载增加时，如定子端电压不变，其转子的转速（　　）。

A. 增加　　　　　　　　B. 减少　　　　　　　　C. 不变

（5）当三相异步电动机的机械负载增加时，如定子端电压不变，其定子电流（　　）。

A. 增加　　　　　　　　B. 减少　　　　　　　　C. 不变

（6）当三相异步电动机的机械负载增加时，如定子端电压不变，其输入功率（　　）。

A. 增加　　　　　　　　B. 减少　　　　　　　　C. 不变

（7）三相异步电动机形成旋转磁场的条件是（　　）。

A. 在三相绕组中通以任意的三相电流

B. 在三相对称绕组中通以三个相等的电流

C. 在三相对称绕组中通以三相对称的正弦交流电流

（8）三相异步电动机在稳定运转情况下，电磁转矩与转差率的关系为（　　）。

A. 转矩与转差率无关　　　　　　　B. 转矩与转差率的二次方成正比

C. 转差率增大，转矩增大　　　　　D. 转差率减小，转矩增大

（9）有两台三相异步电动机，它们的额定功率相同，但额定转速不同，则（　　）。

A. 额定转速高的那台电动机，其额定转矩大

B. 额定转速低的那台电动机，其额定转矩大

C. 两台电动机的额定转矩相同

（10）异步电动机的转动方向与（　　）有关。

A. 电源频率　　　B. 转子转速　　　C. 负载转矩　　　D. 电源相序

3. 某三相异步电动机的额定转速为 960r/min，频率为 50Hz，问电动机的同步转速是多少？有几对磁极？转差率是多少？

4. 一台异步电动机的技术数据为：$P_N = 2.2kW$，$n_N = 1430r/min$，$\eta_N = 0.82$，$\cos\varphi_N = 0.83$，U_N 为 220V/380V。求丫联结和△联结时的额定电流 I_N。

二、拓展提高

根据所学知识，对三相异步电动机进行拆装，掌握三相异步电动机的结构，观察对应部件的名称、定子绕组的联结形式、前后端部的形状、引线连接形式、绝缘材料的放置等，获取定子绕组的相关参数。

名人寄语

智慧并不产生于学历，而是来自对于知识的终生不懈的追求。

——爱因斯坦

项目七　直流稳压电源的制作与检测

◆　项目目标

1. 了解半导体材料的基本知识，掌握普通二极管的工作特性，了解其他二极管的特点和应用。

2. 掌握整流电路、滤波电路及稳压电路的工作原理。

3. 能正确使用常用电工仪表对二极管进行检测。

4. 熟悉相关安全操作规程，培养良好的职业素养和规范的操作习惯。

◆　工作情境

1. 实训环境要求

本项目的教学应在一体化的电工技能实训室和电子装配实训室进行，实训室内设有教学区（配备多媒体）、工作区、资料区和展示区。要配备常用的电工实验台等设备、万用表等常用仪表及常用电工工具。

2. 指导要求

配备一名主讲教师和一名实验室辅助教师。

3. 学生要求

根据班级情况进行分组，一般每组 3~4 名同学，选出组长。

4. 教学手段选择

1）主要应用讲授法、任务教学法、讨论法和演示法进行教学。

2）多媒体教学与实物演示相结合。

3）现场教学与动手操作相结合。

4）教师主导与学生自主学习相结合。

实践知识 ——焊接工艺

焊接是使金属连接的一种方法，是电子产品生产中必须掌握的一种基本操作技能。

一、锡焊的特点

锡焊就是将铅锡焊料熔入焊件的缝隙使其连接的一种焊接方法，其特点为：

1）焊料熔点低于焊件。

2）焊接时将焊件与焊料共同加热到焊接温度，焊料熔化而焊件不熔化。

3）连接的形式是由熔化的焊料润湿焊件的焊接面形成结合层而实现的。

4）铅锡焊料熔点低于 200℃，适合半导体等电子材料的连接。

5）只需简单的加热工具和材料即可加工，投资少。

6）焊点有足够的强度和电气性能。

7）锡焊过程可逆，易于拆焊。

二、锡焊工具与材料

1. 电烙铁结构

电烙铁是手工施焊的主要工具，选择合适的电烙铁，并合理地使用它，是保证焊接质量的基础。由于用途、结构的不同，有各式各样的电烙铁，从加热方式分，有直热式、感应式、气体燃烧式等；从电烙铁发热能力分，有20W、30W、…、300W等；从功能分，又有单用式、两用式、调温式等。最常用的是单一焊接用的直热式电烙铁，如图7-1所示。

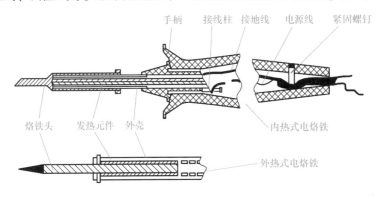

图7-1 典型电烙铁结构

电烙铁主要由以下几部分组成：

（1）发热元件 其中能量转换部分是发热元件，俗称烙铁心子。内热式电烙铁与外热式电烙铁主要区别在于外热式电烙铁的发热元件在传热体的外部；而内热式电烙铁的发热元件在传热体的内部，也就是烙铁心在内部发热。

（2）烙铁头 作为热量存储和传递的烙铁头，一般用紫铜制成。

（3）手柄 一般用木料或胶木制成，对于设计不良的手柄，温升过高会影响操作。

（4）接线柱 这是发热元件同电源线的连接处。

2. 烙铁头的特征

（1）温度 待焊状态时为330~370℃，在连续焊接时，前一焊点完成后，焊接下一焊点前烙铁头温度应能恢复到上述温度。

烙铁头与焊件接触时，在焊接过程中，焊接点温度能保持在240~250℃。

（2）烙铁头的形状 头部的形状应与焊接点的大小及焊点的密度相适应，如图7-2所示，一般应选择头部截面是圆形的。应尽量采用长寿命烙铁头，它是在铜基体表面镀上一层铁、镍、铬或铁镍合金，这种镀层不仅耐高温，而且具有良好的沾锡性能。

3. 焊料

焊料是易熔金属，它熔点低于被焊金属，在熔化时能在被焊金属表面形成合金而将被焊金属连接到一起。按焊料成分不同，有锡铅焊料、银焊料、钢焊料等，在一般电

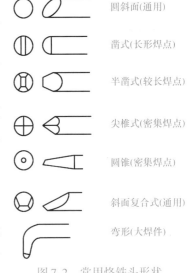

图7-2 常用烙铁头形状

圆斜面(通用)

凿式(长形焊点)

半凿式(较长焊点)

尖椎式(密集焊点)

圆锥(密集焊点)

斜面复合式(通用)

弯形(大焊件)

子产品装配中主要使用锡铅焊料。

三、手工锡焊基本操作

1. 焊前准备

准备好功率合适的电烙铁以及焊锡丝、松香等焊接原料，若电烙铁头部有氧化层，则需接通电源加热电烙铁后用锉刀将头部的氧化层清除。

2. 焊接操作

焊剂加热挥发出的化学物质对人体是有害的，如果操作时鼻子距离烙铁头太近，则很容易将有害气体吸入，因此，电烙铁一般离开鼻子的距离应不小于30cm，通常以40cm为宜。电烙铁拿法有三种，如图7-3所示。反握法动作稳定，长时间操作不宜疲劳，适于大功率电烙铁的操作；正握法适于中等功率电烙铁或带弯头电烙铁的操作；在操作台上焊印制电路板等焊件时多采用笔握法。

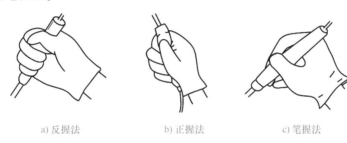

a) 反握法   b) 正握法   c) 笔握法

图7-3 电烙铁拿法

注意：使用电烙铁要配置烙铁架，一般放置在工作台右前方，电烙铁用后一定要稳妥放于烙铁架上，并注意导线等不要碰烙铁头。

焊锡丝一般有两种拿法，如图7-4所示。

3. 焊接过程

不少电子爱好者通常采用一种焊接操作法，即先用烙铁头沾上一些焊锡，然后将电烙铁放到焊点上，等待加热后焊锡润湿焊件。这种方法虽然也可以将焊件

a) 连续锡焊时焊锡丝的拿法   b) 断续锡焊时焊锡丝的拿法

图7-4 焊锡丝的拿法

焊起来，但却不能保证质量。在焊接过程中，通常采用五步焊接操作过程，如图7-5所示。

（1）准备施焊 准备好焊锡丝和电烙铁，此时特别强调的是烙铁头部要保持干净，才可以沾上焊锡（俗称吃锡）。

（2）加热焊件 将电烙铁接触焊接点，首先要保持电烙铁加热焊件各部分，例如印制电路板上引线和焊盘都使之受热，其次要让烙铁头的扁平部分（较大部分）接触热容量较大的焊件，烙铁头的侧面或边缘部分接触热容量较小的焊件，以保持焊件均匀受热。

（3）熔化焊料 当焊件加热到能熔化焊料的温度后将焊锡丝置于焊点，焊料开始熔化并润湿焊点。

（4）移开焊锡 当熔化一定量的焊锡后将焊锡丝移开。

（5）移开电烙铁 当焊锡完全润湿焊点后移开电烙铁，注意移开电烙铁的方向应该是

大致 45°的方向。

4. 焊接要领

（1）烙铁头与被焊工件的接触方式　如图 7-5 所示。

1）接触位置：烙铁头应同时接触需要互相连接的两个工件，电烙铁一般倾斜 45°。

2）接触压力：烙铁头与工件接触时应略施压力，以对工件表面不造成损伤为原则。

（2）焊锡的供给方法　如图 7-6 所示。

图 7-5　接触方式

1）供给时间：工件升温达到焊料的熔化温度时立即送上焊锡。

2）供给位置：送锡时焊锡丝应接触烙铁头的对侧或旁侧，而不应与烙铁头直接接触。

3）供给数量：锡量要适中，焊点不能呈"馒头"状，否则会掩盖假焊点。

（3）烙铁头的脱离方法　如图 7-7 所示。

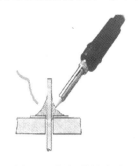

图 7-6　焊锡供给方法

图 7-7　烙铁头脱离方法

1）脱离时间：焊锡已充分润湿焊接部位，而焊剂尚未完全挥发、形成光亮的焊点时立即脱离。若焊点表面变得无光泽而粗糙，则说明脱离时间太晚了。

2）脱离动作：脱离时动作要迅速，一般沿焊点的切线方向拉出或沿引线的轴向拉出，即将脱离时又快速地向回带一下，然后快速脱离，以免焊点表面拉出飞边。

◆　**理论知识**

一、半导体基础知识

半导体的
导电特征

　　自然界的物质按其导电能力来分，可分为导体、绝缘体和半导体三大类。通常把电阻率小于 $10^{-4}\Omega \cdot cm$ 的物质称为导体，如铝、铜等金属，都是良好的导体；电阻率大于 $10^{9}\Omega \cdot cm$ 的物质称为绝缘体，如塑料、橡胶等；而把导电能力介于二者之间的物质称为半导体，如硅、锗、砷化镓等，通常它们的电阻率为 $10^{-2} \sim 10^{9}\Omega \cdot cm$。

　　半导体对温度特别敏感，环境温度升高时，它们的导电能力要增强很多，因此利用这种特性就制成了各种热敏电阻。又如有些半导体（如镉、铅等的硫化物）受到光照时，它们的导电能力变得很强，当无光照时，又变得像绝缘体那样不导电，利用这种特性制成了光敏电阻。更重要的是，如果在纯净的半导体中掺入某种微量杂质元素后，其导电能力就会大幅度增加，如纯净的半导体单晶硅在室温下电阻率约为 $2.14 \times 10^{3}\Omega \cdot cm$，若按百万分之一的比例掺入少量杂质（如磷）后，其电阻率急剧下降为 $2 \times 10^{-3}\Omega \cdot cm$，几乎降低为原来的一百万分之一。利用这种特性可制成不同用途的半导体器件，如二极管、晶体管、场效应晶体管及晶闸管等。

（一）本征半导体

在电子器件中，用得最多的半导体材料是硅和锗，它们的原子结构如图 7-8 所示。因为硅和锗都是四价元素，最外层原子轨道上具有四个电子，称为价电子。由于原子呈中性，故原子核常用带圆圈的 +4 符号表示，如图 7-9 所示。物质的化学性质是由价电子决定的，半导体的导电性质也与价电子有关，因此，价电子是我们要研究的对象。

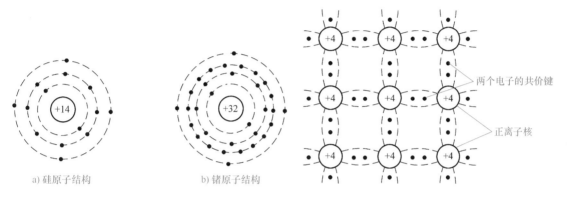

a) 硅原子结构   b) 锗原子结构

图 7-8　硅和锗的原子结构　　　　　　　图 7-9　硅和锗的二维晶格结构图

纯净、结构完整、不含其他杂质的半导体称为本征半导体。在本征半导体中，由于晶体中共价键的结合力很强，当热力学温度为零度（即 $T = 0\text{K}$，相当于 $-273℃$）时，价电子的能量不足以挣脱共价键的束缚，晶体中没有自由电子产生，如图 7-9 所示。图中表示的是二维结构，实际上半导体晶体结构是三维的，即 $T = 0\text{K}$ 时，半导体不导电。

一般来说，共价键中的价电子不完全像绝缘体中价电子所受束缚那样强，如果能从外界获得一定的能量（如光照、升温、电磁场激发等），一些价电子就可能挣脱共价键的束缚而成为自由电子，将这种物理现象称作为本征激发。例如当温度升高时，将有少数价电子获得足够的能量，克服共价键的束缚成为自由电子。此时半导体具有一定的导电能力，因自由电子的数量少，它的导电能力较弱。

共价键中一部分价电子摆脱共价键的束缚成为自由电子后，在原来的共价键中留下一个空位，这个空位叫作空穴。由于空穴的出现，附近共价键中的电子很容易在获取能量后进来填补原来的空位而产生新的空穴，其他地方的价电子又可能来填补新的空穴。从效果上来看，这种价键电子的运动，就相当于空穴的运动一样。为了与自由电子的运动相区别，把这种价电子的运动称为空穴运动，并将空穴看成带正电荷的载流子，如图 7-10 所示。由此可见，在本征半导体内部自由电子与空穴总是成对出现的，因此将它们称为电子-空穴对。当自由电子在运动过程中遇到空穴时可能会填充进去从而恢复一个共价键，与此同时消失一个电子-空穴对，这一相反过程称为复合。在一定的温度下，本征载流子的数目是一定的，当温度升高时，本征载流子浓度几乎按指数规律增加。因此，本征载流子浓

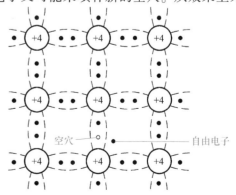

图 7-10　本征半导体中的自由电子和空穴

度对温度十分敏感。

在一定温度条件下，产生的电子–空穴对和复合的电子–空穴对数量相等时，形成相对平衡，这种相对平衡属于动态平衡，达到动态平衡时，电子–空穴对维持一定的数目。

可见，在半导体中存在着自由电子和空穴两种载流子，而金属导体中只有自由电子一种载流子，这也是半导体与导体导电方式的不同之处。

（二）杂质半导体

本征半导体虽然有自由电子和空穴两种载流子，但由于数量极少，导电能力很弱，热稳定性也很差，因此，不宜直接用它制造半导体器件。如果在本征半导体中掺入微量的杂质元素，这将使掺杂后的半导体（杂质半导体）的导电能力大大增强。根据掺入杂质性质的不同，杂质半导体分为N型半导体和P型半导体两种。

1. N型半导体

在本征半导体硅（或锗）中掺入微量的5价元素，例如磷，则磷原子就取代了硅晶体中少量的硅原子，占据晶格上的某些位置，如图7-11所示。

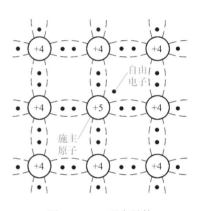

图7-11　N型半导体

由图可见，磷原子最外层有5个价电子，其中4个价电子分别与邻近4个硅原子形成共价键结构，多余的1个价电子在共价键之外，只受到磷原子对它微弱的束缚，因此在室温下，即可获得挣脱束缚所需要的能量而成为自由电子，游离于晶格之间。失去电子的磷原子则成为不能移动的正离子。磷原子由于可以释放1个电子而被称为施主原子，又称施主杂质。

在本征半导体中，每掺入1个磷原子就可产生1个自由电子，而本征激发产生的空穴的数目不变。这样，在掺入磷的半导体中，自由电子的数目就远远超过了空穴数目，成为多数载流子（简称多子），空穴则成为少数载流子（简称少子）。显然，参与导电的主要是电子，故这种半导体称为电子型半导体，简称N型半导体。

2. P型半导体

在本征半导体硅（或锗）中，若掺入微量的3价元素，如硼，这时硼原子就取代了晶体中的少量硅原子占据晶格上的某些位置，如图7-12所示。由图可知，硼原子的3个价电子分别与其邻近的3个硅原子中的3个价电子组成完整的共价键，而与其相邻的另1个硅原子的共价键中则缺少1个电子，出现了1个空穴，这个空穴被附近硅原子中的价电子来填充后，3价的硼原子获得了1个电子而变成负离子。同时，邻近共价键上出现1个空穴。由于硼原子起着接受电子的作用，故称为受主原子，又称受主杂质。

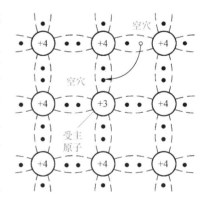

图7-12　P型半导体

在本征半导体中每掺入1个硼原子就可以提供1个空穴，当掺入一定数量的硼原子时，就可以使半导体中空穴的数目远大于本征激发电子的数目，成为多数载流子，而电子则成为少数载流子。显然，参与导电的主要是空穴，故这种半导体称为空穴型半导体，简称P型半导体。

从以上分析可知，由于掺入的杂质使多子的数目大大增加，从而使多子与少子复合的机会大大增加。因此，对于杂质半导体，多子的浓度越高，少子的浓度就越低。可以认为，多子的浓度约等于所掺杂质原子的浓度，因而它受温度的影响很小；而少子是本征激发形成的，所以尽管其浓度很低，却对温度非常敏感，这将影响半导体的性能。

（三）PN 结的形成及导电特性

P 型或 N 型半导体的导电能力虽大大增强，但必须用特殊工艺将它们结合起来，即在一块 N 型（或 P 型）半导体局部再掺入高浓度的三价（或五价）杂质元素，在 N 型半导体和 P 型半导体的分界面就形成了 PN 结。

PN 结的形成

1. PN 结的形成

当 P 型半导体和 N 型半导体结合在一起时，在交界面处就出现自由电子和空穴的浓度差。P 型区空穴浓度大，N 型区自由电子浓度大，由于浓度差别，自由电子和空穴都要从浓度高的区域向浓度低的区域扩散。于是在交界面附近形成了自由电子和空穴的扩散运动，N 型区有一些自由电子向 P 型区扩散并与空穴复合，而 P 型区也有空穴向 N 型区扩散并与电子复合。扩散运动的结果是在交界面附近的 P 型区一侧失去了一些空穴而留下带负电的杂质离子（电子），N 型区一侧失去了一些自由电子而留下了带正电的杂质离子（空穴），这样，在 P 型半导体和 N 型半导体交界面的两侧形成了一个空间电荷区（也称耗尽层），这个空间电荷区称为 PN 结，或称内电场，其方向是由 N 型区指向 P 型区，如图 7-13 所示。

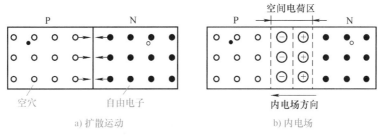

图 7-13　PN 结的形成

空间电荷区的形成对进一步的扩散运动起到了阻挡作用，所以空间电荷区又称为阻挡层。但另一方面，内电场可推动少数载流子（P 型区中的自由电子和 N 型区中的空穴）越过空间电荷区，进入对方。少数载流子在内电场的作用下有规则的运动称为漂移运动。扩散运动和漂移运动是相互矛盾的，少数载流子的漂移运动使空间电荷区变窄，在 PN 结形成过程中，初期空间电荷区电荷较少，内电场不强，扩散运动占优势。随着多数载流子的不断扩散，空间电荷区不断加宽，内电场也加强，这就使多数载流子的扩散运动减弱，而少数载流子的漂移运动却逐渐加强，最后，当扩散运动和漂移运动达到动态平衡时，空间电荷区的宽度基本确定，PN 结处于基本稳定状态。

2. PN 结的单向导电性

PN 结在未加外加电压时，扩散运动与漂移运动处于动态平衡，通过 PN 结的电流为零。当电源正极接 P 区、负极接 N 区时，称为给 PN 结加正向电压或正向偏置；当电源正极接 N 区、负极接 P 区时，称为给 PN 结加反向电压或反向偏置。

（1）正向偏置（正偏）　当 PN 结处于正向偏置时，如图 7-14 所示，外电压在 PN 结上形成外电场，此时外电场与 PN 结内电场的方向相反。在外电场的作用下，载流子的扩散运动和漂移运动的平衡被打破，外电场驱使 P 区中的多数载流子（空穴）和 N 区中的多数载流子（自由电子）都向 PN 结运动。当 P 区的空穴进入 PN 结后，就要与 PN 结中 P 区的负离子复合，使 P 区的电荷量减少；同时，当 N 型区自由电子进入 PN 结后，就要与 PN 结中的正离子复合，使 N 区中的电荷减少，结果使 PN 结空间电荷区变窄，于是 N 区的自由电子不断地扩散到 P 区，形成扩散电流。然而，当外电压较小时，并不能完全削弱内电场，此时，只有很小的电流，只有外电压增加到某一值

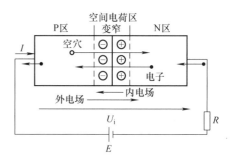

图 7-14　PN 结正向偏置

时，才产生较大的扩散电流，此时的外电压称 PN 结的死区电压，一般硅材料为 0.7V，锗材料为 0.3V。由上可知，PN 结正向偏置时导通电流很大（外加电压大于死区电压时）。

（2）反向偏置（反偏）　当 PN 结处于反向偏置时，如图 7-15 所示，此时外电场的方向与 PN 结内电场的方向相同，在外电场作用下，多数载流子将背离 PN 结，即 P 区中的空穴和 N 区中的自由电了都将从原来的 PN 结附近移去，使空间电荷区加宽，内电场增强，因此，P 区和 N 区的多数载流子就更难越过 PN 结，但是由于内电场增强，使少数载流子更容易产生漂移运动，这样，PN 结原来的扩散与漂移也被打破，此时扩散电流趋近于零，而在内

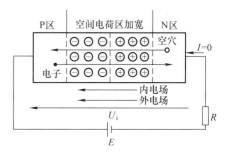

图 7-15　PN 结反向偏置

电场的作用下，N 区中的少数载流子（空穴）越过 PN 结进入 P 区，P 区中的少数载流子（自由电子）越过 PN 结进入 N 区，于是在外电源的作用下形成了连续不断的由 N 区流向 P 区的电流，称为反向电流。反向电流是由少数载流子在反向电压作用下的漂移运动形成的。由于少数载流子的浓度很小，因此形成的反向电流也很小，一般为微安级，但是，随着环境温度的升高，少数载流子的浓度会越大，反向电流会越大，所以反向电流的数值取决于温度，即几乎与外加电压大小无关。这是由于在一定温度下，少数载流子的数量是一定的，只要在一定的反向电压作用下就可以使所有的少数载流子全部都漂移过 PN 结而形成反向电流，即使电压再增加，也不会使反向电流增加，因而反向电流趋于恒定，此时的反向电流称为反向饱和电流。由于反向电流很小，因此在 PN 结反向偏置时，可以认为 PN 结基本上不导通或称截止，表现出很大电阻性。

由上述可知，PN 结正偏时导通，电阻很小，电流很大；反偏时截止，电阻很大，电流很小，这就是 PN 结的单向导电性。

二、二极管

（一）二极管的结构和分类

若在 PN 结上加装外壳，再引出两个电极，就构成了二极管，目前的封装有金属封装、塑料封装及玻璃封装等。P 区引出的线称为阳极，用"＋"表示；从 N 区引出的线称阴极，用"－"表示。常见二极管的外形如图 7-16 所示。

二极管类型及符号如图 7-17 所示。

1）按材料分：有硅二极管、锗二极管和砷化镓二极管等。

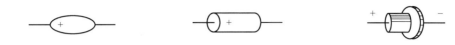

图 7-16　常见二极管的外形

2）按结构分：根据 PN 结面积大小，有点接触型、面接触型和平面型二极管。点接触型二极管适用于工作电流小、工作频率高的场合；面接触型二极管适用于工作电流较大、工作频率较低的场合；平面型二极管适用于工作电流大、功率大、工作频率低的场合。

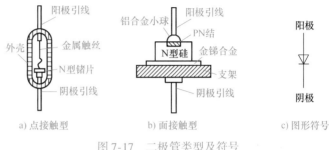

图 7-17　二极管类型及符号

3）按用途分：有整流、稳压、开关、发光、光敏、变容及阻尼二极管等。

4）按封装形式分：有塑料封装、玻璃封装及金属封装等。

5）按功率分：有大功率、中功率及小功率二极管等。

二极管的伏安特性

（二）伏安特性

二极管是由一个 PN 结构成的，它的主要特性就是单向导电性。

二极管的伏安特性是指流过二极管的电流 i_D 与加于二极管两端的电压 u_D 之间的关系或曲线。用逐点测量的方法测绘出来或用晶体管图示仪显示出来的 u—i 曲线，称二极管的伏安特性曲线。图 7-18 是二极管的伏安特性曲线示意图，下面以此为例说明其特性。

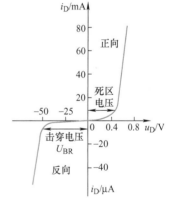

1. 正向特性

由图 7-18 可以看出，当所加的正向电压为零时，电流为零；当正向电压较小时，由于外电场不足以克服 PN 结内电场对多数载流子扩散运动所造成的阻力，故正向电流很小（几乎为零），二极管呈现出较大的电阻，这段曲线称为死区。

当正向电压升高到一定值以后，内电场显著减弱，正向电流才有明显增加。正向特性上电流增大时对应的这个电压通常称为"死区电压"或"阈值电压"，用 U_T 来表示。U_T

图 7-18　二极管的伏安特性曲线

视二极管材料和温度的不同而不同，常温下，硅管一般为 0.5V 左右，锗管为 0.1V 左右。在实际应用中，常把正向特性较直部分延长交于横轴的一点，定为死区电压 U_T 的值。

当正向电压大于 U_T 以后，二极管内部开始出现电流，此时随着电流增加，两端电压会继续增大，到一定程度后，随着电流增加，两端电压的增幅就不大了，此时处于较彻底的导通状态，此时的正向电压称为二极管的导通电压，用 U_F 来表示。通常，硅管的导通电压为 0.6～0.8V，一般取为 0.7V；锗管的导通电压为 0.1～0.3V，一般取为 0.2V。

2. 反向特性

当二极管两端外加反向电压时，PN 结内电场进一步增强，使扩散更难进行。这时只有少数载流子在反向电压作用下的漂移运动形成微弱的反向电流 I_R。反向电流很小，且在一定的范围内几乎不随反向电压的增大而增大。但反向电流是温度的函数，将随温度的变化而变化。

3. 反向击穿特性

当反向电压增大到一定数值 U_{BR} 时，反向电流剧增，这种现象称为二极管的击穿，此时的 U_{BR} 电压值称为击穿电压，U_{BR} 视不同二极管而定，普通二极管一般在几十伏以上，且硅管较锗管为高。

击穿特性的特点是，虽然反向电流剧增，但二极管的端电压却变化很小，这一特点成为制作稳压二极管的依据。

4. 温度对二极管伏安特性的影响

二极管是温度敏感器件，温度的变化对其伏安特性的影响主要表现为：随着温度的升高，其正向特性曲线左移，即正向压降减小；反向特性曲线下移，即反向电流增大。一般在室温附近，温度每升高 1℃，其正向压降减小 $2 \sim 2.5$mV；温度每升高 10℃，反向电流增大 1 倍左右。

综上所述，二极管的伏安特性具有以下特点：

1）二极管具有单向导电性。

2）二极管的伏安特性具有非线性。

3）二极管的伏安特性与温度有关。

（三）主要参数

二极管的参数是表征二极管的性能及其适用范围的重要数据，是选择、使用二极管的主要依据。半导体二极管的参数包括最大整流电流 I_F、反向击穿电压 U_{BR}、最大反向工作电压 U_{RM}、反向电流 I_R、最高工作频率 f_{max} 和结电容 c_j、动态电阻 r_d 等。几个主要的参数介绍如下。

1）最大整流电流 I_F：二极管长期连续工作时，允许通过二极管的最大整流电流的平均值。使用时电流超过 I_F，二极管的 PN 结将因过热而烧断，此时再测其阻值，正反向均为无穷大。

2）反向击穿电压 U_{BR} 和最大反向工作电压 U_{RM}：二极管反向电流急剧增加时对应的反向电压值称为反向击穿电压 U_{BR}。从安全考虑，在实际工作时，最大反向工作电压 U_{RM} 一般只按反向击穿电压 U_{BR} 的一半计算。

3）反向峰值电流 I_{RM}：在室温下，最大反向工作电压时的反向电流值。硅二极管的反向电流一般在纳安（nA）级，锗二极管在微安（μA）级。

4）正向压降（导通电压）U_F：在规定的正向电流下，二极管的正向电压降。小电流硅二极管的正向压降在中等电流水平下，为 $0.6 \sim 0.8$V；锗二极管为 $0.1 \sim 0.3$V。

5）动态电阻 r_d：反映了二极管正向特性曲线斜率的倒数。显然，r_d 与工作电流的大小有关，即

$$r_d = \frac{\Delta U_F}{\Delta I_F}$$

三、特殊二极管

1. 光敏二极管

光敏二极管是光电转换半导体器件，与光敏电阻相比，它具有灵敏度高、高频性能好、可靠性好、体积小、使用方便等优点。

光敏二极管的外形和符号如图 7-19 所示，光敏二极管使用时要反向接入电路中，即正

极接电源负极，负极接电源正极。

光电转换原理：

根据 PN 结反向特性可知，在一定反向电压范围内，反向电流很小且处于饱和状态。此时，如果无光照射 PN 结，则因本征激发产生的电子-空穴对数量有限，反向饱和电流保持不变，在光敏二极管中称为暗电流。当有光照射 PN 结时，结内将产生附加的大量电子-空穴对（称之为光生载流子），使流过 PN 结的电流随着光照强度的

a) 外形　　　b) 符号

图 7-19　光敏二极管的外形和符号

增加而剧增，此时的反向电流称为光电流。不同波长的光（蓝光、红光、红外光）在光敏二极管的不同区域被吸收形成光电流。被表面 P 型扩散层所吸收的主要是波长较短的蓝光，在这一区域，因光照产生的光生载流子（电子）一旦漂移到耗尽层界面，就会在结电场作用下，被拉向 N 区，形成部分光电流；波长较长的红光将透过 P 型层在耗尽层激发出电子-空穴对，这些新生的电子和空穴载流子也会在结电场作用下，分别到达 N 区和 P 区，形成光电流。波长更长的红外光，将透过 P 型层和耗尽层，直接被 N 区吸收。在 N 区内因光照产生的光生载流子（空穴）一旦漂移到耗尽区界面，就会在结电场作用下被拉向 P 区，形成光电流。因此，光照射时，流过 PN 结的光电流应是三部分光电流之和。

2. 发光二极管

发光二极管（LED）是一种将电能转换成光能的特殊二极管，它的外形和符号如图 7-20 所示。与其他发光器件相比，发光二极管具有体积小、功耗低、发光均匀、稳定、响应速度快、寿命长和可靠性高等优点，被广泛应用于各种电子仪器、音响设备、计算机等作电流指示、音频指示和信息状态显示等。日常生活中的热水器电源指示灯、计算机上的电源指示灯等都使用发光二极管，在遥控器上采用的红外发光二极管，发出的是不可见的红外光，也是发光二极管的一种类型。

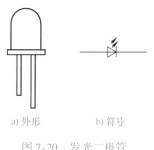

a) 外形　　　b) 符号

图 7-20　发光二极管
的外形和符号

通常制成 LED 的半导体的掺杂浓度很高，当向二极管施加正向电压时，大量的电子和空穴在空间电荷区复合时释放出的能量大部分转换为光能，从而使 LED 发光。

LED 常用半导体砷、磷、镓及其化合物制成，它的发光颜色主要取决于所用的半导体材料，同样具有单向导电性，通电后不仅能发出红、绿、黄等可见光，也可发出看不见的红外光，使用时必须正向偏置。它工作时只需 1.5～3V 的正向电压和几毫安的电流就能正常发光，发光二极管的反向耐压一般在 6V 左右。由于 LED 允许的工作电流小，小功率的发光二极管正常工作电流在 10～30mA 内。为了避免由于电源波动引起正向电流值超过最大允许工作电流而导致管子烧坏，通常串联一个限流电阻来限制流过二极管的电流。由于发光二极管最大允许工作电流随环境温度的升高而降低，因此，发光二极管不宜在高温环境中使用。

3. 变容二极管

变容二极管是利用 PN 结结电容可变原理制成的半导体器件，它仍工作在反向偏置状态。由前述可知，变容二极管的特点是结电容随反偏电压的变化而变化，它主要用在电视

机、收音机、收录机的调谐电路和自动
微调电路中，其电路符号及压容特性曲
线如图7-21所示。

4. 稳压管

稳压管是一种在规定反向电流范围
内可以重复击穿的硅平面二极管。它的伏
安特性曲线、图形符号及应用电路如
图7-22所示。它的正向伏安特性与普通二
极管相同，它的反向伏安特性非常陡直。
使用时，它的阴极接外加电压的正极，阳

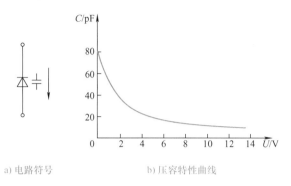

a) 电路符号　　　　　　　b) 压容特性曲线

图7-21　变容二极管电路符号及压容特性曲线

极接外加电压负极，用电阻将流过稳压管的反向击穿电流限制在一定范围内时，稳压管两端的
电压几乎不变。利用稳压管的这种特性，就能达到稳压的目的。图7-22c所示是稳压管应用电
路。稳压管VS与负载R_L并联，属并联稳压电路。显然，负载两端的输出电压等于稳压管两
端的电压。

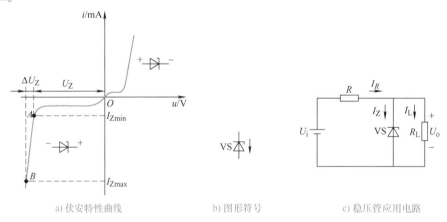

a) 伏安特性曲线　　　　　　　b) 图形符号　　　　　　　c) 稳压管应用电路

图7-22　稳压管的伏安特性曲线、图形符号及应用电路

四、整流电路

整流电路是利用二极管的单向导电作用，将交流电变成脉动直流电的电路。这种方法简
单、经济，在日常生活中及电子电路中经常采用。

（一）单相半波整流电路

1. 单相半波整流电路的组成和工作原理

单相半波整流电路如图7-23所示。变压器T接在交流电源上，将电
网的正弦交流电压u_1变换成所需要的交流电压u_2，设$u_2 = \sqrt{2}U_2\sin\omega t$。

在变压器二次电压u_2的正半周，电压的实际方向
与参考方向相同，即a端为正，b端为负，二极管承受
正向电压而导通，电流i_o经过二极管流向负载，在负
载电阻R_L上得到极性为上正下负的电压，且此时负载
电压$u_o = u_2$。

在变压器二次电压u_2的负半周，电压的实际方向与

单相半波整流电路

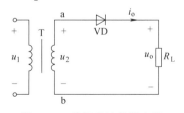

图7-23　单相半波整流电路

参考方向相反，即 a 端为负，b 端为正，二极管承受反向电压而截止，负载中没有电流流过，此时负载电压 $u_o = 0$。

由上面的分析可知，利用二极管的单向导电性，可以把交流电变换成单向脉动的直流电，负载流过单向脉动的直流电流。单相半波整流电路的波形如图 7-24 所示。

2. 负载上的直流电压和电流

在半波整流的情况下，负载两端的直流电压平均值的估算公式为

$$U_o = 0.45 U_2 \tag{7-1}$$

流过负载的电流平均值为

$$I_o = \frac{U_o}{R_L} = 0.45 \frac{U_2}{R_L} \tag{7-2}$$

3. 二极管的选用

在半波整流电路中，二极管的电流与负载电流相等，即

$$I_D = I_o \tag{7-3}$$

所以在选用二极管时，二极管的最大整流电流 I_F 应大于负载电流 I_o。

二极管在电路中承受的最高反向电压 U_{Rmax} 为交流电压的最大值，即

$$U_{Rmax} = U_{2m} = \sqrt{2} U_2 \tag{7-4}$$

按照上面的两个原则，查阅半导体手册就可以选择到合适的二极管。

半波整流电路的优点是结构简单，使用元器件少。但它的缺点同样明显，半波整流电路只利用了交流电的半个周期，输出直流电压波动较大，电源变压器的利用率低。因此，半波整流电路主要用于输出电压较低、输出电流较小且性能要求不高的场合。日常使用的电热毯的调温开关的低温档，实际上就是串入了一个二极管，使电阻上只得到半波电压，使电流减小，从而降低了发热量。

（二）单相桥式整流电路

1. 单相桥式整流电路的组成和工作原理

单相桥式整流电路如图 7-25 所示。电路中的 4 个二极管可以是 4 个分立的二极管，也可以是一个内部集成了 4 个二极管的桥式整流器（整流桥）。图 7-26 所示为单相桥式整流电路的简易画法。

单相桥式整流电路

右侧图：
图 7-24　单相半波整流电路波形

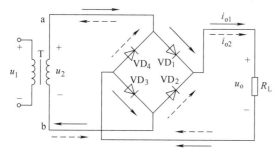

图 7-25　单相桥式整流电路

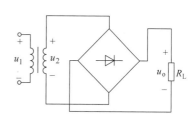

图 7-26　单相桥式整流电路的简易画法

在变压器二次电压 u_2 的正半周，电压 a 端为正，b 端为负，VD_1、VD_3 承受正向电压而

导通，VD_2、VD_4 承受反向电压而截止，电流 i_{o1} 由变压器二次绕组 a 端，依次经过二极管 VD_1、负载 R_L、二极管 VD_3，回到二次绕组 b 端，在负载电阻 R_L 上得到极性为上正下负的电压，且此时负载电压 $u_o = u_2$。

在变压器二次电压 u_2 的负半周，电压 a 端为负，b 端为正，VD_2、VD_4 承受正向电压而导通，VD_1、VD_3 承受反向电压而截止，电流 i_{o2} 由变压器二次绕组 b 端，依次经过二极管 VD_2、负载 R_L、二极管 VD_4，回到二次绕组 a 端，在负载电阻 R_L 上仍然得到极性为上正下负的电压，且此时负载电压 $u_o = -u_2$。单相桥式整流电路波形如图 7-27 所示。

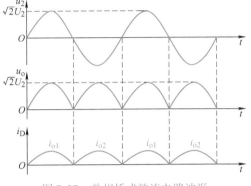

图 7-27　单相桥式整流电路波形

2. 负载上的直流电压和电流

由图 7-27 可知，桥式整流输出电压波形的面积是半波整流时的 2 倍，所以输出电压的平均值 U_o 就等于半波整流时的 2 倍，即

$$U_o = 0.9U_2 \tag{7-5}$$

输出电流平均值为

$$I_o = \frac{U_o}{R_L} = 0.9\frac{U_2}{R_L} \tag{7-6}$$

3. 二极管的选择

桥式整流电路中，4 个二极管两个一组，轮流导电，每个二极管在一个周期中只导通半个周期，因此，每个二极管中流过的平均电流是负载电流的一半，即

$$I_D = \frac{1}{2}I_o = 0.45\frac{U_2}{R_L} \tag{7-7}$$

二极管承受的最高反向电压为

$$U_{Rmax} = U_{2m} = \sqrt{2}U_2 \tag{7-8}$$

桥式整流与半波整流相比，输出电压平均值高，波动小，输出与半波整流电路相同直流电压的情况下，二极管承受的反向电压和通过的电流小，因此得到了广泛的应用。为了使用方便，专门集成 4 个二极管的桥式整流器又叫整流桥，如图 7-26 所示。4 个引脚中，两个是交流电压输入端，用"～"表示；另外两个是直流电压输出端，分别用"＋"和"－"标出正、负极。

五、滤波电路

无论哪种整流电路，它们的输出电压都含有较大的脉动成分。除了在一些特殊的场合可以直接用作放大器的电源外，通常都要采取一定的措施，一方面尽量降低输出电压中的脉动成分，另一方面又要尽量保留其中的直流成分，使输出电压接近于理想的直流电压。这样的措施就是滤波。

电容和电感都是基本的滤波元件，利用它们在二极管导电时储存一部分能量，然后再逐渐释放出来，从而得到比较平滑的波形。或者从另一个角度看，电容和电感对于交流成分和直流成分反映出来的阻抗不同，如果把它们合理地安排在电路中，可以达到降低交流成分、保留直流成分的目的，体现出滤波的作用。所以电容和电感是组成滤波电路的主要元件。常用的滤波电路有电容滤波、电感滤波和复式滤波，如图 7-28 所示。

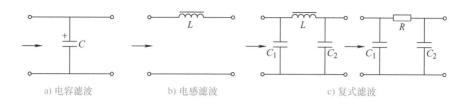

a) 电容滤波　　　　　　　b) 电感滤波　　　　　　　c) 复式滤波

图 7-28　常用的滤波电路

（一）电容滤波电路

单相桥式整流电容滤波电路如图 7-29 所示，滤波电容直接与负载并联，利用电容的通交流隔直流作用，使脉动直流电中的交流成分通过电容形成回路，不经过负载；而直流成分不能通过电容，只能通过负载，这样负载就得到了比较平滑的直流电，电路波形如图 7-30 所示。

1. 工作原理

设电容电压初值为 0，接通电源后 u_2 为正半周时，二极管 VD_1、VD_3 正偏导通，电源经 VD_1、VD_3 向负载供电，同时向电容 C 充电，由于充电回路电阻较小（两个二极管正向导通电阻之和），所以充电很快，直到 C 两端电压等于 u_2（图 7-30 中 t_1 时刻）。此后 u_2 继续减小，$u_C > u_2$，二极管 VD_1、VD_3 正极电位低于负极电位，反偏截止，负载 R_L 与电源之间相当于断开，电容 C 通过负载电阻 R_L 放电，由于 R_L 阻值较大，因而，放电较慢，直到 u_2 正半周结束（t_2 时刻）。

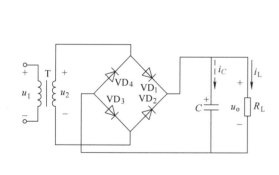

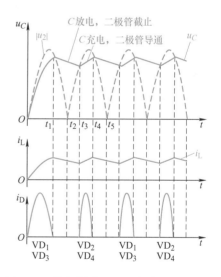

图 7-29　单相桥式整流电容滤波电路　　　　图 7-30　单相桥式整流电容滤波电路波形

负半周开始后，由于 u_C 仍然大于｜u_2｜，所以二极管 VD_2、VD_4 反偏，仍保持截止状态，不会导通，所以 C 继续放电，电压值逐渐减小，而｜u_2｜将按正弦规律变化，直到两个电压相等（t_3 时刻）。之后，由于｜u_2｜> u_C，二极管 VD_2、VD_4 正偏导通，电源经 VD_2、VD_4 向负载供电，同时向电容 C 充电，直到｜u_2｜= u_C（t_4 时刻）。随着｜u_2｜的继续减小，$u_C >$｜u_2｜，二极管 VD_2、VD_4 反偏截止，电容 C 通过负载电阻 R_L 放电，直到负半周结束（t_5 时刻），开始下一个周期的循环。

2. 输出电压和电流

半波整流电路的输出电压为 $$U_o = U_2 \tag{7-9}$$

桥式整流电路的输出电压为　　　　　　　　$U_o = 1.2U_2$　　　　　　　　　　　　　　(7-10)

必须注意的是，上式是以变压器和二极管为理想状态为前提给出的。实际上，变压器和二极管都存在着电阻，会造成一定的电压损耗，在输出电压较大时，影响较小，可以不予考虑。但当输出电压较小（10V以下）时，就必须将上述因素考虑进去，否则计算会偏离实际值很多，一般是将计算值减去 $1 \sim 2V$，就会得到与实际相符合的结果。

另外，当负载开路或过载时，输出电压会有所变化。当负载开路时，$U_o = 1.4U_2$；当过载时，$U_o = 1.0U_2$。

在 R_L 确定的条件下，电容量越大，滤波效果越好，输出波形越趋于平滑。一般取

$$R_L C \geq (3 \sim 5) \, T/2 \qquad (T \text{是电源交流电压周期})$$

电容的耐压值一般取 u_2 有效值的2倍，即

$$U_C \geq 2U_2$$

电容滤波电路结构简单，使用方便，输出电压较高，但只适用于负载电流较小且变化不大的场合。家用电子产品一般都采用电容滤波。

（二）电感滤波电路

电感滤波电路如图7-31所示，滤波电感与负载串联，利用电感对交流电流阻抗大的特性，减小输出电压中的交流成分，使输出电压平滑。具体工作原理为：由于电感对直流量阻抗非常小，近似短路，所以直流量在经过电感后，几乎没有损失，基本都提供给负载；而电感对交流量的阻抗为 $X_L = \omega L$，当电感的电感量 L 足够大（$X_L \gg R_L$）时，交流成分几乎全部降在电感上，从而使输出电压中的交流成分大大减小，负载上获得较平滑的直流电压。电感滤波电路波形如图7-32所示。

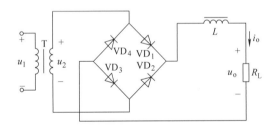
图 7-31　电感滤波电路

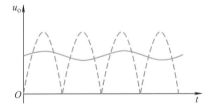
图 7-32　电感滤波电路波形

电感滤波输出电压相对较低，只有 u_2 有效值的0.9倍，即

$$U_o = 0.9U_2$$

电感滤波电路的优点是输出电压平滑，电感量越大，负载阻抗越小，输出电压的脉动就越小。电感滤波电路适用于负载电流较大或负载变动较大的场合，在工业生产中应用较多，如电解、电镀电路中。

（三）复式滤波电路

仅使用电容或电感滤波，输出电压中还存在着一定的脉动，在一些要求电压非常平滑的场合，还是不能满足负载对电源的要求。为了进一步减小脉动，可采用复式滤波。常用的复式滤波电路有 LC 滤波电路、Ⅱ形 LC 滤波电路、Ⅱ形 RC 滤波电路及 T 形滤波电路等。

下面以 LC 滤波电路为例，分析复式滤波的原理。图7-33所示为 LC 滤波电路，整流后得到的脉动直流电经过电感 L 时，交流成分受到较大的衰减，然后再经过电容 C 滤波，进一步消除交流成分，使输出电压更加平滑。

【例 7-1】　如图 7-29 所示的单相桥式整流电容滤波电路中，已知 $U_1 = 220V$，频率为 50Hz，要求直流电压 $U_o = 30V$，负载电流 $I_o = 500mA$。试求电源变压器二次电压 u_2 的有效值，并选择整流二极管及滤波电容。

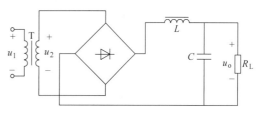

图 7-33　*LC* 滤波电路

【解】　（1）求变压器二次电压有效值。

由于 $U_o = 1.2U_2$，所以

$$U_2 = \frac{U_o}{1.2} = \frac{30}{1.2}V = 25V$$

（2）选择整流二极管。

流经整流二极管的平均电流为

$$I_D = \frac{1}{2}I_o = 250mA$$

考虑二极管要通过较大的冲击电流，所以 $I_F > 3I_D = 3 \times 250mA = 0.75A$。二极管承受的最大反向电压为

$$U_{Rmax} = \sqrt{2}U_2 = \sqrt{2} \times 25V = 35V$$

因此选用 1N4001，其最高反向工作电压为 50V，最大整流电流为 1A。

（3）选择滤波电容。

负载电阻大小为

$$R_L = \frac{U_o}{I_o} = \frac{30}{0.5}\Omega = 60\Omega$$

取 $R_L C \geqslant 2T$，由此得滤波电容的容量为

$$C \geqslant \frac{2T}{R_L} = \frac{2}{50 \times 60}F = 666.7\mu F$$

电容的耐压值为

$$U_C \geqslant 2U_2 = 2 \times 25V = 50V$$

因此选用标称值为 $680\mu F/50V$ 的电解电容。

六、稳压电路

1. 电路结构

稳压管稳压电路如图 7-34 所示。R 是限流电阻，R_L 是负载，它与硅稳压管并联。当稳压管击穿时，通过它的电流在很大的范围内变化，而管子两端的电压却基本不变，起到了稳压的作用。

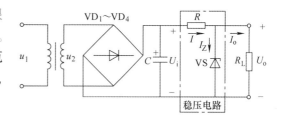

图 7-34　稳压管稳压电路

2. 工作原理

根据 KCL 和 KVL 定律有

$$I = I_Z + I_o \qquad U_i = U_R + U_o$$

U_i 为整流滤波电路的输出电压，也是稳压电路的输入电压。

当交流电网波动时，如电网电压上升，则

$$U_i \uparrow \rightarrow U_o \uparrow \rightarrow U_Z \uparrow \rightarrow I_Z \uparrow \rightarrow I \uparrow \rightarrow U_R \uparrow \rightarrow U_o \downarrow$$

当电网未波动 U_i 不变，而负载 R_L 变动时，如 R_L 减小，则

$$I_o \uparrow \rightarrow I \uparrow \rightarrow U_R \uparrow \rightarrow U_o \downarrow \rightarrow U_Z \downarrow \rightarrow I_Z \downarrow \rightarrow I \downarrow \rightarrow U_R \downarrow \rightarrow U_o \uparrow$$

总之，无论是电网波动还是负载变动，负载两端电压经稳压管自动调整后（与限流电阻 R 配合）都能基本上维持稳定。

硅稳压管稳压电路结构简单，但受稳压管最大电流限制，又不能任意调节输出电压，所以只适用于输出电压不需调节、负载电流小且要求不甚高的场合。

◆ 项目实训

直流稳压电源的制作与检测

一、实训目的

1）学习如何用二极管整流电路将交流电转换为直流电。

2）比较半波整流电路的输入和输出电压波形。

3）用半波整流电路直流输出电压峰值计算输出电压的平均值，并比较计算值与测量值。

4）培养学生的动手能力、创新能力和团结协作的精神。

二、实训内容

（一）下达工作任务

1. 分组

学生进行分组，选出组长（每次不同），下发学生工作单。

2. 讲解工作任务的原理

（1）半波整流电路实验的准备

1）选择整流二极管，清楚正向导通和反向截止电压数值。

2）选择降压变压器并调整至一定数值（与整流二极管相适应）。

3）准备一台示波器，利用示波器进行波形模拟输出。

（2）参考电路模型 单相半波整流电路如图7-35所示。

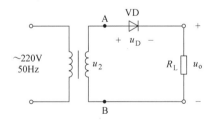

图7-35 单相半波整流电路

3. 具体要求

1）设计要求：整流二极管1只、220V交流电源1个、100Ω电阻1只、双踪示波器1台、万用表1只。画出整流电路图，并记录所需元器件的参数。

2）制作要求：按规范要求进行元器件焊接。

3）测试要求：测量电路中的输入和输出电压。

4）波形输出：利用示波器进行波形输出演示。

（二）学生设计实施方案

学生小组根据电路模型选择系统部件，并进行部件的质量合格检查。根据自己所学知识设计项目实施方案。在此过程中，指导教师要巡视课堂，了解情况，对问题与疑点积极引导，适时点拨。对学习困难学生积极鼓励，并适度助学。

（三）学生阐述设计方案

每组学生派代表阐述自己的设计方案（注：自己制作 PPT），老师和各组同学分别对方案进行评价，同时指导教师对重点内容进行精讲，并帮助学生确定方案的可行性。

（四）学生实施方案

学生组长负责组织实施方案。在此过程中，指导教师要进行巡视指导，帮助同学解决各种问题，掌握学生的学习动态，了解课堂的教学效果。

（五）学生展示

学生小组派代表进行成果展示（通过 PPT 展示），老师和各组同学分别对方案进行考核打分，组长对本组组员进行打分。

（六）教师点评

教师对每组进行点评，并总结成果及不足。

三、评价标准（见表7-1）

表 7-1　评价标准

项目名称	直流稳压电源的制作与检测		时间		总分	
组长		组员				
评价内容及标准			自评	组长评价	教师评价	
任务准备	课前预习、准备资料（5分）					
电路设计、焊接、调试	元器件选择（10分）					
	电路图设计（15分）					
	焊接质量（10分）					
	功能的实现（15分）					
	电工工具的使用（10分）					
	参数的测试（10分）					
工作态度	不迟到，不早退；学习积极性高，工作认真负责（5分）					
	具有安全操作意识和团队协作精神（5分）					
任务完成	完成速度，完成质量（5分）					
	工作单的完成情况（5分）					
个人答辩	能够正确回答问题并进行原理叙述，思路清晰、语言组织能力强（5分）					
评价等级						
项目最终评价：自评占20%，组长评价占30%，教师评价占50%						

四、学生工作单（见表 7-2）

表 7-2　学生工作单

学习项目	直流稳压电源的制作与检测	班级		组别		成绩	
组长		组员					

一、咨询阶段任务
1. 举例说明常见的整流电子器件。
2. 查阅资料并简要叙述整流电路的基本原理。
3. 简述二极管的工作特性。
4. 半波整流电路的输出电压和波形有何特点？
5. 半波整流电路输出电压的周期与输入电压的周期是否一致？

二、过程和方案设计（计划和决策）任务
1. 简述半波整流电路的工作过程。
2. 二极管正负极的测定。
3. 如何正确焊接实验元器件，需要注意什么问题？
4. 半波整流电路方案设计。

三、实施阶段任务
1. 选择合适的工作电压。
2. 如何理解整流过程的工作实质？
3. 如何进行波形测定？
4. 比较实验过程中的理论值和实际值的不同，并分析产生误差的原因。

四、检查和评价阶段任务
1. 在方案实施过程中出现了哪些问题？又是如何解决的？
2. 任务完成过程中有什么收获？自己在什么地方做得比较满意？哪些地方不满意？
3. 自己在任务完成过程中有哪些不足之处？如何改进？

学生自评：	教师评语：
学生互评：	

◆　习题及拓展训练

一、项目习题

1. 选择题

（1）在本征半导体中加入（　　）元素可形成 N 型半导体，加入（　　）元素可形成 P 型半导体。

A. 五价　　　　　　　B. 四价　　　　　　　　C. 三价

（2）当温度升高时，二极管的反向饱和电流将（　　）。

A. 增大　　　　　　　B. 不变　　　　　　　　C. 减小

（3）稳压管稳压时，它工作在（　　）；发光二极管发光时，它工作在（　　）。

A. 正向导通区　　　　B. 反向截止区　　　　　C. 反向击穿区

（4）二极管的反向电阻（　　）。

A. 小　　　　　　　B. 大　　　　　　　C. 中等　　　　　　　D. 为零

（5）在单相桥式整流电路中，变压器二次电压为 10V（有效值），则每只整流二极管承受的最大反向电压为（　　）。

A. 10V　　　　　　　　B. $10\sqrt{2}$ V

C. $10/\sqrt{2}$ V　　　　　D. 20V

（6）图 7-36 所示为含有理想二极管的电路，当输入电压 u 的有效值为 10V 时，输出电压平均值为（　　）。

A. 12V　　　　　　　　B. 9V

C. 4.5V　　　　　　　　D. 0V

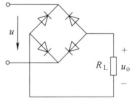

图　7-36

2. 填空题

（1）图 7-37a 所示电路中，二极管为理想器件，则 VD_1 工作在____状态，VD_2 工作在

____状态，U_A 为____ V。

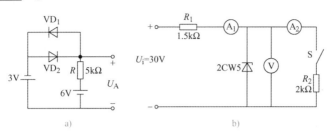

图　7-37

（2）图 7-37b 所示电路中，稳压管的参数为：稳定电压 $U_Z = 12V$，最大稳定电流 $I_{Zmax} = 20mA$。图中电压表中流过的电流忽略不计。当开关 S 闭合时，电压表 V 和电流表 A_1、A_2 的读数分别为_____、_____、_____；当开关 S 断开时，其读数分别为_____、_____、_____。

3. 二极管电路如图 7-38 所示，试判断各图中的二极管是导通还是截止，并求出 A、B 两点间电压 U_{AB}（二极管是理想器件）。

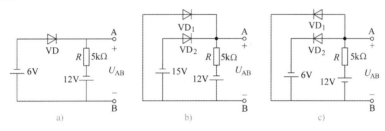

图 7-38　二极管电路

4. 一单相桥式整流电路，变压器二次电压有效值为 75V，负载电阻为 100Ω，试计算该电路的直流输出电压和直流输出电流，并选择整流二极管。

二、拓展提高

利用整流电路能把交流电流变成直流电，但整流输出的直流电压含有波动成分，不宜用于电子仪器、电视机、计算机及音箱等设备。要得到平滑的直流电，需要对整流后的波形进行整形（滤波电路）。可通过并联电容来进行滤波，电容滤波的实质就是电容充放电的结果，R_L 和 C 数值越大，放电越慢，得到的直流电越平滑。根据图 7-39 进行整流滤波电路的相关数据的实验操作。

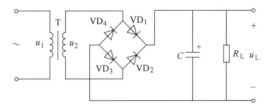

图 7-39　单相桥式整流电容滤波电路

名人寄语

　人若有志，万事可为。

——斯迈尔斯

项目八　扩音机电路的安装与调试

◆　项目目标

1. 了解晶体管的结构，理解晶体管的电流放大作用，了解多级放大电路的组成和频率响应。

2. 熟悉放大电路的组成和基本原理，掌握基本放大电路的分析方法，掌握常用功率放大电路的工作原理。

3. 掌握集成功放的应用，培养学生对集成电路的装配能力。

4. 培养学生的团队合作能力和环保意识。

◆　工作情境

1. 实训环境要求

项目的教学应在一体化的电工技能实训室和电子装配实训室进行，实训室内设有教学区（配备多媒体）、工作区、资料区和展示区。要配备常用的电工实验台等设备、万用表等常用仪表及常用电工工具。

2. 指导要求

配备一名主讲教师和一名实验室辅助教师。

3. 学生要求

根据班级情况进行分组，一般每组 3 ~ 4 名同学，选出组长。

4. 教学手段选择

1）主要应用讲授法、任务教学法、讨论法和演示法进行教学。

2）多媒体教学与实物演示相结合。

3）现场教学与动手操作相结合。

4）教师主导与学生自主学习相结合。

实践知识 ——示波器

示波器是一种能在荧光屏上显示出电信号变化曲线的仪器，它不但能像电压表、电流表那样读出被测信号的幅度（注意：电压表、电流表如无特殊说明，读出的数值为有效值），还能像频率计、相位计那样测试信号的周期（频率）和相位，还能用来观察信号的失真、脉冲波形的各种参数等。示波器结构框图如图 8-1 所示。

下面结合示波器结构框图简要介绍其工作原理。

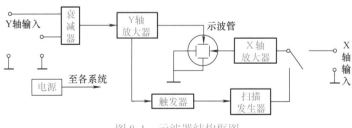

图 8-1　示波器结构框图

一、荧光屏

荧光屏是示波器的显示部分。荧光屏上水平方向和垂直方向各有多条刻度线，用于指示出信号波形的电压和时间之间的关系。水平方向指示时间，垂直方向指示电压。水平方向分为 10 格，垂直方向分为 8 格，每格又分为 5 份。垂直方向标有 0%、10%、90%、100% 等标志，水平方向标有 10%、90% 标志，供测直流电平、交流信号幅度、延迟时间等参数使用。根据被测信号在荧光屏上占的格数，乘以适当的比例常数就能得出电压值与时间值。

二、示波管

示波管是进行电-光转换的器件，把被测的电信号转换为光信号，在示波管的荧光屏上显示出来。示波管由电子枪、偏转系统和荧光屏三大部分组成。电子枪用于产生纤细而高速的电子束，由辉度和聚焦旋钮控制；偏转系统使电子束随 X 轴或 Y 轴的信号而偏转，由移位旋钮和衰减器旋钮控制。

三、垂直偏转因数和时基选择

1. 垂直偏转因数选择（VOLTS/DIV）和微调

在单位输入信号作用下，光点在屏幕上偏移的距离称为偏转灵敏度，这一定义对 X 轴和 Y 轴都适用。偏转灵敏度的倒数称为偏转因数。垂直灵敏度的单位是为 cm/V、cm/mV 或者 DIV/mV、DIV/V，垂直偏转因数的单位是 V/cm、mV/cm 或者 V/DIV、mV/DIV。实际上因习惯用法和测量电压读数方便，有时也把偏转因数当作灵敏度。

双踪示波器中每个通道各有一个垂直偏转因数选择波段开关，一般按 1、2、5 方式从 5mV/DIV 到 5V/DIV 分为 10 档。波段开关指示的值代表荧光屏上垂直方向一格的电压值。例如波段开关置于 1V/DIV 档时，屏幕上信号光点移动一格，则代表输入信号电压变化 1V。

每个波段开关上往往还有一个小旋钮，微调每档垂直偏转因数。将它沿顺时针方向旋到底，处于"校准"位置，此时垂直偏转因数值与波段开关所指示的值一致。逆时针旋转此旋钮，能够微调垂直偏转因数。垂直偏转因数微调后，会造成与波段开关的指示值不一致，这点应引起注意。许多示波器具有垂直扩展功能，当微调旋钮被拉出时，垂直灵敏度扩大若干倍（偏转因数缩小为若干分之一）。例如，如果波段开关指示的偏转因数是 1V/DIV，采用"×5"扩展状态时，垂直偏转因数是 0.2V/DIV。

2. 时基选择（TIME/DIV）和微调

时基选择和微调的使用方法与垂直偏转因数选择和微调类似。时基选择也通过一个波段开关实现，按 1、2、5 方式把时基分为若干档。波段开关的指示值代表光点在水平方向移动一个格的时间值。例如在 1μs/DIV 档，光点在屏上移动一格代表时间值 1μs。"微调"旋钮用于时基校准和微调。沿顺时针方向旋到底处于校准位置时，屏幕上显示的时基值与波段开关所示的标称值一致，逆时针旋转旋钮，则对时基微调。旋钮拉出后处于扫描扩展状态。通常为"×10"扩展，即水平灵敏度扩大 10 倍，时基缩小到 1/10。例如在 2μs/DIV 档，扫描扩展状态下荧光屏上水平一格代表的时间值等于 $2μs \times (1/10) = 0.2μs$。

四、输入通道选择和输入耦合方式

1. 输入通道选择

输入通道至少有三种选择方式：通道 1（CH1）、通道 2（CH2）、双通道（DUAL）。选择通道 1 时，示波器仅显示通道 1 的信号；选择通道 2 时，示波器仅显示通道 2 的信号；选择双通道时，示波器同时显示通道 1 信号和通道 2 信号。测试信号时，首先要将示波器的地与被测电路的地连接在一起。根据输入通道的选择，将示波器探头插到相应通道插座上，示波器探头接触被测点。示波器探头上有一双位开关，此开关拨到"×1"位置时，被测信号无衰减送到示波器，从荧光屏上读出的电压值是信号的实际电压值；此开关拨到"×10"位置时，被测信号衰减为 1/10，然后送往示波器，从荧光屏上读出的电压值乘以 10 才是信号的实际电压值。

2. 输入耦合方式

输入耦合方式有三种：交流（AC）、地（GND）、直流（DC）。当选择"地"时，扫描线显示出"示波器地"在荧光屏上的位置。直流耦合（即选择"直流"）用于测定信号直流绝对值和观测极低频信号。交流耦合（即选择"交流"）用于观测交流和含有直流成分的交流信号。在数字电路实验中，一般选择"直流"方式，以便观测信号的绝对电压值。

五、触发

被测信号从 Y 轴输入后，一部分送到示波管的 Y 轴偏转板上，驱动光点在荧光屏上按比例沿垂直方向移动；另一部分分流到 X 轴偏转系统产生触发脉冲，触发扫描发生器，产生重复的锯齿波电压加到示波管的 X 轴偏转板上，使光点沿水平方向移动，两者合一，光点在荧光屏上描绘出的图形就是被测信号图形。由此可知，正确的触发方式直接影响到示波器的有效操作。为了在荧光屏上得到稳定的、清晰的信号波形，掌握基本的触发功能及其操作方法是十分重要的。

六、扫描方式

扫描有自动、常态和单次三种方式。

自动：当无触发信号输入或者触发信号频率低于 50Hz 时，扫描为自动方式。

常态：当无触发信号输入时，扫描处于准备状态，没有扫描线。触发信号到来后，触发扫描。

单次：单次按钮类似复位开关。单次扫描方式下，按单次按钮时扫描电路复位，此时准备灯亮。触发信号到来后产生一次扫描。单次扫描结束后，准备灯灭。单次扫描用于观测非周期信号或者单次瞬变信号，往往需要对波形拍照。

上面扼要介绍了示波器的基本功能及操作，当然还有一些更高级的功能，如延迟扫描、触发延迟、X-Y 工作方式等，详情请参考相关书籍。

◆ **理论知识**

晶体管的结构
及工作原理

一、半导体晶体管

半导体晶体管简称晶体管，在晶体管内，有两种载流子——电子与空穴，它们同时参与导电，故晶体管又称为双极晶体管。

（一）晶体管的基本结构

1. 结构和符号

晶体管的结构示意图如图 8-2 所示。它有两种类型：NPN 型和 PNP 型。

图 8-2a、b 中，中间部分称为
基区，相连电极称为基极，用 B 或
b 表示；左侧称为发射区，相连电
极称为发射极，用 E 或 e 表示；右
侧称为集电区，相连电极称为集电
极，用 C 或 c 表示。

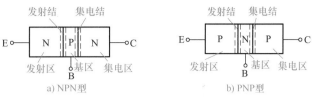

图 8-2　晶体管的结构示意图

E-B 间的 PN 结称为发射结，C-B 间的 PN 结称为集电结。

晶体管的符号如图 8-3 所示。发射极的箭头代表发射极电流的实际方向。

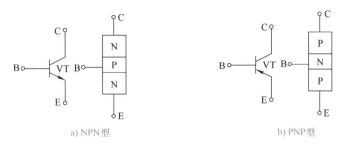

图 8-3　晶体管的符号

为了保证晶体管具有良好的电流放大作用，在制造晶体管的工艺过程中，必须做到：

1）使发射区的掺杂浓度最高，以有效地发射载流子。

2）使基区掺杂浓度最小，且基区最薄，以有效地传输载流子。

3）使集电区面积最大，且掺杂浓度小于发射区，以有效地收集载流子。

2. 晶体管的分类

晶体管的种类很多，有下列 5 种分类形式：

1）按结构类型不同，分为 NPN 型管和 PNP 型管。

2）按制作材料不同，分为硅管和锗管。

3）按工作频率不同，分为高频管和低频管。

4）按功率不同，分为小功率管和大功率管。

5）按用途不同，分为普通晶体管和开关管。

（二）晶体管电流分配和放大原理

1. 晶体管内部电流分配关系

晶体管在工作时一定要加上适当的直流偏置电压。若工作在放大状态，发射结加正偏电压，集电结加反偏电压。现以 NPN 型晶体管为例，当它导通时三个电极上的电流必然满足节点电流定律，即流入晶体管的基极电流 I_B 和集电极电流 I_C 之和等于流出晶体管的发射极电流 I_E。

$$I_E = I_B + I_C \tag{8-1}$$

下面用载流子在晶体管内部的运动规律来说明上述电流关系，如图 8-4 所示。

（1）发射极电流 I_E 的形成　发射结加正偏电压时，发射区将有大量的多数载流子（电子）不断向基区扩散，并不断从电源补充进电子，形成了发射极电流 I_E。与此同时，从基区向发射区也有多数载流子（空穴）的扩散运动，但其数量小，形成的电流可以忽略不计。这是因为发射区的掺杂浓度远大于基区的掺杂浓度。

（2）基极电流 I_B 的形成　进入基区的电子中有少数不断与基区中的空穴复合。因基区中的空穴浓度低，被复合的空穴自然很少。被复合掉的空穴将由电源不断地予以补充，它基本上等于基极电流。

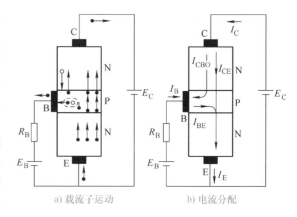

a) 载流子运动　　　　　b) 电流分配

图 8-4　晶体管的电流传输关系

（3）集电极电流 I_C 的形成　进入基区的电子因基区的空穴浓度低，被复合的机会较少。又因基区很薄，在集电结反偏电压的作用下，电子在基区停留的时间很短，很快就运动到集电结的边缘，进入集电结的结电场区域，被集电极所收集，形成电流 I_{CE}，它基本上等于集电极电流 I_C。

另外，因集电结反偏，在内电场的作用下，集电区的少子（空穴）与基区的少子（电子）将发生漂移运动，形成电流 I_{CBO}，并称为集电极-基极反向饱和电流。由此可得

$$I_C = I_{CE} + I_{CBO}$$

I_{CBO} 是集电极电流和基极电流的一小部分，它受温度影响较大，而与外加电压的关系不大。

由以上分析可知，发射区掺杂浓度高，基区很薄，是保证晶体管能够实现电流放大的关键。晶体管的电流分配关系如图 8-5 所示。

2. 晶体管的放大原理

（1）晶体管的三种连接方式　晶体管有三个电极，其中两个可以作为输入，两个可以作为输出，这样必然有一个电极是公共电极。晶体管的三种接法也称三种组态，如图 8-6 所示。

晶体管的检测与极性判别

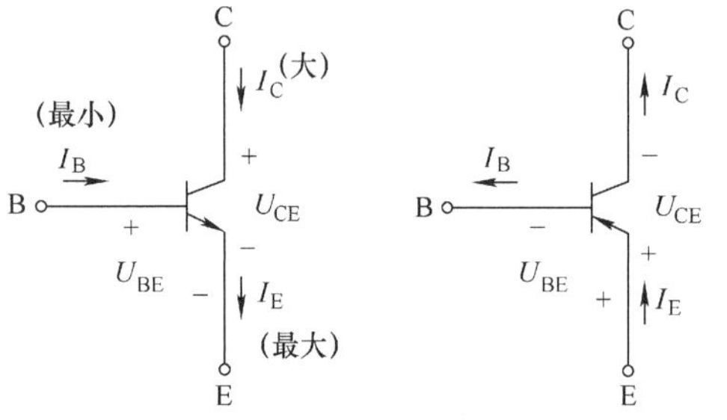

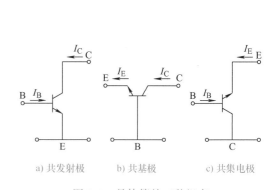

a) NPN型晶体管　　b) PNP型晶体管

图 8-5　晶体管的电流分配关系

a) 共发射极　　b) 共基极　　c) 共集电极

图 8-6　晶体管的三种组态

1）共发射极接法，发射极作为公共电极，如图 8-6a 所示。

2）共基极接法，基极作为公共电极，如图 8-6b 所示。

3）共集电极接法，集电极作为公共电极，如图 8-6c 所示。

（2）晶体管的电流放大系数　共发射极放大电路中，集电极电流 I_C 和基极电流 I_B 之间的关系可以用系数来说明，定义如下：

$$\bar{\beta} = I_C / I_B = (I_{CE} + I_{CBO}) / I_B \tag{8-2}$$

$\overline{\beta}$称为共发射极接法直流电流放大系数。

另外，集电极电流的变化量 Δi_C 与基极电流的变化量 Δi_B 之比，称为交流电流放大系数，用 β 表示，即

$$\beta = \frac{\Delta i_C}{\Delta i_B}$$

实际应用中，$\overline{\beta}$ 与 β 几乎相等，故不再区分，均用 β 表示。

（3）晶体管的放大作用　图8-7为共发射极接法的晶体管放大电路。待放大的输入信号 u_i 接在基极回路，负载电阻 R_C 接在集电极回路，R_C 两端的电压变化量 u_o 就是输出电压。由于发射结电压增加了 u_i（由 U_{BE} 变成 $U_{BE} + u_i$）引起基极电流增加了 ΔI_B，集电极电流随之增加了 ΔI_C，$\Delta I_C = \beta\Delta I_B$，它在 R_C 上形成输出电压 $u_o = \Delta I_C R_C = \beta\Delta I_B R_C$。只要 R_C 取值较大，便有 $u_o \gg u_i$，从而实现了放大。

（三）晶体管的特性曲线

晶体管的特性曲线是用来表示该晶体管各极的电压和电流之间相互关系的。最常用的是输入特性曲线和输出特性曲线。特性曲线可用实验或查半导体器件手册获得。共发射极电路如图8-8所示。

晶体管输入输出
特性曲线

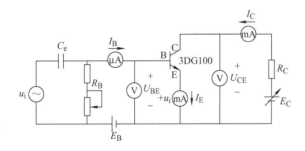

图8-7　共发射极接法的晶体管放大电路

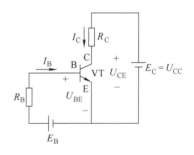

图8-8　共发射极电路

1. 输入特性曲线

晶体管的输入特性曲线类似于 PN 结的伏安特性曲线，但因为有集电结电压 u_{CE} 的影响，它与一个单独的 PN 结的伏安特性曲线不同。为了排除 u_{CE} 的影响，在讨论输入特性曲线时，应使 u_{CE} 为常数。共发射极接法的输入特性曲线如图8-9所示，当 $u_{CE} \geq 1V$ 时，即使 u_{CE} 改变，晶体管的输入特性曲线也基本重合，所以在 $u_{CE} \geq 1V$ 时只画一条输入特性曲线。

由图可见，晶体管的输入特性曲线也有一段死区。只有在发射结外加电压大于死区电压时，晶体管才会产生基极电流 i_B。死区电压和二极管的基本相同，硅管为 0.5V 左右，锗管为 0.2V 左右。

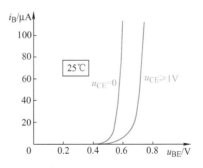

图8-9　晶体管共发射极电路的输入特性曲线

2. 输出特性曲线

晶体管共发射极接法的输出特性曲线如图8-10所示，它是以 i_B 为参变量的一簇特性曲线。现以其中任何一条加以说明。当 $u_{CE} = 0V$ 时，因集电极无收集作用，$i_C = 0$。当 u_{CE} 微微

增大时，发射结虽处于正向电压之下，但集电结反偏电压很小，如 $u_{CE} < 1V$，因为 $u_{BE} = 0.7V$，所以 $u_{CB} = u_{CE} - u_{BE} < 0.7V$，集电区收集电子的能力很弱，$i_C$ 主要由 u_{CE} 决定。当 u_{CE} 增加到使集电结反偏电压较大时，如 $u_{CE} \geqslant 1V$，$u_{BE} \geqslant 0.7V$，运动到集电结的电子基本上都可以被集电区收集，此后 u_{CE} 再增加，电流也没有明显增加，特性曲线进入与 u_{CE} 轴基本平行的区域。

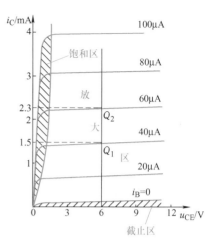

图 8-10　晶体管共发射极
电路的输出特性曲线

输出特性曲线可以分为 3 个区域：

1）饱和区——i_C 受 u_{CE} 显著控制的区域，该区域内 u_{CE} 的数值较小，一般 $u_{CE} < 0.7V$（硅管）。此时发射结正偏，集电结正偏或反偏电压很小。

2）截止区——i_C 接近零的区域，即 $i_B = 0$ 的曲线的下方。此时，发射结反偏，集电结反偏。

3）放大区——i_C 平行于 u_{CE} 轴的区域，曲线基本平行等距。此时，发射结正偏，集电结反偏，发射结电压大于 0.7V 左右（硅管）。

【例 8-1】　在放大电路中，如果测得图 8-11 中所示各管脚的电压值，问各晶体管分别工作在哪个区？

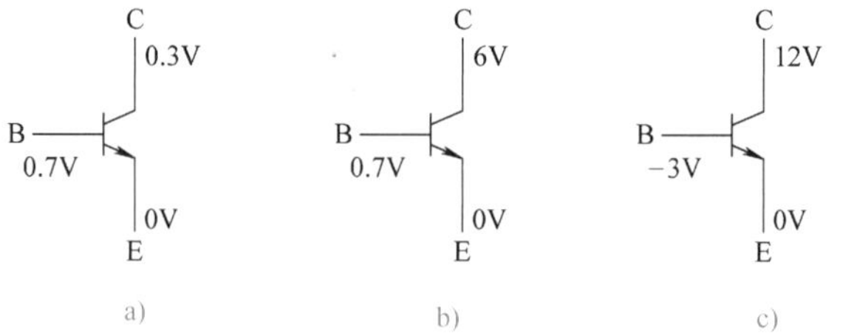

【解】　图 8-11a 中 $U_B > U_E$，$U_B > U_C$，两个 PN 结均正偏，晶体管工作在饱和区。

图 8-11b 中 $U_B > U_E$，$U_B < U_C$，发射结正偏，集电结反偏，晶体管工作在放大区。

图 8-11 中 $U_B < U_E$，$U_B < U_C$，两个 PN 结均反偏，晶体管工作在截止区。

图 8-11　例 8-1 图

（四）晶体管的主要参数

晶体管的参数是用来表示其性能和适用范围的，是选择晶体管的主要依据。这里只介绍其几个主要参数。

1. 共发射极电流放大系数 $\bar{\beta}$、β

当晶体管接成共发射极放大电路时，在静态时集电极电流 I_C 与基极电流 I_B 的比值称为共发射极静态（又称直流）电流放大系数，用 $\bar{\beta}$ 表示，即

$$\bar{\beta} = \frac{I_C}{I_B} \tag{8-3}$$

当晶体管工作在动态（有输入信号）时，基极电流的变化量为 Δi_B，由它引起的集电极电流变化量为 Δi_C，Δi_C 和 Δi_B 的比值称为动态（又称交流）电流放大系数，用 β 表示。即

$$\beta = \frac{\Delta i_C}{\Delta i_B} \tag{8-4}$$

从上面两式可知，两个电流放大系数的含义不同，但在输出特性曲线近于平行等距的情况下，两者数值较为接近，因而在估算时，通常认为 $\bar{\beta} \approx \beta$。

2. 极间反向电流

（1）集电极-基极间反向饱和电流 I_{CBO}　I_{CBO} 的下标"CB"代表集电极和基极，"O"是"Open"的字头，代表第三个电极 E 开路。它相当于集电结的反向饱和电流。

（2）集电极-发射极间的反向饱和电流 I_{CEO}　I_{CEO} 和 I_{CBO} 有如下关系：

$$I_{CEO} = (1 + \beta) I_{CBO} \tag{8-5}$$

当基极开路时，集电极和发射极间的反向饱和电流，即输出特性曲线 $i_B = 0$ 那条曲线所对应的纵坐标的数值。集电极-发射极间的反向饱和电流又称穿透电流。当温度升高时，I_{CBO} 增大，I_{CEO} 随着增大，集电极电流 I_C 亦增大。所以，选用管子时一般希望 I_{CEO} 小一些。

3. 极限参数

（1）集电极最大允许电流 I_{CM}　当集电极电流增加时，β 就要下降，当 β 值下降到线性放大区 β 值的 2/3 时，所对应的集电极电流称为集电极最大允许电流 I_{CM}。可见，当 $I_C > I_{CM}$ 时，并不表示晶体管会损坏，但 β 值要大大下降。

（2）集电极最大允许耗散功率 P_{CM}　集电极电流通过集电结时将产生热量，使结温升高，从而会引起晶体管参数的变化。当晶体管因受热而引起的参数变化不超过允许值时，集电极所消耗的最大功率，称为集电极最大允许耗散功率 P_{CM}。$P_{CM} = I_C U_{CB} \approx I_C U_{CE}$，因发射结正偏，呈低阻，所以功耗主要集中在集电结上。

4. 集电极和发射极间的击穿电压 $U_{(BR)CEO}$

基极开路时，允许加在集电极和发射极之间的最大电压称为集电极和发射极间的击穿电压 $U_{(BR)CEO}$。当 U_{CE} 超过 $U_{(BR)CEO}$ 时，集电极电流大幅度上升，说明管子已被击穿。

二、晶体管基本放大电路

晶体管放大电路的功能是利用晶体管的电流控制作用，把微弱的电信号（简称信号，指变化的电压、电流、功率）不失真地放大到所需的数值，以将直流电源的能量部分地转化为按输入信号规律变化且有较大能量的输出信号。放大电路的实质，是一种用较小的能量去控制较大能量的能量转换装置。放大电路组成的原则是必须有直流电源，而且电源的设置应保证晶体管（或场效应晶体管）工作在线性放大状态；元器件的安排要保证信号的传输，即保证信号能够从放大电路的输入端输入，经过放大电路放大后从输出端输出；元器件参数的选择要保证信号能不失真地放大，并满足放大电路的性能指标要求。

（一）共发射极基本放大电路的组成

共发射极基本放大电路如图 8-12 所示。

1. 输入回路

（1）信号源 e_S 和信号源内阻 R_S　它们的作用是给放大电路的输入端即晶体管的发射结提供一定频率和幅度的正弦交流信号电压 $u_{be} = u_i$。

（2）耦合电容 C_1　起隔直流通交流的作用。一方面隔断信号源和放大电路之间的直流通路，另一方面连通信号源和放大电路之间的交流通路，保证交流信号毫无损失地加到放大电路的输入端，即对交流信号频率呈现的容抗近似为零，电容可视为短路，因此 C_1 的取值为几微法到几十微法，常采用极性电容。

（3）基极偏置电阻 R_B　它的作用是给发射结提供正向偏置电压，并给

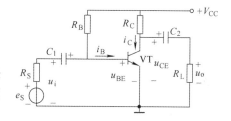

图 8-12　共发射极基本放大电路

基本放大电路的
组成及作用

基极提供合适的偏置电流 I_B，使晶体管有合适的静态工作点。R_B 的取值通常为几十千欧到几百千欧。

2. 输出回路

（1）集电极电源 V_{CC} 和集电极电阻 R_C　电源 V_{CC} 除了为输出信号提供能量外，还通过 R_C 给集电结提供反向偏置电压，使晶体管处于放大状态。V_{CC} 一般为几伏到几十伏。集电极电阻 R_C 可将集电极电流的变化转化为电压的变化，以实现放大电路的电压放大。R_C 的阻值一般为几千欧到几十千欧。

（2）耦合电容 C_2　C_2 的作用同 C_1 相似，一方面隔断放大电路与负载之间的直流通路，使晶体管的静态工作点不受影响。另一方面连通放大电路与负载之间的交流通路，使放大电路的输出信号毫无损失地加到负载两端。

（3）晶体管　晶体管具有电流放大作用，是放大电路中的核心器件。利用其能量放大作用可实现输入端能量较小的信号去控制电源 V_{CC} 供给的能量，以便在输出端获得一个能量较大的信号。这就是晶体管放大作用的实质，因此，晶体管还可以看成是一个控制器件。

（二）共发射极基本放大电路的分析

共发射极基本放大电路的分析，可分为静态和动态两种情况进行。静态是指放大电路没有输入信号时的工作状态，动态是放大电路有输入信号时的工作状态。

放大电路的
静态分析

1. 共发射极基本放大电路的静态分析

无信号输入（$u_i = 0$）时，放大电路的工作状态称为静态。静态时，电路中各处的电压、电流均为直流量。对直流而言，放大电路中的电容可视为开路，电感可视为短路。据此所得到的等效电路称为放大电路的直流通路，如图8-13所示。

对直流通路进行电路分析，求解输入、输出电路的伏安关系即放大电路的静态分析，从而确定出静态工作点 Q。

通常静态分析有两种方法：一种是由直流通路确定静态值的方法，称为解析法；另一种是图解法。

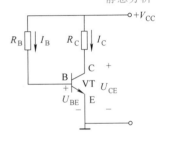

图8-13　共发射极基本放大电路的直流通路

（1）解析法确定静态工作点　静态时，晶体管各极的直流电流、电压分别用 I_{BQ}、U_{BEQ}、I_{CQ}、U_{CEQ} 表示。由于这组数值分别与晶体管输入、输出特性曲线上一点的坐标值相对应，故常称这组数值为静态工作点，用 Q 表示。显然，静态工作点 Q 是由直流通路决定的。静态工作点 Q 常用如下近似计算法进行估算：

输入回路电压方程　　$I_{BQ}R_B + U_{BEQ} = V_{CC}$　　　　　　　（8-6）

输出回路电压方程　　$I_{CQ}R_C + U_{CEQ} = V_{CC}$　　　　　　　（8-7）

在上述方程中，对应不同的 I_{BQ} 值，U_{BEQ} 的变化很小，作为近似估算，可以认为 U_{BEQ} 不变，对硅管 $U_{BEQ} \approx 0.7V$，对锗管 $U_{BEQ} \approx 0.2V$。通常 $V_{CC} \gg U_{BEQ}$，因而由上两式可得

$$I_{BQ} = (V_{CC} - U_{BEQ})/R_B \tag{8-8}$$

$$I_{CQ} = \beta I_{BQ} \tag{8-9}$$

$$U_{CEQ} = V_{CC} - I_{CQ}R_C \tag{8-10}$$

在测试基本放大电路时，往往测量三个电极对地的电位 V_B、V_E 和 V_C 即可确定晶体管的工作状态。

【例8-2】　在图8-13电路中，已知 $V_{CC} = 12V$，$R_C = 4k\Omega$，$R_B = 300k\Omega$，$\beta = 37.5$，试求

放大电路的静态工作点。

【解】　由上面公式可知：$I_{BQ} = (V_{CC} - U_{BEQ})/R_B \approx 0.04\text{mA} = 40\mu\text{A}$

$$I_{CQ} \approx \beta I_{BQ} = 37.5 \times 0.04\text{mA} = 1.5\text{mA}$$

$$U_{CEQ} = V_{CC} - I_{CQ}R_C = (12 - 1.5 \times 4)\text{V} = 6\text{V}$$

（2）图解法确定静态工作点　利用晶体管的输入输出特性曲线，通过作图的方法，直观地分析放大电路工作性能的方法，称为图解法。应用图解法可直观地看到交流信号放大传输的过程，正确地选择静态工作点和确定动态工作范围，估算电压放大倍数。

图解法确定静态值的步骤如下：

1）在 $i_C—u_{CE}$ 平面坐标系上作出晶体管的输出特性曲线。

2）根据直流通路列出放大电路直流输出回路的电压方程 $U_{CE} = V_{CC} - I_CR_C$，在输出特性曲线上确定两个特殊点：A（$I_C = 0$，$U_{CE} = V_{CC}$）和 B（$U_{CE} = 0$，V_{CC}/R_C），画出直流负载线 AB。

3）根据输入回路用解析法求出基极电流 I_{BQ}。

4）直流负载线 AB 与 I_{BQ} 在晶体管输出特性曲线中的对应的曲线的交点即为静态工作点 Q，Q 点直观地反映了静态工作点（I_{BQ}、I_{CQ}、U_{CEQ}）三个值，即为所求静态值。

根据此法，将图 8-13 所示的直流通路画成图 8-14，I_{BQ}、I_{CQ} 和 U_{CEQ} 各值均反映在输出特性曲线上。

由图可知，I_B 值大小不同时，Q 在负载线上的位置也不同，而 I_B 值是通过基极电阻 R_B 调节的。R_B 增大，I_B 减小，Q 沿负载线下移；R_B 减小，I_B 增大，Q 沿负载线上移。放大电路的静态工作点对放大电路工作性能的影响甚大，一般应设置在特性曲线放大区的中部，因为此处线性好，能获得较大的电压放大倍数，而且失真也小。

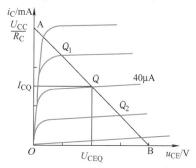

图 8-14　共发射极基本放大电路静态分析

2. 共发射极基本放大电路的动态分析

放大电路的动态是指放大电路有输入信号（$u_i \neq 0$）时的工作状态，用于计算电压放大倍数 A_u、输入电阻 r_i 及输出电阻 r_o 等。晶体管各电极上的电流和电压都含有直流分量和交流分量。直流分量可由静态分析来确定，而交流分量（信号分量）则是通过放大电路的动态分析来求解。图解法和微变等效电路法是动态分析的两种基本方法，下面仅介绍微变等效电路法。

放大电路的动态分析

微变等效电路法是把非线性器件晶体管所构成的放大电路等效为一个线性电路，即把非线性的晶体管线性化，等效为一个线性器件。当放大器中的交流信号变化范围很小时，晶体管基本上可以看成是在线性范围内工作的。因此可以用一个等效的线性化电路模型来代替晶体管。所谓等效，就是从线性化电路模型的三个引出端看进去，电压、电流的变化关系和原来的晶体管一样，这样的线性化电路模型称为晶体管的微变等效电路。

用线性化电路模型来代替晶体管之后，具有非线性器件的放大电路就转化成我们熟悉的线性电路了。这种分析方法，只适用于小信号电路的分析，且只能分析放大电路的动态。

（1）晶体管的微变等效电路　如何把晶体管线性化，用一个等效电路来代替？可从共发射极接法晶体管的输入特性和输出特性两方面来分析讨论。

图 8-15a 是晶体管的输入特性曲线，是非线性的。但当输入信号很小时，在静态工作点 Q 附近的工作段可认为是直线。当 U_{CE} 为常数时，ΔU_{BE} 与 ΔI_B 之比为

$$r_{be} = \Delta U_{BE}/\Delta I_B = u_{be}/i_b \quad (U_{CE} \text{为常数})$$

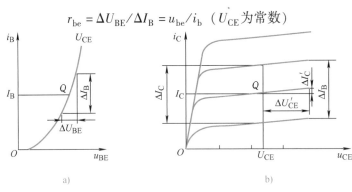

图 8-15 由晶体管的特性曲线求 r_{be}、β 和 r_{ce}

称为晶体管的输入电阻，小信号时 r_{be} 是一个常数。它确定了晶体管输入电路交流分量的伏安关系，因此晶体管输入电路（见图 8-16a）可以用 r_{be} 等效代替，如图 8-16b 所示。

低频小功率晶体管的输入电阻常用下式进行估算：

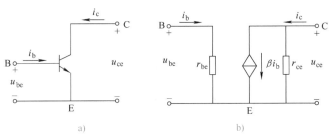

图 8-16 晶体管输入等效电路

$$r_{be} = r_{bb'} + (1 + \beta) \frac{26\text{mV}}{I_{EQ}} \tag{8-11}$$

式中，$r_{bb'}$ 表示晶体管基区的体电阻，对一般小功率管为 300Ω 左右（计算时，若未给出，可取为 300Ω）；I_{EQ} 是发射极的静态电流（mA）。r_{be} 通常为几百欧到几千欧。

图 8-15b 是晶体管的输出曲线簇，在放大区它是一组近似与横轴平行、等距的直线。当 U_{CE} 为常数时，令 ΔI_C 和 ΔI_B 的比值为 β，即

$$\beta = \Delta I_C/\Delta I_B = i_c/i_b \tag{8-12}$$

β 为晶体管的交流电流放大系数。小信号时 β 是一个常数，由它确定 i_c 受 i_b 控制的关系，即 $i_c = \beta i_b$。因此晶体管的输出电路可以用一个受控电流源来代替。β 通常为 20～200。

此外，在图 8-15b 中还可见到，晶体管的输出特性曲线并不完全与横轴平行，当 I_B 为常数时，设 $\Delta U'_{CE}$ 与 $\Delta I'_C$ 之比为 r_{ce}，即

$$r_{ce} = \Delta U'_{CE}/\Delta I'_C = u_{ce}/i_c \tag{8-13}$$

式中，r_{ce} 称为晶体管的输出电阻，在小信号输入情况下 r_{ce} 也是一个常数，当将晶体管的输出电路视作受控电流源时，则 r_{ce} 是该电流源的内阻，在等效电路中它与受控电流源并联，如图 8-16b 所示。r_{ce} 的阻值很高，为几十千欧到几百千欧，在动态分析中常将其忽略。

（2）用微变等效电路进行放大电路动态分析 微变等效电路是对交流信号而言的，只考虑交流电源（信号源）作用的放大电路称为交流通路。

微变等效电路求解动态参数的步骤：

1）画出放大电路的交流通路。在放大电路中，耦合电容 C_1 和 C_2 的电容量比较大，其交流容抗很小，可忽略它的交流压降，故用短路线取代；直流电源内阻很小也可以忽略不计，对交流分量直流电源可视为短路。图 8-12 所示放大电路的交流通路如图 8-17a 所示。

2）画放大电路的微变等效电路。用晶体管的微变等效电路取代交流通路中的晶体管，如图 8-17b 所示。

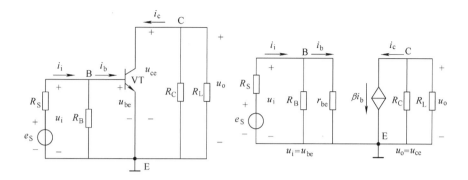

a) 交流通路　　　　　　　　　　　　b) 微变等效电路

图 8-17　放大电路的交流通路及微变等效电路

3）根据微变等效电路列方程，求放大电路的主要性能指标 A_u、r_i 及 r_o。

① 电压放大倍数 A_u：

$$A_u = \frac{u_o}{u_i} = -\frac{\beta i_b R_L'}{i_b r_{be}} = -\beta \frac{R_L'}{r_{be}} \tag{8-14}$$

式中，$R_L' = R_C /\!/ R_L$。

电路空载时，即 $R_L = \infty$，开路电压放大倍数为

$$A_u = -\beta \frac{R_C}{r_{be}} \tag{8-15}$$

② 输入电阻 r_i：对于信号源来说，放大电路相当于一个负载电阻，这个电阻也是放大电路的输入电阻，它是从放大电路输入端看进去的等效电阻。定义为

$$r_i = \frac{u_i}{i_i} = R_B /\!/ r_{be} \approx r_{be} \tag{8-16}$$

③ 输出电阻 r_o：输出电阻 r_o 就是从放大器输出端（不包括外接负载电阻 R_L）看进去的交流等效电阻。因晶体管输出端在放大区反映出的动态电阻 r_{ce} 很大，所以输出电阻就近似等于集电极电阻，即

$$r_o = r_{ce} /\!/ R_C \approx R_C \tag{8-17}$$

一般情况下，放大器的输入电阻大，表示向前一级电路吸取电流小，有利于减小前一级电路的负担；放大器的输出电阻小，向外输出信号时，自身消耗少，有利于提高带负载能力。

【例 8-3】　图 8-18 所示放大电路中，已知 $V_{CC} = 15\text{V}$，$R_C = 5\text{k}\Omega$，$R_L = 5\text{k}\Omega$，$R_B = 500\text{k}\Omega$，$\beta = 50$，求动态性能指标 A_u、r_i、r_o。

【解】

$$I_{BQ} = \frac{V_{CC} - U_{BEQ}}{R_B} = \frac{15 - 0.7}{500}\text{mA} \approx 0.03\text{mA}$$

$$I_{EQ} \approx I_{CQ} = \beta I_{BQ} = 1.5\text{mA}$$

$$r_{be} = 300\Omega + (1+\beta)\frac{26\text{mV}}{I_{EQ}} \approx 1184\Omega$$

放大电路的微变等效电路如图 8-19 所示。

$$A_u = -\frac{\beta R_L'}{r_{be}} \approx -106$$

$$r_i = R_B /\!/ r_{be} \approx r_{be} = 1184\Omega$$

$$r_o \approx R_C = 5\text{k}\Omega$$

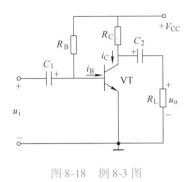
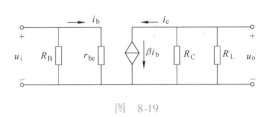

图 8-18　例 8-3 图　　　　　　　　　　　图　8-19

（三）共集电极放大电路的分析

1. 共集电极放大电路结构

从图 8-20a 中可以看出，信号由发射极输出，故此电路称为射极输出器；从图 8-20b 中可以看出，集电极 C 和接地点是等电位点，输入回路和输出回路以集电极为公共端，故称为共集电极放大电路。

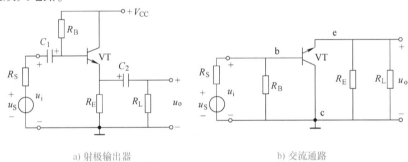

a) 射极输出器　　　　　　　　　　b) 交流通路

图 8-20　共集电极放大电路

2. 共集电极放大电路静态工作点的计算

图 8-20a 的直流通路如图 8-21a 所示，因为

$$V_{CC} = I_{BQ}R_B + U_{BEQ} + I_{EQ}R_E = I_{BQ}R_B + U_{BEQ} + (1+\beta)I_{BQ}R_E$$

所以

$$I_{BQ} = \frac{V_{CC} - U_{BEQ}}{R_B + (1+\beta)R_E} \tag{8-18}$$

因为

$$V_{CC} = U_{CEQ} + I_{EQ}R_E$$

$$I_{EQ} = (1+\beta)I_{BQ}$$

所以

$$U_{CEQ} = V_{CC} - (1+\beta)I_{BQ}R_E \tag{8-19}$$

3. 共集电极放大电路动态指标的计算与特点

图 8-21b 是图 8-20a 所示共集电极放大电路的微变等效电路，可依此计算下列参数。

（1）电压放大倍数 A_u

$$A_u = \frac{u_o}{u_i} = \frac{i_e(R_E /\!/ R_L)}{i_b r_{be} + i_e(R_E /\!/ R_L)} = \frac{(1+\beta)(R_E /\!/ R_L)}{r_{be} + (1+\beta)(R_E /\!/ R_L)} \tag{8-20}$$

因为一般有 $r_{be} \ll (1+\beta)(R_E /\!/ R_L)$，所以 $A_u \approx 1$（小于且接近 1），$u_o \approx u_i$。
输出电压与输入电压的幅值近似相等，且相位相同，故共集电极电路又称为射极跟随

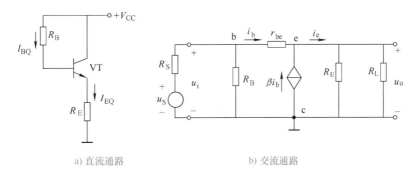

a) 直流通路　　　　　　　　　　b) 交流通路

图 8-21　直流通路和微变等效电路

器。虽然电压放大倍数 $A_u \approx 1$，但因 $i_e = (1+\beta)i_b$，故有电流和功率放大作用。

（2）输入电阻 r_i

$$r_i' = \frac{u_i}{i_b} = \frac{i_b r_{be} + (1+\beta)i_b(R_E /\!/ R_L)}{i_b} = r_{be} + (1+\beta)(R_E /\!/ R_L)$$

$$r_i = R_B /\!/ r_i' = R_B /\!/ [r_{be} + (1+\beta)(R_E /\!/ R_L)] \tag{8-21}$$

（3）输出电阻 r_o

$$r_o = R_E /\!/ \frac{(R_S /\!/ R_B) + r_{be}}{1+\beta} \tag{8-22}$$

若信号源内阻为 0，即 $R_S = 0$，则

$$r_o \approx R_E /\!/ \frac{r_{be}}{1+\beta} \tag{8-23}$$

一般 r_o 为几十欧到几百欧，比较小，为了降低输出电阻，可选用 β 较大的管子。

综上所述，射极输出器没有电压放大作用，但是它具有输入电阻很大、输出电阻很小的特点，因此获得广泛应用。如它常用于多级放大电路的输出级（与负载相连级），使输出电压不随负载变动，提高多级放大电路的带负载能力。

三、多级信号放大电路

在许多情况下，输入信号是很微弱的，要把微弱的信号放大到足以带动负载，必须经多级放大。在多级放大器中，每两个单级放大电路之间的连接方式称为级间耦合，实现耦合的电路称为级间耦合电路。对级间耦合电路的基本要求是：不引起信号失真，尽量减小信号电压在耦合电路上的损失。

图 8-22 所示为多级电压放大电路框图。级间耦合有三种方式，即阻容耦合、直接耦合和变压器耦合。目前，以阻容耦合（分立元器件电路）和直接耦合（集成电路）应用最广泛，变压器耦合使用较少。阻容耦合指用较大容量的电容连接两个单级放大电路的连接方式，其特点是各级静态工作点互不影响，电路调试方便，但信号有损失。直接耦合指用导线连接两个单级放大电路的连接方式，其特点是信号无损失，但各级静态工作点相互影响，电

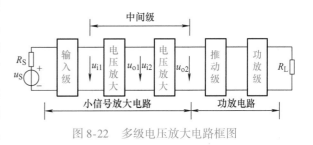

图 8-22　多级电压放大电路框图

路调试麻烦。在多级交流放大电路中，大都采用阻容耦合方式。

图8-23为两级阻容耦合电压放大电路，两级之间通过耦合电容 C_2 及下一级的输入电阻 r_{i2} 连接，称为阻容耦合。由于电容 C_2 具有隔直作用，它可使前、后级的直流工作状态相互不产生影响，因而对阻容耦合多级放大电路中每一级的静态工作点可以单独考

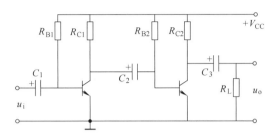

图8-23　两级阻容耦合电压放大电路

虑。耦合电容 C_2 数值很大（几微法到几十微法），容抗很小，可以减小耦合电路上的信号损耗。

由于各级间静态工作点互不影响，所以阻容耦合放大电路的静态值计算可以在每一级单独进行。其电压放大倍数为

$$A_u = \frac{u_o}{u_i}$$

由图8-23可知，第一级放大电路的输出电压 u_{o1} 和第二级的输入电压 u_{i2} 相同，即 $u_{o1} = u_{i2}$。每一级电路的电压放大倍数为

$$A_{u1} = \frac{u_{o1}}{u_{i1}} \qquad A_{u2} = \frac{u_{o2}}{u_{i2}}$$

两者的乘积即为 A_u，即有

$$A_u = \frac{u_o}{u_i} = \frac{u_{o1}}{u_{i1}} \frac{u_{o2}}{u_{i2}} = A_{u1} A_{u2} \qquad (8\text{-}24)$$

可见，放大电路的电压放大倍数等于每级放大电路电压放大倍数的乘积。可以证明，n 级电压放大电路的电压放大倍数为

$$A_u = A_{u1} A_{u2} \cdots A_{un} \qquad (8\text{-}25)$$

◆ 项目实训

扩音机电路的安装与调试

一、实训目的

1）进一步熟悉扩音机各功能电路的组成与工作原理，熟练使用电子焊接工具，完成电路装接。

2）熟练使用电子仪器仪表，能完成电路的静态工作点调整与动态调试。

3）能分析电路故障并排除。

4）增强专业意识，培养良好的职业道德和职业习惯。

二、实训内容

（一）下达工作任务

1. 分组

学生分组，选出组长（每次不同），下发学生工作单。

2. 原理图

扩音机的电路原理图如图8-24所示。

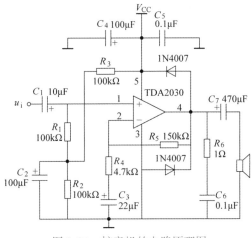

图 8-24　扩音机的电路原理图

3. 元器件清单

扩音机电路的元器件清单见表 8-1。

表 8-1　扩音机电路的元器件清单

序号	名称	型号与规格	单位	数量	备注
1	电阻	150kΩ	个	1	
2	电阻	4.7kΩ	个	1	
3	电阻	100kΩ	个	3	
4	电阻	1Ω	个	1	
5	电解电容	10μF	个	1	
6	电解电容	22μF	个	1	
7	电解电容	100μF	个	2	
8	电解电容	470μF	个	1	
9	瓷片电容	0.1μF	个	2	
10	二极管	1N4007	个	2	
11	扬声器	8Ω	个	1	
12	集成功放	TDA2030	个	1	

4. 扩音机电路的安装与调试

1）识别与检测元器件。

2）元器件插装与电路焊接。

3）前置放大级静态工作点的调整。

4）有源带通滤波级的检测。

5）功率放大级的调试。

6）试机。

5. 实训注意事项

1）电路的插装、焊接要严格执行工艺规范。

2）电容、二极管的极性不能接错。

3）电源插座的安装连接要细心，以免电源极性接错造成电路不能工作。

4）调节时的步骤要正确，尤其调试条件要满足要求。

（二）学生设计实施方案

学生小组根据电路模型选择系统部件，并进行部件的功能检查。查找资料，设计项目实施方案。在此过程中，指导教师要巡视课堂，了解情况，对问题与疑点积极引导，适时点拨，对学习困难学生积极鼓励，并适度助学。

（三）学生阐述设计方案

每组学生派代表阐述自己的设计方案（注：自己制作 PPT），老师和各组同学分别对方案进行评价，同时指导教师对重点内容进行精讲，并帮助学生确定方案的可行性。

（四）学生实施方案

学生组长负责组织实施方案（包括测电路参数、电路连接、调试）。在此过程中，指导教师要进行巡视指导，帮助同学解决各种问题，掌握学生的学习动态，了解课堂的教学效果。

（五）学生展示

学生小组派代表进行成果展示（注：自己制作 PPT），老师和各组同学分别对方案进行考核打分，组长对本组组员进行打分。

（六）教师点评

教师对每组进行点评，并总结成果及不足。

三、评价标准（见表 8-2）

表 8-2　评价标准

项目名称	扩音机电路的安装与调试		时间		总分	
组长		组员				
评价内容及标准			自评	组长评价	教师评价	
任务准备	课前预习、准备资料（5分）					
电路设计、焊接、调试	元器件选择（10分）					
	电路图设计（15分）					
	焊接质量（10分）					
	功能的实现（15分）					
	电工工具的使用（10分）					
	参数的测试（10分）					
工作态度	不迟到，不早退；学习积极性高，工作认真负责（5分）					
	具有安全操作意识和团队协作精神（5分）					
任务完成	完成速度，完成质量（5分）					
	工作单的完成情况（5分）					
个人答辩	能够正确回答问题并进行原理叙述，思路清晰、语言组织能力强（5分）					
评价等级						
项目最终评价：自评占20%，组评占30%，教师评价占50%						

四、学生工作单（见表8-3）

表8-3　学生工作单

学习项目	扩音机电路的安装与调试	班级		组别		成绩	
组长		组员					

一、咨询阶段任务

1. 举例说明常见的电工工具及常见电子元器件。

2. 查阅资料，简要叙述扩音机的基本原理。

3. 掌握晶体管的基本原理。

4. 什么是放大电路？有何实际意义？

5. 多级放大电路包括哪几部分？

二、过程和方案设计（计划和决策）任务

1. 简述前置放大器的作用。

2. 简述功率放大器的作用。

3. 简述滤波器的作用。

4. 扩音机电路方案设计。

三、实施阶段任务

1. 在安装电子电路前，应仔细查阅电路所使用的集成电路的引脚排列图及使用注意事项，同时测量电子元器件的好坏。

2. 画出每个单元电路的电路原理图和连线图；画出整个电子系统的原理图。

3. 前置放大器调试。安装电路时注意电解电容的极性不要接反，电源电压的极性不要接反。

4. 功率放大器测试：通电观察。接通电源后，先不要急于测试，首先观察功放电路是否有冒烟、发烫等现象。若有，应迅速切断电源，重新检查电路，排除故障。

四、检查和评价阶段任务

1. 在方案实施过程中出现了哪些问题？又是如何解决的？

2. 任务完成过程中有什么收获？自己在什么地方做得比较满意？哪些地方不满意？

3. 自己在任务完成过程中有哪些不足之处？如何改进？

学生自评：	教师评语：
学生互评：	

◆　习题及拓展训练

一、项目习题

1. 填空题

（1）晶体管有三个极，即_____、_____和_____；有两个 PN 结，即_____和_____；在放大电路中_____必须正偏，_____反偏。

（2）晶体管的输出特性曲线可分为三个区域，即_____区、_____区和_____区。当晶体管工作在_____区时，关系式才 $I_C = \beta I_B$ 成立；当晶体管工作在_____区时，$I_C = 0$；当晶体管工作在_____区时，$U_{CE} \approx 0$。

（3）某晶体管 3 个电极电位分别为 $V_E = 1V$，$V_B = 1.7V$，$V_C = 1.2V$。由此可判定该晶体管是工作于_____区的_____型的晶体管。

（4）已知一放大电路中某晶体管的三个管脚电位分别为①3.5V，②2.8 V，③5V，试判断：

a. ①脚是_____，②脚是_____，③脚是_____（e, b, c）。

b. 管型是_____（NPN 型，PNP 型）。

c. 材料是_____（硅，锗）。

（5）画放大器交流通路时，_____和_____应作短路处理。

2. 选择题

（1）下列数据中，对 NPN 型晶体管属于放大状态的是（　　）。

A. $U_{BE} > 0$，$U_{BE} < U_{CE}$时　　　　　　B. $U_{BE} < 0$，$U_{BE} < U_{CE}$时

C. $U_{BE} > 0$，$U_{BE} > U_{CE}$时　　　　　　D. $U_{BE} < 0$，$U_{BE} > U_{CE}$时

（2）NPN 型晶体管和 PNP 型晶体管的区别是（　　　）。

A. 由两种不同的材料硅和锗制成的　　　B. 掺入的杂质元素不同

C. P 区和 N 区的位置不同　　　　　　　D. 管脚排列方式不同

（3）为了使晶体管可靠地截止，电路必须满足（　　　）。

A. 发射结正偏，集电结反偏　　　　　　B. 发射结反偏，集电结正偏

C. 发射结和集电结都正偏　　　　　　　D. 发射结和集电结都反偏

（4）对放大电路中的晶体管进行测量，各极对地电位分别为 $V_B = 2.7V$，$V_E = 2V$，$V_C = 6V$，则该管工作在（　　　）。

A. 放大区　　　　　　B. 饱和区　　　　　　C. 截止区　　　　　　D. 无法确定

（5）某单管共发射极放大电路在处于放大状态时，三个电极 A、B、C 的对地电位分别是 $V_A = 2.3V$，$V_B = 3V$，$V_C = 0V$，则此晶体管一定是（　　　）。

A. PNP 型硅管　　　B. NPN 型硅管　　　C. PNP 型锗管　　　D. NPN 型锗管

（6）晶体管各个极的电位如下，处于放大状态的晶体管是（　　　）。

A. $V_B = 0.7V$，$V_E = 0V$，$V_C = 0.3V$　　　　B. $V_B = -6.7V$，$V_E = -7.4V$，$V_C = -4V$

C. $V_B = -3V$，$V_E = 0V$，$V_C = 6V$　　　　　D. $V_B = 2.7V$，$V_E = 2V$，$V_C = 2V$

3. 已知晶体管 VT_1、VT_2 的两个电极的电流如图 8-25 所示。试求：

（1）另一电极的电流并标出电流的实际方向。

（2）判断管脚 E、B、C。

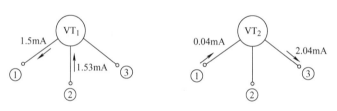

图　8-25

4. 如图 8-26 所示电路，晶体管的 $U_{BE} = 0.7$ V，$\beta = 50$，试求：

（1）估算静态时的 I_{CQ}、U_{CEQ}。

（2）求 A_u、r_i、r_o。

5. 在典型交流电压放大电路中，电容 C_E 起什么作用？为什么将此电容称为旁路电容？

二、拓展提高

某企业承接了一批声光停电报警器的组装与调试任务，请按照相应的企业生产标准完成该产品的组装与调试，实现该产品的基本功能、满足相应的技术指标，并正确填写相关技术文件或测试报告。原理图如图 8-27 所示。

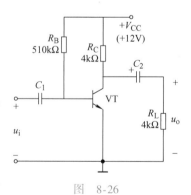

图　8-26

要求：（1）手工绘制元器件布置图；（2）进行系统的安装接线；（3）进行系统的通电调试。

需要的材料、工具清单见表 8-4。

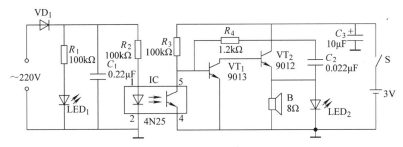

图 8-27　声光停电报警器原理图

表 8-4　材料、工具清单

序号	名称	型号与规格	单位	数量	备注
1	电阻	100kΩ	只	3	
2	电阻	1.2kΩ	只	1	
3	电容	0.22μF /400V	只	1	
4	电容	0.022μF	只	1	
5	电容	10μF	只	1	
6	二极管	1N4007	只	1	
7	发光二极管		只	2	
8	晶体管	9013	只	1	
9	晶体管	9012	只	1	
10	光耦合器	PC817	只	1	
11	扬声器	8Ω	只	1	

名人寄语

只要朝着一个方向努力，一切都会变得得心应手。

——勃朗宁

项目九　电冰箱冷藏室温控器的安装与调试

◆　项目目标

1. 了解集成运算放大器的基本构成、工作特点，了解反馈放大电路的基本构成、负反馈放大器对电路性能的影响。

2. 理解虚短、虚断和虚地的概念；理解反馈及深度负反馈的概念。

3. 熟悉集成运算放大器的线性应用与非线性应用；熟悉负反馈的极性判断、类型以及4种组态类型。

4. 培养学生理论联系实际、学以致用的能力。

◆　工作情境

1. 实训环境要求

本项目的教学应在一体化的电工技能实训室和电子装配实训室进行，实训室内设有教学区（配备多媒体）、工作区、资料区和展示区。要配备常用的电工实验台等设备、万用表等常用仪表及常用电工工具。

2. 指导要求

配备一名主讲教师和一名实验室辅助教师。

3. 学生要求

根据班级情况进行分组，一般每组3～4名同学，选出组长。

4. 教学手段选择

1）主要应用讲授法、任务教学法、讨论法和演示法进行教学。

2）多媒体教学与实物演示相结合。

3）现场教学与动手操作相结合。

4）教师主导与学生自主学习相结合。

实践知识 ——电子电压表

电压测量是电子电路测量的一个重要内容。电子电压表分为模拟式与普通的磁电系两种，模拟式电子电压表与普通的磁电系电压表相比，具有灵敏度高、频率范围宽等优点。

一、电子电压表的结构和原理

为了满足不同测量对象的要求，模拟式电子电压表分为多种类型。下面介绍比较典型的两种模拟式电子电压表的基本原理。

1. 放大-检波式电压表

放大-检波式电压表是先将被测交流电压经交流放大器放大后，再加到检波器上进行检波，最后用直流电流表指示读数。其原理框图如图9-1所示。

这种电压表的交流放大器采用了多级宽带放大器，从而提高了电压表的灵敏度，可以测

量几微伏到数千伏的交流电压，所以它
又称为晶体管毫伏表。其频率范围主要
受到放大器频带宽度的限制，一般只能
达到几百千赫，通常作为低频电压测量。

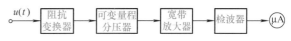

图 9-1　放大-检波式电压表原理框图

由交流放大器提高灵敏度不存在像直流放大器那样的漂移问题。放大-检波式电压表中的检波器多采用平均值检波器，由于进入检波器的电压已经放大，故可避免检波器工作在小信号时检波二极管产生的非线性。

2. 检波-放大式电压表

这种电压表是先将被测交流电压经检
波器检波变成直流电压，然后加到直流放
大器进行直流放大，再利用直流微安表指
示读数。其原理框图如图9-2所示。

这种结构的电压表不仅可以测量交流

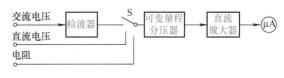

图 9-2　检波-放大式电压表原理框图

电压，还能测量直流电压和电阻。但这种电压表的灵敏度受到限制，一般不做成毫伏计，其测量范围在 0.1V 到数千伏之间。

该电压表采用了直流放大器，将引起零点漂移，影响电表的读数，所以，对电源电压的稳定度要求比较高，要采用稳压措施。

二、DA-16 型晶体管毫伏表

DA-16 型晶体管毫伏表是放大-检波式电压表。由高阻分压器、射极输出器和低阻分压器组成的复合衰减器，可获得低噪声电平及高输入电阻。同时放大器使用负反馈，有效地提高了灵敏度、稳定度、频率响应和指示线性。

1. 主要技术性能

1）测量交流电压范围：1mV ~ 300V，分十档。

电平测量范围：−60 ~ +30dB（仪器分贝刻度是以 1mW 功率消耗于 600Ω 的纯电阻为 0dB 进行计算的）。

2）被测电压频率范围：20Hz ~ 1MHz。

3）输入阻抗：在 1kHz 时输入电阻大于 1MΩ；在 1mV ~ 0.3V 各档输入电容约为 70pF，在 1 ~ 300V 各档约为 50pF。

4）测量基本误差：20Hz ~ 100kHz，低于 ±7%；100kHz ~ 1MHz，低于 ±10%。

2. 原理框图

DA-16 型晶体管毫伏表由两组分压器、射极输出器、电压放大器、检波指示电路及电源供给电路等组成。其原理框图如图9-3所示。

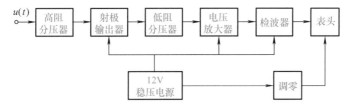

图 9-3　DA-16 型晶体管毫伏表原理框图

三、DA2 型超高频电压表

1. 主要技术性能

1）测量电压范围：30mV ~ 200V。

2）测量频率范围：20Hz ~ 1000MHz。

3）输入阻抗：频率 50Hz 时 ≥5MΩ；频率 100MHz 时 ≥30kΩ。

4）输入电容：<2.5pF。

5）基本误差：低于 ±5%。

DA2 型超高频电压表主要由一个高质量的直流放大器、二极管检波器及电源部分组成。被测交流电压由检波器输入，经二极管检波后沿屏蔽电缆送至直流放大器的栅极，并利用接在直流放大器桥路对角线上的一系列分压电阻及直流微安表指示。DA2 型超高频电压表原理框图如图 9-4 所示。

2. 直流电压的测量

1）根据测量状态调零点，均按 0.3V 档的零点为准。

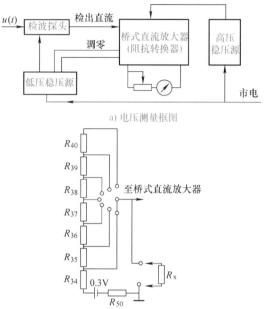

a) 电压测量框图

b) 电压测量示意图

图 9-4　DA2 型超高频电压表原理框图

2）当测量高电压后转换量程测量低电压时，必须等待完全回零后，再进行测量。

3. 电阻的测量

各量程短路调零，在开路时通过面板上的 "Ω" 旋钮调至满度，然后将被测电阻接在面板上的两个接线柱的输入端，即可测出 0.2Ω ~ 1000MΩ 范围内的相应电阻值。

◆　**理论知识**

一、集成运算放大器概述

集成运算放大器（简称集成运放）是模拟集成电路中品种最多、应用最广泛的一类组件，它实质上是一个多级直接耦合的高增益放大器。集成运算放大器是利用集成工艺，将运算放大器的所有元器件集成在同一块硅片上，封装在管壳内，通常简称为集成运放。在自动控制、仪表、测量等领域，集成运放发挥着十分重要的作用。

1. 集成运算放大器的特点

作为一个电路元件，集成运放是一种理想的增益器件，它的放大倍数可达 $10^4 ~ 10^7$。集成运放的输入电阻从几十千欧到几十兆欧，而输出电阻很小，仅为几十欧姆，而且在静态工作时有零输入、零输出的特点。

2. 集成运算放大器的组成

集成运放是模拟电子技术中最重要的器件之一，虽然不同的集成运放有着不同的功能和结构，但是其基本结构具有共同之处。集成运放内部电路一般由四部分组成，如图 9-5 所示。

（1）输入级　输入级是提高集成运放质量的关键部分，要求其输入电阻高，为了能减小零点漂移和抑制共模干扰信号，输入级都采用具有恒流源的差动放大电路，也称差动输入级。

（2）中间级　中间级的主要作用是提供足够大的电压放大倍数，故而也称电压放大级。要求中间级本身具有较高的电压增益。

（3）输出级　输出级的主要作用是输出足够的电流以满足负载的需要，同时还需要有较低的输出电阻和较高的输入电阻，以起到将放大级和负载隔离的作用。

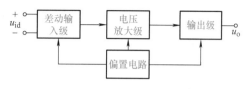

图 9-5　集成运放结构方框图

（4）偏置电路　偏置电路的作用是为各级提供合适的工作电流，一般由各种恒流源电路组成。

3. 集成运算放大器的外形结构及电路符号

常见的集成运放有两种封装形式：金属圆壳式封装及双列直插式塑料封装，其外形如图 9-6 所示。金属圆壳式封装有 8、10、12 引脚等种类，双列直插式塑料封装有 8、14、16 引脚等种类。

金属圆壳式封装器件以管键为辨认标志。管键朝向自己，管键右方第一根引线为引脚 1，然后逆时针围绕器件，依次数出其余引脚。双列直插式封装器件，以缺口作为辨认标志（有的产品是以商标方向来标记的）。由器件顶上向下看，标记朝向自己，缺口标记的左下角第一根引线为引脚 1，然后逆时针围绕器件，可依次数出其余引脚。

集成运放的电路符号如图 9-7 所示。

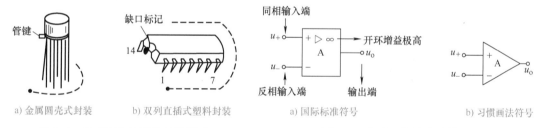

图 9-6　集成运放的两种封装形式　　　　图 9-7　集成运放的电路符号

4. 集成运算放大器的主要参数

（1）开环差模电压放大倍数 A_{uo}　A_{uo} 是指集成运放在开环（无反馈）状态，并工作在线性区时的差模电压增益，即 $A_{uo} = \dfrac{\Delta U_{od}}{\Delta U_{id}}$，用分贝表示为 $20\lg|A_{uo}|$。集成运放的开环差模电压放大倍数较大，性能较好的集成运放的 A_{uo} 可达 140dB 以上。

（2）差模输入电阻 R_{id}　R_{id} 是指集成运放的两个输入端之间的交流输入电阻，集成运放的 R_{id} 很大，一般为几兆欧。

（3）输出电阻 R_o　集成运放在开环工作时，从输出端与地之间看进去的等效电阻即为输出电阻。集成运放的输出电阻一般较小。

（4）共模抑制比 K_{CMR}　K_{CMR} 表示运放对差模信号的放大倍数与对共模信号的放大倍数之比，一般为 70～90dB。

5. 理想集成运算放大器的主要性能指标

把具有理想参数的集成运放叫作理想集成运放，其主要性能指标有：

（1）开环差模电压放大倍数 $A_{uo} \to \infty$。

（2）差模输入电阻 $R_{id} \to \infty$。

（3）输出电阻 $R_o \to 0$。

（4）共模抑制比 $K_{CMR} \to \infty$。

尽管理想集成运放并不存在，但由于集成运放的技术指标都比较接近理想值，在具体分析时将其理想化是允许的，这种分析所带来的误差一般比较小，可以忽略不计。

6. 理想集成运放工作在线性区时有两个重要特点

理想运算放大电路
的虚短与虚断

（1）由于理想集成运放 $A_{uo} \to \infty$，则 $u_{id} = u_{od}/A_{ud} \approx 0$，由 $u_{id} = u_+ - u_-$ 得 $u_+ = u_-$。由于两个输入端的电位相同（电压为零），所以称为虚假短路，简称"虚短"。

（2）由于理想集成运放的输入电阻 $R_{id} \to \infty$，故可认为两个输入端不取电流，即 $i_+ = i_- \approx 0$，流入理想集成运放同相输入端和反相输入端的电流几乎为零，所以称为虚假断路，简称"虚断"。

另外由于理想集成运放的输出电阻 $R_o \to 0$，带负载的能力很强，输出电压 u_o 不受负载或后级运放的输入电阻的影响。

反相比例运算电路

知识拓展延伸：集成运放电路的分析，利用了理想集成运放的近似虚短虚断，将科学的严谨性和工程的近似性结合，忽略条件多，电路分析简单，误差大；考虑条件全面，误差小，电路分析复杂，但越接近实际。实践中应根据要求进行取舍，这正如人生也面临选择，考虑条件越简单，越容易做出选择；而尽可能地进行多方面的求证，那么所做决定的风险代价就越小。

二、集成运算放大器的应用

1. 反相比例运算电路

图9-8所示电路是反相比例运算电路。输入信号从反相输入端输入，同相输入端通过电阻 R_2 接地。根据"虚短"和"虚断"的特点，即 $u_+ = u_-$，$i_+ = i_- = 0$，可得

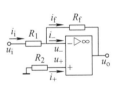

图9-8　反相比例
运算电路

$$u_+ = u_- = 0, \quad i_i = i_f$$

$$i_i = \frac{u_i}{R_1}$$

$$i_f = \frac{u_- - u_o}{R_f} = -\frac{u_o}{R_f}$$

$$u_o = -\frac{R_f}{R_1}u_i$$

式中的负号表示输出电压与输入电压的相位相反，电路的电压放大倍数为

$$A_{uf} = \frac{u_o}{u_i} = -\frac{R_f}{R_1} \tag{9-1}$$

式(9-1)表明：只要 R_1 和 R_f 的阻值足够精确且稳定，就可以得到准确的比例运算关系。

图中运放同相输入端的电阻 R_2，称为平衡电阻。参数选择应使两输入端外接直流通路等效电阻平衡，即 $R_2 = R_1 // R_f$。

2. 同相比例运算电路

如果输入信号从同相输入端输入，反相输入端通过电阻接地，并通过电阻和输出端连接（引入负反馈），如图9-9所示，称为同相比例运算电路。

同相比例运算电路

由图 9-9 可知，$u_+ = u_- = u_i$，$i_+ = i_- = 0$，所以

$$i_i = \frac{0 - u_-}{R_1} = i_f = \frac{u_- - u_o}{R_f}$$

所以

$$u_o = \left(1 + \frac{R_f}{R_1}\right)u_- = \left(1 + \frac{R_f}{R_1}\right)u_i \tag{9-2}$$

输出电压与输入电压相位相同，电路的电压放大倍数为

$$A_{uf} = \frac{u_o}{u_i} = 1 + \frac{R_f}{R_1} \tag{9-3}$$

若 $R_1 = \infty$ 或 $R_f = 0$，则 $u_o = u_i$，电路起电压跟随作用，故称为电压跟随器，如图 9-10 所示。

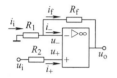

图 9-9　同相比例运算电路　　　　　　　　　　　图 9-10　电压跟随器

3. 加法运算电路

加法运算电路是对两个输入信号求和的电路。输入信号由反相输入端输入，同相输入端通过电阻 R_3 接地，$R_3 = R_1 // R_2 // R_f$，如图 9-11 所示。

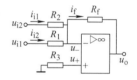

图 9-11　加法运算电路

利用电路"虚短"和"虚断"的概念可得

$$i_{i1} + i_{i2} = i_f$$

即

$$\frac{u_{i1}}{R_1} + \frac{u_{i2}}{R_2} = \frac{0 - u_o}{R_f}$$

由此得出

$$u_o = -R_f\left(\frac{u_{i1}}{R_1} + \frac{u_{i2}}{R_2}\right) \tag{9-4}$$

若 $R_1 = R_2 = R_f$，则 $u_o = -(u_{i1} + u_{i2})$，实现了两个输入信号的反相相加。

4. 减法运算电路

图 9-12 是减法运算电路，它是一个双端输入的运放电路。由图分析可知

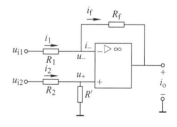

图 9-12　减法运算电路

$$u_+ = u_- = \frac{R'}{R_2 + R'}u_{i2} \qquad i_1 = \frac{u_{i1} - u_-}{R_1}$$

$$i_f = \frac{u_- - u_o}{R_f} \qquad i_1 = i_f$$

若 $R_1 = R_2$，$R' = R_f$，则

$$u_o = \frac{R_f}{R_1}(u_{i2} - u_{i1}) \tag{9-5}$$

式（9-5）表明，输出电压与两个输入电压的差值成正比。在 $R_1 = R_2$，$R' = R_f$ 条件下电路也满足对两个输入端平衡的要求。

若再有 $R_1 = R_f$，则 $u_o = u_{i2} - u_{i1}$，此时该电路成为了一个减法运算电路。

5. 积分运算电路

把反相比例运算电路中的反馈电阻 R_f 换成电容 C_f，就构成了积分运算电路，如图 9-13 所示。

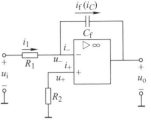

$$i_1 = \frac{u_i - 0}{R_1} = \frac{u_i}{R_1}$$

$$i_C = i_f = i_1$$

$$u_o = -u_C = -\frac{1}{C_f}\int i_C dt$$

图 9-13　积分运算电路

则
$$u_o = -\frac{1}{C_f}\int \frac{u_i}{R_1} dt = -\frac{1}{C_f R_1}\int u_i dt \tag{9-6}$$

$R_1 C_f$ 称为积分时间常数，它的数值越大，达到某一值 U_o 所需时间越长。

6. 微分运算电路

积分运算电路 R_1 和 C_f 互换位置，就构成了微分运算电路，如图 9-14 所示。

由图 9-14 知

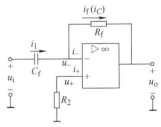

$$i_1 = i_C = i_f \quad u_i = u_C$$

$$u_o = -i_f R_f \quad i_C = C_f \frac{du_C}{dt}$$

$$u_o = -R_f C_f \frac{du_C}{dt} = -R_f C_f \frac{du_i}{dt} \tag{9-7}$$

图 9-14　微分运算电路

由于微分电路对输入电压的突变很敏感，因此很容易引入干扰，实际应用时多采用积分负反馈来获得微分。

7. 集成运放的非线性应用

由于集成运放的开环增益 A_{uo} 很大，当它工作于开环状态（即未接深度负反馈）或加有正反馈时，只要有差模信号输入，哪怕是微小的电压信号，集成运放都将进入非线性区，其输出电压立即达到正向饱和值 U_{om} 或负向饱和值 U_{om}。理想运放工作在非线性区时，有以下两个特点：

1）只要输入电压 U_+ 与 U_- 不相等，输出电压就饱和。因此有

当 $U_+ > U_-$ 时，　　　　　　　　　　$U_o = U_{om}$

当 $U_+ < U_-$ 时，　　　　　　　　　　$U_o = -U_{om}$

2）"虚断"仍然成立，即

$$I_+ = I_- = 0$$

在分析具体的集成运放应用电路时，可将集成运放按理想集成运放对待，判断它是否工作在线性区。一般来说，集成运放引入了深度负反馈时，将工作在线性区；否则，工作在非线性区。在此基础上，可运用上述线性区或非线性区的特点分析电路的工作原理，使分析工作大为简化。

◆ 项目实训

电冰箱冷藏室温控器的安装与调试

一、实训目的

1）了解电冰箱温控器电路的基本结构。

2）掌握集成运算放大器非线性应用之一的电压比较器控制电冰箱冷藏室上限温度和下限温度的原理。

3）进一步掌握继电器与晶体管放大电路的结合使用，掌握反馈在电冰箱系统中的应用。

二、实训内容

（一）下达工作任务

1. 分组

学生进行分组，选出组长（每次不同）。下发学生工作单。

2. 讲解工作任务的原理

电冰箱冷藏室温控器电路原理图如图 9-15 所示。

3. 元器件清单及相关调试设备

实训设备：模拟数字电路实验装置 1 台。

实训元器件：集成运放 LM358 1 块，集成与非门 74LS00 1 块，晶体管 9013 1

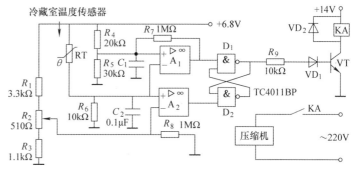

图 9-15　电冰箱冷藏室温控器电路原理图

只，二极管 2CP31B 2 只，10kΩ、1MΩ 电阻各 2 只，1.1kΩ、3.3kΩ、4.7kΩ、100kΩ、20kΩ、30kΩ、510Ω 各 1 只，0.1μF 电容 2 只，中间继电器 1 个。

4. 电冰箱冷藏室温控器的安装与调试

1）按 PCB 进行电路安装。

2）实训时可用 4.7kΩ 电阻表示电冰箱上限温度时传感器对应的电阻，可用 100kΩ 表示电冰箱下限温度时传感器对应的电阻。在温度传感器处可放置一个双掷开关，开关打到一边接 4.7kΩ 电阻，打到另一边接 100kΩ 电阻，然后分别观察电路工作情况。

3）实训时可用电灯代替压缩机观察工作情况。

5. 实训注意事项

1）作为冷藏室温度传感器的热敏电阻 RT，其阻值随温度升高而减小，随温度降低而增大。

2）电路组成：由电阻 R_1、R_2 和 R_3 组成电冰箱温度下限控制电路，由电阻 R_4、R_5 组成电冰箱温度上限控制电路，由集成运放 A_1、A_2 和与非门 D_1、D_2 组成电压比较及转换输出电路，由继电器 KA 和晶体管 VT 组成电冰箱压缩机运转控制电路。

（二）学生设计实施方案

自主查找相关资料。学生小组根据电路模型选择系统部件，并进行部件的功能检查。查找相关资料，设计项目实施方案。在此过程中，指导教师要巡视课堂，了解情况，对问题与疑点积极引导，适时点拨。对学习困难学生积极鼓励，并适度助学。

（三）学生阐述设计方案

每组学生派代表阐述自己的设计方案（注：自己制作 PPT），老师和各组同学分别对方案进行评价，同时指导教师对重点内容进行精讲，并帮助学生确定方案的可行性。

（四）学生实施方案

学生组长负责组织实施方案（包括测电路参数、电路连接、调试）。在此过程中，指导教师要进行巡视指导，帮助同学解决各种问题，掌握学生的学习动态，了解课堂的教学效果。

（五）学生展示

学生小组派代表进行成果展示（注：自己制作 PPT），老师和各组同学分别对方案进行考核打分，组长对本组组员进行打分。

（六）教师点评

教师对每组进行点评，并总结成果及不足。

三、评价标准（见表9-1）

表9-1 评价标准

项目名称	电冰箱冷藏室温控器的安装与调试		时间		总分	
组长		组员				
评价内容及标准				自评	组长评价	教师评价
任务准备	课前预习、准备资料（5分）					
电路设计、焊接、调试	元器件选择（10分）					
	电路图设计（15分）					
	焊接质量（10分）					
	功能的实现（15分）					
	电工工具的使用（10分）					
	参数的测试（10分）					
工作态度	不迟到，不早退；学习积极性高，工作认真负责（5分）					
	具有安全操作意识和团队协作精神（5分）					
任务完成	完成速度，完成质量（5分）					
	工作单的完成情况（5分）					
个人答辩	能够正确回答问题并进行原理叙述，思路清晰、语言组织能力强（5分）					
评价等级						
项目最终评价：自评占20%，组长评价占30%，教师评价占50%						

四、学生工作单（见表9-2）

表9-2 学生工作单

学习项目	电冰箱冷藏室温控器的安装与调试		班级		组别		成绩	
组长		组员						

一、咨询阶段任务

1. 叙述电冰箱冷藏室温控器电路的基本结构。

2. 查阅资料，简要叙述集成运算放大器的非线性应用。

3. 继电器与晶体管放大电路应怎样结合使用？

二、过程和方案设计（计划和决策）任务

1. 电冰箱冷藏室温控器电路中的各元器件应如何用电路模型来代替？

2. 热敏元件如何使用？举例说明。

3. 电冰箱冷藏室温控器电路方案设计。

三、实施阶段任务

1. 识别原理图，明确元器件连接和电路连线。

2. 画出布线 PCB 图。

3. 完成电路所需元器件的购买与检测。

4. 根据布线 PCB 图，选择合适数铜板焊接、制作电路。

四、检查和评价阶段任务

1. 在方案实施过程中出现了哪些问题？又是如何解决的？

2. 任务完成过程中有什么收获？自己在什么地方做得比较满意？哪些地方不满意？

3. 总结自己在任务完成过程中有哪些不足之处？如何改进？

学生自评：	教师评语：
学生互评：	

◆　习题及拓展训练

一、项目习题

1. 理想集成运算放大器有哪些特点？什么是"虚断"和"虚短"？

2. 集成运放由哪些环节组成？

3. 在信号运算电路中，集成运放一般工作在什么区域？

4. 为什么在运算电路中要引入深度负反馈？在反相比例运算电路和同相比例运算电路中各引入了什么形式的负反馈？

5. 电路如图 9-16 所示，图中 $R_1 = 10\mathrm{k}\Omega$，$R_f = 30\mathrm{k}\Omega$，试估算其电压放大倍数和输入电阻，并估算 R' 应取多大。

6. 电路如图 9-17 所示，图中 $R_1 = 3\mathrm{k}\Omega$，若希望它的电压放大倍数等于 7，估算 R_f 和 R' 的值。

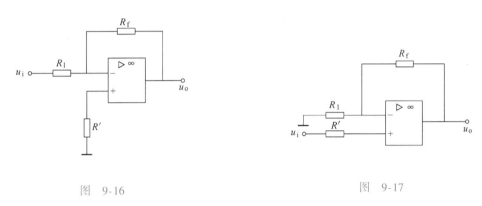

图　9-16　　　　　　　　　　　　　　　图　9-17

7. 同相输入加法电路如图 9-18 所示，求输出电压 u_o。当 $R_1 = R_2 = R_3 = R_f$ 时，u_o 等于多少？

8. 在图 9-19 所示电路中，$u_i = 1\mathrm{V}$。试求输出电压 u_o、静态平衡电阻 R_2 和 R_3。

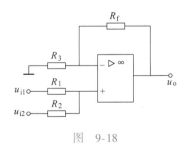

图　9-18

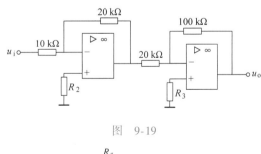

图　9-19

9. 电路如图 9-20 所示，求输出电压 u_o。

二、拓展提高

某企业承接了一批数显逻辑笔电路的组装与调试任务，请按照相应的企业生产标准完成该产品的组装与调试，实现该产品的基本功能、满足相应的技术指标，并正确填写相关技术文件或测试报告。电路原理图如图 9-21 所示。

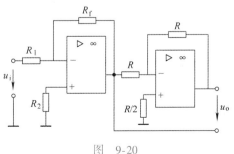

图　9-20

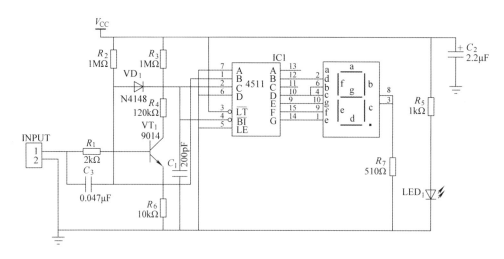

图 9-21　电路原理图

要求：（1）手工绘制元器件布置图；（2）进行系统的安装接线；（3）进行系统的通电调试。

材料、工具清单见表 9-3。

表 9-3　材料、工具清单

序号	名称	型号与规格	数量	备注
1	电阻	10kΩ	1	
2	电阻	2kΩ	1	
3	电阻	1MΩ	2	
4	电阻	120kΩ	1	
5	电阻	1kΩ	1	
6	电阻	510Ω	1	
7	电容	0.047μF	1	
8	电容	2.2μF	1	
9	电容	200pF	1	
10	二极管	1N4148	1	
11	发光二极管	红	1	
12	晶体管	9014	1	
13	集成电路	CD4511	1	
14	数码管	1 位共阴极	1	

名人寄语

　　立志、工作、成功，是人类活动的三大要素。立志是事业的大门，工作是登堂入室的旅程。这旅程的尽头有个成功在等待着，来庆祝你的努力结果。

　　　　　　　　　　　　　　　　　　　　　　　　——巴斯德

项目十　三人表决器电路的设计与调试

◆　项目目标

1. 熟悉逻辑函数的表示方法与化简方法，理解晶体管的开关特性。
2. 了解 TTL 门电路的内部结构和工作原理，掌握 TTL 门电路的基本使用方法。
3. 了解 TTL 门电路和 CMOS 门电路的基本使用方法。
4. 学会利用低功耗元器件，培养节能意识。

◆　工作情境

1. 实训环境要求

本项目的教学应在一体化的电工技能实训室和电子装配实训室进行，实训室内设有教学区（配备多媒体）、工作区、资料区和展示区。要配备常用的电工实验台等设备、万用表等常用仪表及常用电工工具。

2. 指导要求

配备一名主讲教师和一名实验室辅助教师。

3. 学生要求

根据班级情况进行分组，一般每组 3～4 名同学，选出组长。

4. 教学手段选择

1）主要应用讲授法、任务教学法、讨论法和演示法进行教学。
2）多媒体教学与实物演示相结合。
3）现场教学与动手操作相结合。
4）教师主导与学生自主学习相结合。

实践知识 ——元器件的插装方法及安装工艺

一、元器件的插装方法

电子元器件插装通常是指将插装元器件的引线插入印制电路板上相应的安装孔内，分为手工插装和自动插装两种。

1. 手工插装

手工插装多用于科研或小批量生产，通常有两种方法：一种是一块印制电路板所需全部元器件由一人负责插装；另一种是采用传送带的方式多人流水作业完成插装。

2. 自动插装

自动插装采用自动插装机完成插装。根据印制电路板上元器件的位置，由事先编制出的相应程序控制自动插装机插装，插装机的插件夹具有自动打弯机构，能将插入的元器件牢固地固定在印制电路板上，提高了印制电路板的焊接强度。自动插装机消除了由手工插装所带来的误插、漏插等差错，保证了产品的质量，提高了生产效率。

3. 印制电路板上元器件的插装原则

1）元器件的插装应使其标记和色码朝上，以便于辨认。

2）有极性的元器件由其极性标记方向决定插装方向。

3）插装顺序应该先轻后重、先里后外、先低后高。

4）应注意元器件间的距离。印制电路板上元器件的距离不能小于 1mm；引线间的间隔要大于 2mm；当有可能接触到时，引线要套绝缘套管。

5）对于较大、较重的特殊元器件，如大电解电容、变压器、阻流圈、磁棒等，插装时必须用金属固定件或固定架加强固定。

4. 表面元器件的安装

随着电子产品小型化和元器件集成化的发展，以短、小、轻、薄为特点的表面安装器件的应用越来越广泛，对其主要采用表面贴装技术进行自动安装，即在元器件的引脚上粘上特制的含锡粉的粘贴胶，使用贴装机将器件粘贴在电路板上，然后加热使锡粉熔化焊接。

二、元器件的安装工艺

1. 卧式（HT）插元器件

对于功率小于 1W 的电阻、电容（低电压、小容量的陶瓷材料）、电感、二极管及 IC 等元器件，元器件体平行于 PCB 板面且紧贴 PCB 板面，如图 10-1 所示。

元器件与 PCB 表面之间最大倾斜距离（D）不大于 3mm，元器件体与 PCB 面间最小距离（d）不大于 0.7mm，如图 10-2 所示。

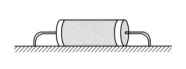

图 10-1

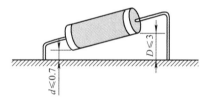

图 10-2

2. IC 元件

IC 元件安装时，元件体平行于 PCB，引脚全部插入焊盘中，引脚突出 PCB 板面 1mm，倾斜度为 0，如图 10-3 所示。

元件体不平行于 PCB，引脚全部插入焊盘中，引脚突出 PCB 板面大于 0.5mm，如图 10-4 所示。

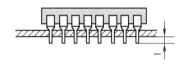

图 10-3

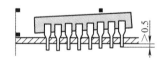

图 10-4

3. 径向（RD）元件（电容、晶振）

元件体平贴于 PCB 板面，如图 10-5 所示。

元件体最少有一边贴紧 PCB 板面，如图 10-6 所示。

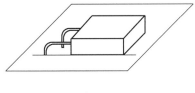

图　10-5

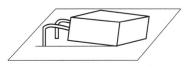

图　10-6

元件体未接触 PCB 板面，如图 10-7 所示。

4. 引脚成形

元件体或引脚保护层到弯曲处之间的距离 $L > 0.8$mm，且元件引脚直径弯曲处无损伤，如图 10-8 所示。

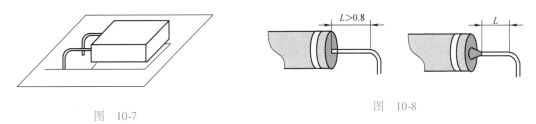

图　10-7

图　10-8

引脚成形错误方式：

1）元件体与引脚保护弯曲处之间 $L < 0.8$mm，且弯曲处有损伤，如图 10-9 所示。

2）元件引脚弯曲内径 R 小于元件直径，如图 10-10 所示。

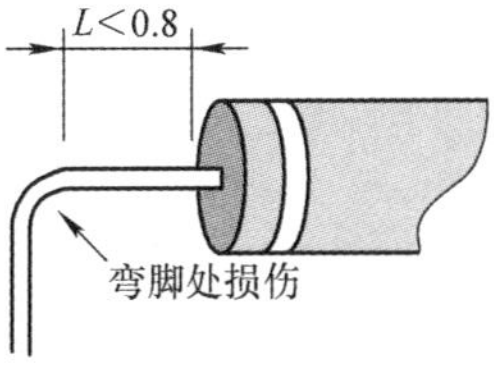

图　10-9

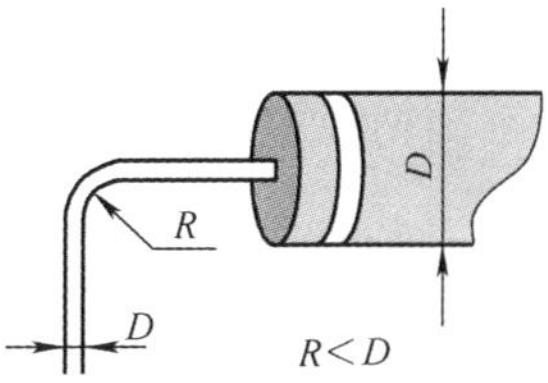

图　10-10

◆　**理论知识**

一、数制与编码

（一）数制

数制是表示数的方法和规则。人们使用最多的是进位计数制，数的符号在不同的位置上时所代表的数值不同。

十进制计数制是我们日常生活中最熟悉的进位计数制。在十进制中有 0 ~ 9 十个数码，计数规则为“逢十进一”。

二进制计数制是在计算机系统中采用的进位计数制。在二进制中仅有 0、1 两个数码，计数规则为“逢二进一”（即 $0 + 0 = 0$　$0 + 1 = 1$　$1 + 0 = 1$　$1 + 1 = 10$）。二进制运算规则简单，便于计数，但书写冗长，不便于记忆和阅读。二进制的位可以表示为“0”或“1”，它是计算机中数据的最小单位，常与生活中开关的断开与闭合、指示灯的亮与灭、电动机的起动与停止取得逻辑上的联系。8 个二进制的位构成 1 个字节，1 个字节可以表示 2^8（即 256）个不同的值（0 ~ 255）。

八进制计数制有 $0 \sim 7$ 共 8 个数码，计数规则为"逢八进一"（即 $7 + 1 = 10$）。

十六进制计数制是人们在计算机指令代码和数据的书写中经常使用的数制。它有 $0 \sim 9$、A、B、C、D、E、F 共 16 个数码，计数规则为"逢十六进一"（即 $F + 1 = 10$）。由于 4 位二进制数可以方便地用 1 位十六进制数表示，所以人们对二进制的代码或数据常用十六进制形式缩写。

为了区分数的不同进制，可在数的结尾以一个字母标识：十进制（decimal）数书写时结尾用字母 D（或省略）；二进制（binary）数书写时结尾用字母 B；八进制（octal）数书写时结尾用字母 O；十六进制（hexadecimal）数书写时结尾用字母 H。除此之外，我们还可以用数值加下脚标的方式表示，如 $(2BF)_{16}$ 表示十六进制。表 10-1 所示为几种常用进位制数值对照表。

表 10-1　几种常用进位制数值对照表

十进制	二进制	十六进制	十进制	二进制	十六进制
0	0000B	0H	9	1001B	9H
1	0001B	1H	10	1010B	AH
2	0010B	2H	11	1011B	BH
3	0011B	3H	12	1100B	CH
4	0100B	4H	13	1101B	DH
5	0101B	5H	14	1110B	EH
6	0110B	6H	15	1111B	FH
7	0111B	7H	16	10000B	10H
8	1000B	8H	17	10001B	11H

1. 数制间的转换

由于各进制数应用的场合不同，因此经常需要相互转换。例如输入计算机的数都要被转换为二进制数，下面介绍几种进制数间转换的方法。

（1）各进位制数转换为十进制数　各进位制数转换成十进制数可按照通式展开法进行换算。具体方法是先将各进制数以小数点为起点向左右分别标上权，即个位的权为 0，十位的权为 1，以此类推，然后将加权系数相加计算出结果即可。

例：$(1011.01)_2 = 1 \times 2^3 + 0 \times 2^2 + 1 \times 2^1 + 1 \times 2^0 + 0 \times 2^{-1} + 1 \times 2^{-2} = 11.25$

$(536.1)_8 = 5 \times 8^2 + 3 \times 8^1 + 6 \times 8^0 + 1 \times 8^{-1} = 350.125$

$(8FB.8)_{16} = 8 \times 16^2 + 15 \times 16^1 + 11 \times 16^0 + 8 \times 16^{-1} = 2299.5$

（2）十进制数换成二、八、十六进制数　将十进制数转换成其他进制数采用"倒取余数法"，即将十进制数除以需要转换成的进制，一直除到商为 0，将得出的余数倒排即为转换结果。

例：$29 = (\,?\,)_2$　　$210 = (\,?\,)_8$　　$160 = (\,?\,)_{16}$

$2\underline{|29}\cdots\cdots 1$　　　$8\underline{|210}\cdots\cdots 2$　　　$16\underline{|160}\cdots\cdots 0$

$2\underline{|14}\cdots\cdots 0$　　　$8\underline{|26}\cdots\cdots 2$　　　$16\underline{|10}\cdots\cdots A$

$2\underline{|7}\cdots\cdots 1$　　　$8\underline{|3}\cdots\cdots 3$　　　　0

$2\underline{|3}\cdots\cdots 1$　　　　0　　　　　　$(160)_{10} = (A0)_{16}$

$2\underline{|1}\cdots\cdots 1$　　　$(210)_{10} = (322)_8$

　0

$(29)_{10} = (11101)_2$

（3）二进制数与八进制数转换 二进制数转换成八进制数采用"三位一并"法：以小数点为基点，向左右两边三位一组转为八进制数，不足三位用0补齐。

八进制转换成二进制采用"一分为三"法，具体做法与二进制数转换成八进制数相反。

例：$(1001011110.11101)_2 = (?)_8$

$$(\underline{001}\ \ \underline{001}\ \ \underline{011}\ \ \underline{110}\ .\ \underline{111}\ \ \underline{010})_2 = (1136.72)_8$$
$$\quad\ 1\quad\ \ \ 1\quad\ \ \ 3\quad\ \ \ 6\quad\ .\ \ 7\quad\quad 2$$

例：$(436)_8 = (?)_2$

$$(\underline{4}\quad\ \ \underline{3}\quad\ \ \underline{6})_8 = (100011110)_2$$
$$100\quad 011\quad 110$$

（4）二进制数与十六进制数转换 二进制数转换成十六进制数采用"四位一并"法：以小数点为基点，向左右两边四位一组转为十六进制数，不足四位用0补齐。

十六进制转换成二进制采用"一分为四"法，具体做法与二进制数转换成十六进制数相反。

例：$(1001011110.10101)_2 = (?)_{16}$

$$(\underline{0010}\quad \underline{0101}\quad \underline{1110}\ .\ \underline{1010}\quad \underline{1000})_2 = (25E.A8)_{16}$$
$$\quad\ 2\quad\quad 5\quad\quad E\quad .\ \ A\quad\quad 8$$

例：$(57CF2)_{16} = (?)_2$

$$(\underline{5}\quad\ \ \underline{7}\quad\ \ \underline{C}\quad\ \ \underline{F}\quad\ \ \underline{2})_{16} = (1010111110011110010)_2$$
$$\ 0101\quad 0111\quad 1100\quad 1111\quad 0010$$

2. 各数制的用途

（1）二进制 二进制在计算机中用于数据的存储和运算。由于计算机只能识别高低电平两种状态，所以计算机也就只能识别二进制0、1两位，所以输入计算机的数据都会被转换成二进制。

（2）八进制 八进制在计算机中弥补二进制数书写位数过长的不足。

（3）十进制 十进制在计算机中作为数据的输入和输出。

（4）十六进制 十六进制在计算机中弥补二进制数书写数过长的不足，由于四位二进制数可以方便地用一位十六进制数表示，所以人们对二进制的代码或数据常用十六进制形式缩写。

（二）编码

编码就是解决各种信息按照什么方法和规则表示成0、1代码串的问题。在计算机中，由于计算机只能识别"0"和"1"两种状态，所以计算机中各种信息都是以二进制编码的形式存在的，也就是说，不管是文字、图形、声音、动画，还是电影等各种信息，在计算机中都是以0和1组成的二进制代码表示的，计算机之所以能区别这些信息的不同是因为它们采用的编码规则不同，比如：同样是文字，英文字母与汉字编码规则就不同，英文字母用的是单字节的ASCII码，汉字采用的是双字节的汉字内码，当然，图形、声音等的编码就更复杂了，这也就告诉我们，信息在计算机中的二进制编码是一个不断发展的、高深的、跨学科的知识领域。

1. 字符的二进制编码——ASCII码

ASCII码使用指定的7位或8位二进制数组合来表示128或256种可能的字符。标准ASCII码也叫基础ASCII码，使用7位二进制数来表示所有的大写和小写字母、数字0～9、标点符号以及美式英语中使用的特殊控制字符。其中：

0～31 及 127（共 33 个）是控制字符或通信专用字符（其余为可显示字符），如控制符：LF（换行）、CR（回车）、FF（换页）、DEL（删除）、BS（退格）、BEL（振铃）等；通信专用字符：SOH（文头）、EOT（文尾）、ACK（确认）等；ASCII 码的 8、9、10 和 13 分别转换为退格、制表、换行和回车字符。它们并没有特定的图形显示，但会依不同的应用程序而对文本显示有不同的影响。

32～126（共 95 个）是字符（32 是空格 sp），其中 48～57 为 0～9 这 10 个阿拉伯数字；65～90 为 26 个大写英文字母，97～122 为 26 个小写英文字母，其余为一些标点符号及运算符号等。

同时还要注意，在标准 ASCII 码中，其最高位（b7）用作奇偶校验位。所谓奇偶校验，是指在代码传送过程中用来检验是否出现错误的一种方法，一般分为奇校验和偶校验两种。奇校验规定：正确的代码一个字节中 1 的个数必须是奇数，若非奇数，则在最高位 b7 添 1。偶校验规定：正确的代码一个字节中 1 的个数必须是偶数，若非偶数，则在最高位 b7 添 1。

后 128 个称为扩展 ASCII 码，目前许多基于 x86 的系统都支持使用扩展（或"高"）ASCII 码。扩展 ASCII 码允许将每个字符的第 8 位用于确定附加的 128 个特殊符号字符、外来语字母和图形符号。

2. BCD 码

十进制是人们生活中最习惯的数制，人们通过键盘向计算机输入数据时，常用十进制输入或输出。而计算机仅能识别二进制数，因此常用 4 位二进制码表示 1 位十进制数。这种用二进制码表示十进制数的代码称 BCD 码。常用 8421BCD 码见表 10-2。

表 10-2　常用 8421BCD 码

十进制数	BCD 码	十进制数	BCD 码
0	0000B	8	1000B
1	0001B	9	1001B
2	0010B	*	1010B
3	0011B	*	1011B
4	0100B	*	1100B
5	0101B	*	1101B
6	0110B	*	1110B
7	0111B	*	1111B

由于用 4 位二进制代码可以表示 1 位十进制数，所以采用 8 位二进制代码可以表示 2 位十进制数。这种用一个字节表示 2 位十进制数的代码称压缩的 BCD 码，用 8 位二进制代码表示 1 位十进制数的代码称非压缩的 BCD 码（高 4 位无意义）。注意：由于表 10-2 中标 * 的二进制码并不会在 BCD 码中出现，所以为 8421BCD 码的非法码。2 个 BCD 码运算时可能会出现非法码，我们需要对结果进行调整。

与运算的逻辑关系

二、基本逻辑关系

逻辑代数又称为布尔代数、开关代数，是分析和设计逻辑电路的基础数学工具。

或运算的逻辑关系

开关代数中，有两个常量——0 和 1，这里的 0 和 1 不表示数量的大小，只代表两个不同的逻辑状态；有三个基本运算——与（and）、或（or）、非（not）。开关代数中，一般用字母表示变量，这种变量称为逻辑变量。每个逻辑变量的取值只有 0 和 1 两种可能。

（一）逻辑代数的基本公式与定律

　　基本的逻辑关系有与、或和非三种，与之对应的逻辑运算为与运算（逻辑乘）、或运算（逻辑加）和非运算（逻辑取反）。逻辑代数的基本公式是一些不需要证明的、可以直接使用的恒等式。它们是逻辑代数的基础，利用这些基本公式可以化简逻辑函数式，还可以用来证明一些基本定律。

1. 逻辑代数的基本公式

　　逻辑常量只有 0 和 1 两种取值，代表两种状态（0 代表低电平、1 代表高电平）；设 A 为逻辑变量，常量与常量、常量与变量、变量与变量之间的基本逻辑运算公式见表10-3。

表 10-3　逻辑代数的基本公式

名称	与运算	或运算	非运算
逻辑常量	$0 \cdot 0 = 0$ $1 \cdot 0 = 0$ $0 \cdot 1 = 0$ $1 \cdot 1 = 1$	$0 + 0 = 0$ $0 + 1 = 1$ $1 + 0 = 1$ $1 + 1 = 1$	$\bar{1} = 0$ $\bar{0} = 1$
逻辑变量	$A \cdot 0 = 0$ $A \cdot 1 = A$ $A \cdot A = A$ $A \cdot \bar{A} = 0$	$A + 0 = A$ $A + 1 = 1$ $A + A = A$ $A + \bar{A} = 1$	$\bar{\bar{A}} = A$

2. 逻辑代数的基本定律

　　逻辑代数的基本定律是分析、设计逻辑电路，化简和变换逻辑函数式的重要工具。这些定律有其独特的特性，但也有一些和普通代数相似，因此要严格区分，不能混淆。逻辑代数的基本定律见表 10-4。

　　对于基本定律的证明，最直接的方法是用真值表法，在列出变量所有取值的情况下计算等号两边的逻辑值，相等则等式成立。下面以摩根律为例，说明这种证明方法。

表 10-4　逻辑代数的基本定律

交换律	结合律	吸收律	分配律	摩根律
$A + B = B + A$	$A + B + C$ $= (A + B) + C$ $= A + (B + C)$	$AB + A\bar{B} = A$ $A + A \cdot B = A$	$A \cdot (B + C)$ $= A \cdot B + A \cdot C$	$\overline{A \cdot B} = \bar{A} + \bar{B}$
$A \cdot B = B \cdot A$	$A \cdot B \cdot C$ $= (A \cdot B) \cdot C$	$A + \bar{A}B = A + B$ $AB + \bar{A}C + BC$ $= AB + \bar{A}C$	$A + B \cdot C$ $= (A + B) \cdot (A + C)$	$\overline{A + B} = \bar{A} \cdot \bar{B}$

　　【例 10-1】　验证摩根律 $\overline{A \cdot B} = \bar{A} + \bar{B}$ 和 $\overline{A + B} = \bar{A} \cdot \bar{B}$。

　　【解】　列出表达式等号两边的真值表，见表 10-5。

表 10-5 证明摩根律的真值表

A	B	AB	$\overline{A \cdot B}$	$\overline{A}$	$\overline{B}$	$\overline{A} + \overline{B}$	$A + B$	$\overline{A + B}$	$\overline{A} \cdot \overline{B}$
0	0	0	1	1	1	1	0	1	1
0	1	0	1	1	0	1	1	0	0
1	0	0	1	0	1	1	1	0	0
1	1	1	0	0	0	0	1	0	0

根据表 10-5 可看出，在 A、B 所有取值情况下，等号两边的值均相等，则摩根律成立。

（二）逻辑函数式的化简方法

进行逻辑设计时，根据逻辑问题归纳出来的逻辑函数式往往不是最简逻辑函数式，并且可以有不同的形式，因此，实现这些逻辑函数就会有不同的逻辑电路。对逻辑函数式进行化简和变换，可以得到最简的逻辑函数式或所需要的其他形式，从而设计出简洁的逻辑电路。这对于节省元器件、优化生产工艺、降低成本和提高系统的可靠性、提高产品在市场的竞争力是非常重要的。

不同形式的逻辑函数式有不同的最简形式，而这些逻辑函数式的繁简程度又相差很大，但大多都可以根据最简与-或式变换得到，因此，这里只介绍最简与-或式的标准和化简方法。最简与-或式的标准有两条：一个是逻辑函数式中的乘积项（与项）的个数最少，另一个是每个乘积项中的变量数量最少。下面介绍几种基本的公式法化简方法：

1. 合并法

运用基本公式 $A + \overline{A} = 1$，将两项合并为一项，同时消去一个变量。如：

1) $A\overline{B}C + A\overline{B}\,\overline{C} = A\overline{B}(C + \overline{C}) = A\overline{B}$

2) $A(BC + \overline{B}\,\overline{C}) + A\overline{(B\,\overline{C} + \overline{B}C)} + A(B\,\overline{C} + \overline{B}C) = A$

2. 吸收法

运用吸收律 $A + AB = A$ 和 $AB + \overline{A}C + BC = AB + \overline{A}C$，消去多余的与项。如：

1) $\qquad AB + AB(E + F) = AB$

2) $\qquad ABC + \overline{A}D + \overline{C}D + BD = ABC + (\overline{A} + \overline{C})D + BD = ABC + \overline{ACD} + BD$

$\qquad\qquad = ABC + \overline{ACD} = ABC + \overline{A}D + \overline{C}D$

3. 消去法

运用吸收律 $A + \overline{A}B = A + B$，消去多余因子。如：

1) $\qquad AB + \overline{A}C + \overline{B}C = AB + (\overline{A} + \overline{B})C = AB + \overline{AB}C = AB + C$

2) $\qquad A\overline{B} + \overline{A}B + ABCD + \overline{A}\,\overline{B}CD = A\overline{B} + \overline{A}B + (AB + \overline{A}\,\overline{B})CD$

$\qquad\qquad = A\overline{B} + \overline{A}B + \overline{A\overline{B} + \overline{A}B} \cdot CD = A\overline{B} + \overline{A}B + CD$

4. 配项法

在不能直接运用公式、定律化简时，可通过与等于 1 的项相乘或与等于 0 的项相加，进行配项后再化简。如：

1) $\qquad AB + \overline{B}\,\overline{C} + A\overline{C}D = AB + \overline{B}\,\overline{C} + A\overline{C}D(B + \overline{B}) = AB + \overline{B}\,\overline{C} + AB\overline{C}D + A\overline{B}\,\overline{C}D$

$\qquad\qquad = AB(1 + \overline{C}D) + \overline{B}\,\overline{C}(1 + AD) = AB + \overline{B}\,\overline{C}$

2) $AB + \overline{A}C + B\,C = AB + \overline{A}C + BC(A + \overline{A}) = AB + \overline{A}C + ABC + \overline{A}BC = AB + \overline{A}C$

【例 10-2】 化简逻辑式 $Y = AD + A\overline{D} + AB + \overline{A}C + \overline{C}D + A\overline{B}EF$。

【解】 （1）运用 $D + \overline{D} = 1$，将 $AD + A\overline{D}$ 合并，得

$$Y = A + AB + \overline{A}C + \overline{C}D + A\overline{B}EF$$

（2）运用 $A + AB = A$，消去含有 A 因子的乘积项，得

$$Y = A + \overline{A}C + \overline{C}D$$

（3）运用 $A + \overline{A}C = A + C$，消去 $\overline{A}C$ 中的 $\overline{A}$，再消去 $\overline{C}D$ 中的 $\overline{C}$，得

$$Y = A + C + D$$

公式法化简逻辑函数式的优点是简单方便，对逻辑函数式中的变量个数没有限制，它适用于变量较多、较复杂的逻辑函数式的化简。它的缺点是不仅需要熟练掌握和灵活运用逻辑代数的基本定律和基本公式，而且需要有一定的化简技巧。另外，公式法化简不易判断所得到的逻辑函数式是不是最简式。只有通过多做练习、积累经验，才能做到熟能生巧，较好地掌握公式法化简方法。

三、逻辑函数的运算

（一）逻辑函数的基本表示方法

逻辑函数的表示方法，通常有真值表、逻辑函数表达式、逻辑图、卡诺图及波形图等五种，它们各有特点，可以相互转换。

1. 真值表

真值表是将输入逻辑变量的各种可能取值和对应的函数值排列在一起而组成的表格。用真值表来表示逻辑函数的优点是能直观、明了地反映逻辑变量的取值和函数值之间的对应关系。

2. 逻辑函数表达式

逻辑函数表达式是用与、或、非等逻辑运算的组合来表示逻辑变量之间关系的代数表达式。逻辑函数表达式有多种表示形式，前面已经给出了很多函数的表达式。逻辑函数表达式又简称为逻辑函数式、逻辑表达式、逻辑式或表达式。

3. 逻辑图

逻辑图是用若干规定的逻辑符号连接构成的图。由于图中的逻辑符号通常是和电路器件相对应的，所以逻辑图又称为逻辑电路图。可见，用逻辑图实现电路是较容易的，因而它有与工程实际比较接近的优点。

4. 卡诺图

卡诺图是真值表的一种特定的图示形式，是根据真值表按一定规则画出的一种方格图，所以又叫真值图。它是由若干个按一定规律排列起来的方格图组成的。每一个方格代表一个最小项，它用几何位置上的相邻，形象地表示了组成逻辑函数的各个最小项之间在逻辑上的相邻性，所以卡诺图又叫最小项方格图。卡诺图能反映所有变量取值下函数的对应值，因而应用很广。

（二）逻辑函数的最小项

利用公式化简逻辑函数，不仅要求掌握逻辑代数的基本公式、基本规则及常用公式等，而且要有一定的技巧，尤其是用公式化简的结果是否是最简，往往很难确定。下面将介绍图

形化简法，又称卡诺图化简法，是一种既直观又简便的化简方法，可以较方便地得到最简的逻辑函数表达式。

1. 最小项的定义

对于任意一个逻辑函数，设有 n 个输入变量，它们所组成的具有 n 个变量的乘积项中，每个变量以原变量或者以反变量的形式出现一次，且仅出现一次，那么该乘积项称为该函数的一个最小项。

具有 n 个输入变量的逻辑函数，有 2^n 个最小项。若 $n=2$，$2^n=4$，则二变量的逻辑函数就有 4 个最小项；若 $n=3$，$2^n=8$，则三变量的逻辑函数就有 8 个最小项，依此类推。

例如，在三变量的逻辑函数中，有八种基本输入组合，每组输入组合对应着一个基本乘积项，也就是最小项，即 $\overline{A}\,\overline{B}\,\overline{C}$、$\overline{A}\,\overline{B}C$、$\overline{A}B\overline{C}$、$\overline{A}BC$、$A\,\overline{B}\,\overline{C}$、$A\,\overline{B}C$、$AB\overline{C}$、$ABC$ 都符合最小项的定义。除此之外，还有 $A\overline{C}$、$(A+B)\,\overline{C}$ 和 $A\,\overline{B}\,\overline{C}\,\overline{A}$ 等乘积项，都不符合最小项的定义，所以都不是最小项。

2. 最小项的性质

表 10-6 列出的是三变量逻辑函数的所有最小项的真值表。由表可以看出，最小项具有下列性质：

1）对于任意一个最小项，只有对应一组变量取值，才能使其值为 1，而在变量的其他取值时，这个最小项的值都是 0。

例如，对于 $AB\overline{C}$ 这个最小项，只有变量取值为 110 时，它的值为 1，而在变量取其他各组值时，这个最小项的值都为 0。

2）对于变量的任意一组取值，任意两个最小项的乘积（逻辑与）为 0。

3）对于变量的任意一组取值，所有最小项之和（逻辑或）为 1。

表 10-6 三变量逻辑函数全部最小项真值表

$A\,B\,C$	$\overline{A}\,\overline{B}\,\overline{C}$ (m_0)	$\overline{A}\,\overline{B}C$ (m_1)	$\overline{A}B\overline{C}$ (m_2)	$\overline{A}BC$ (m_3)	$A\,\overline{B}\,\overline{C}$ (m_4)	$A\,\overline{B}C$ (m_5)	$AB\overline{C}$ (m_6)	ABC (m_7)
0 0 0	1	0	0	0	0	0	0	0
0 0 1	0	1	0	0	0	0	0	0
0 1 0	0	0	1	0	0	0	0	0
0 1 1	0	0	0	1	0	0	0	0
1 0 0	0	0	0	0	1	0	0	0
1 0 1	0	0	0	0	0	1	0	0
1 1 0	0	0	0	0	0	0	1	0
1 1 1	0	0	0	0	0	0	0	1

3. 最小项编号

n 个输入变量的逻辑函数有 2^n 个最小项，为了书写方便，将最小项进行编号，记为 m_i，下标 i 就是最小项的编号。编号的方法是把最小项的原变量记作 1，反变量记作 0，把每个最小项表示为一个二进制数，然后将这个二进制数转换成相对应的十进制数，即为最小项的编号。

4. 最小项表达式

任何一个逻辑函数都可以表示成若干个最小项之和的形式，这样的逻辑表达式称为最小项表达式。

【例 10-3】　将逻辑函数 $Y = \overline{A}\,\overline{B} + BC$ 展开成最小项表达式。

【解】　$Y = \overline{A}\,\overline{B} + BC = \overline{A}\,\overline{B}(C + \overline{C}) + (A + \overline{A})BC$

$$= \overline{A}\,\overline{B}C + \overline{A}\,\overline{B}\,\overline{C} + ABC + \overline{A}BC = m_1 + m_0 + m_7 + m_3$$

$$= \sum m(0,1,3,7)$$

（三）卡诺图

1. 逻辑变量卡诺图

逻辑变量卡诺图是由若干个按一定规律排列起来的最小项方格图组成的。

具有 n 个输入变量的逻辑函数，有 2^n 个最小项，其卡诺图由 2^n 个小方格组成。每个方格和一个最小项相对应，每个方格所代表的最小项的编号，就是其左边和上边二进制码的数值。

逻辑变量卡诺图的组成特点是把具有逻辑相邻的最小项安排在位置相邻的方格中，所谓逻辑相邻的最小项，指的是在 2^n 个最小项中，凡是只有一个变量不同，而其余变量都相同的最小项，也称逻辑相邻项。图 10-11a、b、c 所示分别为二、三、四变量卡诺图，图中上下、左、右之间的最小项都是逻辑相邻项。

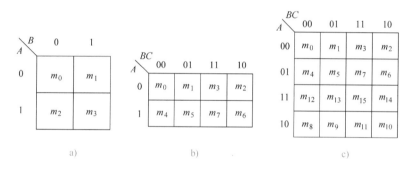

图 10-11　二、三、四变量卡诺图

由图 10-11 所示可见，为了相邻的最小项具有逻辑相邻性，变量的取值不能按 00→01→10→11 的顺序排列，而要按 00→01→11→10 的循环码顺序排列。这样才能保证任何几何位置相邻的最小项是逻辑相邻项。

2. 逻辑函数卡诺图

在逻辑变量卡诺图上，将逻辑函数表达式中包含的最小项对应的方格内填 1，没有包含的最小项对应的方格内填 0 或不填，就可得到逻辑函数卡诺图。逻辑函数卡诺图的具体画法，通常有以下几种。

1）给出逻辑函数的真值表，根据真值表画出卡诺图。先画出逻辑变量卡诺图，然后根据真值表来填写每一个小方格的值。由于逻辑函数真值表与最小项是对应的，即真值表中的每一行对应一个最小项，所以逻辑函数真值表中对应不同的输入变量组合而函数值为 1 的，就在相对应的小方格中填 1，函数值为 0 的，就在相对应的小方格中填 0 或不填，即可得到逻辑函数卡诺图。

【例10-4】 三变量逻辑函数 Y 的真值表见表10-7,画出该逻辑函数的卡诺图。

表 10-7 例 10-4 真值表

A	B	C	Y
0	0	0	1
0	0	1	1
0	1	0	0
0	1	1	0
1	0	0	1
1	0	1	0
1	1	0	1
1	1	1	1

【解】 先画出三变量的卡诺图,然后按每一个小方格所代表的变量取值组合,将真值表相同变量取值时对应的函数值填入小方格中即可,如图10-12所示。

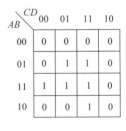

A\BC	00	01	11	10
0	1	1	0	0
1	1	0	1	1

2)已知逻辑函数最小项表达式,由此画出逻辑函数的卡诺图。先画出逻辑变量卡诺图,再根据逻辑函数最小项表达式,将逻辑函数中包含的最小项,在逻辑变量卡诺图相应的小方格中填1,不包含的最小项填0或不填,所得的图形就是逻辑函数卡诺图。

图 10-12 逻辑函数卡诺图

【例10-5】 将函数 $Y = \overline{AB}\,\overline{CD} + AB\,\overline{C}\,\overline{D} + \overline{A}BCD + A\,\overline{B}CD + ABCD + AB\,\overline{CD}$ 用卡诺图表示。

【解】

$$Y = \overline{AB}\,\overline{CD} + AB\,\overline{C}\,\overline{D} + \overline{A}BCD + A\,\overline{B}CD + ABCD + AB\,\overline{CD}$$
$$= m_5 + m_{12} + m_7 + m_{11} + m_{15} + m_{13}$$
$$= \sum m\,(5,\ 7,\ 11,\ 12,\ 13,\ 15)$$

先画出逻辑变量卡诺图,再根据逻辑函数最小项表达式在其最小项对应的小方格中填1,没有最小项对应的小方格中填0,即得到逻辑函数卡诺图,如图10-13所示。

3)已知逻辑函数一般表达式,由此画出逻辑函数的卡诺图。先将逻辑函数一般表达式转换为与或表达式,然后再变换成最小项表达式,最后根据逻辑函数最小项表达式,直接画出逻辑函数的卡诺图。

AB\CD	00	01	11	10
00	0	0	0	0
01	0	1	1	0
11	1	1	1	0
10	0	0	1	0

图 10-13 逻辑函数卡诺图

(四)利用卡诺图化简逻辑函数

1. 用卡诺图化简逻辑函数的步骤

1)将逻辑函数写成最小项表达式。

2)按最小项表达式填卡诺图,凡式中包含了的最小项,其对应方格填1,其余方格填0。

3)合并最小项,即将相邻的"1"方格圈成一组(包围圈),每一组含 2^n 个方格,对应每个包围圈写成一个新的乘积项。

4）将所有包围圈对应的乘积项相加。

有时也可以由真值表直接填卡诺图，以上的1）、2）两步就合为一步。

2. 画包围圈时应遵循的原则

1）包围圈内的方格数必定是 2^n 个，n 等于0、1、2、3…

2）相邻方格包括上下底相邻、左右边相邻和四角相邻。

3）同一方格可以被不同的包围圈重复包围，但新增包围圈中一定要有新的方格，否则该包围圈为多余。

4）包围圈内的方格数要尽可能多，包围圈的数目要尽可能少，如图10-14 ～ 图10-16所示。

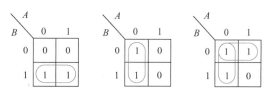

图 10-14　两个相邻最小项的情况

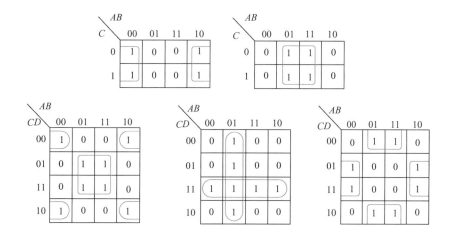

图 10-15　四个相邻最小项的情况

化简后，一个包围圈对应一个与项（乘积项），包围圈越大，所得乘积项中的变量越少。实际上，如果做到了使每个包围圈尽可能大，包围圈个数也就会越少，使得消失的乘积项个数也越多，就可以获得最简的逻辑函数表达式。下面通过举例来熟悉用卡诺图化简逻辑函数的方法。

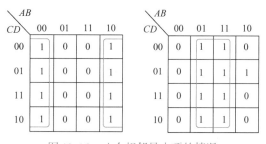

图 10-16　八个相邻最小项的情况

【例 10-6】 用卡诺图化简逻辑函数表达式 $Y = \overline{A}BC + A\,\overline{B}C + AB\,\overline{C} + ABC$。

【解】 $Y = \overline{A}BC + A\,\overline{B}C + AB\,\overline{C} + ABC$ 共有三个变量，绘得相应的卡诺图如图10-17所示。按上述步骤化简得 $Y = AB + BC + AC$。

【例 10-7】 用卡诺图化简逻辑函数表达式 $Y(A，B，C，D) = \overline{B}CD + B\,\overline{C} + \overline{A}\,\overline{C}D + A\,\overline{B}C + A\,\overline{B}CD$。

【解】 将上式写成最小项之和，即

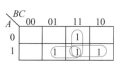

图 10-17　例 10-6 卡诺图

$$Y = \overline{B}CD(A+\overline{A}) + B\overline{C}(A+\overline{A})(D+\overline{D}) + \overline{A}\,CD(B+\overline{B}) + A\overline{B}C(D+\overline{D}) + A\overline{B}\,\overline{C}D$$

$$= \overline{A}\,\overline{B}\,CD + \overline{A}\,\overline{B}CD + \overline{A}B\overline{C}\,\overline{D} + \overline{A}B\overline{C}D + A\overline{B}\,\overline{C}D + A\overline{B}C\overline{D} + A\overline{B}CD + AB\overline{C}\,\overline{D} + AB\overline{C}D$$

$$= m_1 + m_3 + m_4 + m_5 + m_9 + m_{10} + m_{11} + m_{12} + m_{13}$$

$$= \sum(1,3,4,5,9,10,11,12,13)$$

画得相应的卡诺图如图 10-18 所示，化简的最后结果为 $Y = B\overline{C} + \overline{B}D + A\overline{B}C$。

【例 10-8】　用卡诺图化简 $Y(A,B,C,D) = \sum(0,2,5,8,9,10,11)$。

【解】　画得相应的卡诺图如图 10-19 所示。图中，四个角是相邻项，可以合并，序号为 5 的项无相邻项，单独写出，于是 $Y = \overline{B}\,\overline{D} + A\overline{B} + \overline{A}B\overline{C}D$。

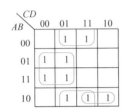

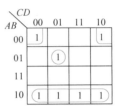

图 10-18　例 10-7 卡诺图　　　　　　图 10-19　例 10-8 卡诺图

四、门电路

门电路是数字电路中最为基本的逻辑组件，应用十分广泛。所谓门电路，实际上就是一种开关电路，当满足一定条件时它能允许数字信号通过，条件不满足时数字信号就不能通过。所以，门电路是一种逻辑电路。

数字电路中信号表现为高、低两种电平，称为逻辑电平，这与逻辑状态相对应，至于高、低电平的具体数值，则由数字电路的类型来决定。这样，就将高、低电平问题转化为逻辑问题，故数字电路又有逻辑电路之称。通常用符号 0（称作逻辑 0）和 1（称作逻辑 1）来表示两种对立的逻辑状态，见表 10-8。

表 10-8　两种对立的逻辑状态

逻辑值		逻辑 1	逻辑 0
代表的逻辑状态		是	否
		通	断
		高	低
		有	无
		亮	灭
		南	北
		上	下

需要说明的是，究竟用逻辑符号 0 还是 1 来表示高电平可以人为决定，于是出现了两种逻辑体制，即正逻辑（1 表示高电平、0 表示低电平）和负逻辑（1 表示低电平、0 表示高电平）。本课程未作特殊说明时均采用正逻辑。

数字电路中最基本的逻辑关系有三种，即"与"逻辑、"或"逻辑和"非"逻辑，与此对应的基本门电路是"与"门、"或"门和"非"门。由这三种基本逻辑门电路可以组合成其他复合逻辑门电路。

　　门电路可以用分立组件组成。但由于分立组件电路的种种欠缺（如体积大、可靠性差、耗能大等），如今广泛使用的是集成门电路。通过本节的学习，读者可从中掌握基本门电路的概念。

（一）二极管与门电路

　　图 10-20a 所示是二极管与门电路，A、B、C 是它的三个输入，Y 是输出。图 10-20b 是它的图形符号。

　　A、B、C 全为 1 时（设三者电位均为 3V），三管均承受正向电压而导通，因为二极管的正向压降较小（硅管约为 0.7V，锗管约为 0.3V，此处一般采用锗管），输出 Y 的电位则被钳制在 3V 附近，比 3V 略高一点，属于高电平的范畴，输出 Y 的逻辑值为 1。

　　当输入中有一个为 0，即电位在 0V 附近，例如 A 为 0，另外两个为 1，则 $\mathrm{VD_A}$ 先导通，输出 Y 的电位被钳制在 0V 附近，属于低电平范畴。输出 Y 的逻辑值为 0，二极管 $\mathrm{VD_B}$ 和 $\mathrm{VD_C}$ 因承受反向电压而截止。

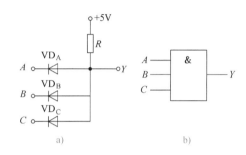

图 10-20　二极管与门电路及其图形符号

　　由此可见，只有当 A、B、C 全为 1 时，Y 才为 1，否则 Y 就是 0，这符合与逻辑，所以它是一种与门。与逻辑关系可表示为

$$Y = ABC \tag{10-1}$$

　　图 10-20 有三个输入，每个输入信号（逻辑变量）有 1 和 0 两种状态，共有八种组合。表 10-9 为三逻辑变量的与门逻辑状态表。

表 10-9　与门逻辑状态表

输出	输入		
Y	A	B	C
0	0	0	0
0	0	0	1
0	0	1	0
0	0	1	1
0	1	0	0
0	1	0	1
0	1	1	0
1	1	1	1

（二）二极管或门电路

　　图 10-21 所示是二极管或门电路及其图形符号。

　　或门的输入中只要有一个为 1，输出就为 1。例如只有 A 为 1（设其电位为 3V），则 A 的电位比 B、C 高。$\mathrm{VD_A}$ 优先导通，Y 的电位比 A 略低（$\mathrm{VD_A}$ 正向压降约为 0.3V），仍属于 3V 附近这个高电平范畴，故输出 Y 的逻辑值为 1。由于 Y 的电位比 B、C 高，$\mathrm{VD_B}$ 和 $\mathrm{VD_C}$ 因承受反向电压而截止。

二极管与门电路

二极管或门电路

只有当三个输入全为 0 时，此时三只二极管都导通，输出端 Y 的电位在 0V 附近，属于低电平范畴，故输出端 Y 的逻辑值为 0。这符合或逻辑，所以它是一种或门。或逻辑关系可表示为

$$Y = A + B + C \qquad (10-2)$$

表 10-10 为三逻辑变量的或门逻辑状态表。

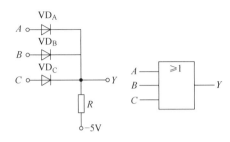

图 10-21　二极管或门电路及其图形符号

表 10-10　或门逻辑状态表

输出	输入		
Y	A	B	C
0	0	0	0
1	0	0	1
1	0	1	0
1	0	1	1
1	1	0	0
1	1	0	1
1	1	1	0
1	1	1	1

（三）晶体管非门电路（反相器）

图 10-22 所示为晶体管非门电路及其图形符号。非门电路只有一个输入 A。当 A 为 1（设其电位为 3V）时，晶体管饱和，其集电极即输出 Y 为 0（其电位在 0V 附近）；当 A 为 0 时，晶体管截止，输出 Y 为 1（其电位近似等于 V_{CC}）。所以非门电路也称为反相器。加负电源 V_{BB} 是为了当 A 为 0 时使晶体管可靠截止。

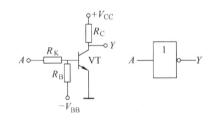

图 10-22　晶体管非门电路及其图形符号

非逻辑关系可表示为 $\qquad Y = \overline{A} \qquad\qquad (10-3)$

表 10-11 为非门逻辑状态表。

表 10-11　非门逻辑状态表

输入	输出
A	Y
0	1
1	0

如果把上述三种基本逻辑电路按需要组合起来，可构成新的逻辑功能，例如，晶体管与门和晶体管非门组合起来构成的与非门就是一种常用的门电路，如图 10-23 所示。

与非门的逻辑功能是：当输入全为 1

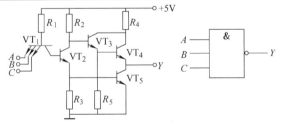

图 10-23　与非门电路及其图形符号

时，输出为 0；否则，输出为 1。

与非逻辑关系可表示为

$$Y = \overline{ABC} \qquad\qquad (10\text{-}4)$$

表 10-12 为与非门逻辑状态表。

表 10-12 与非门逻辑状态表

输出	输入		
Y	A	B	C
1	0	0	0
1	0	0	1
1	0	1	0
1	0	1	1
1	1	0	0
1	1	0	1
1	1	1	0
0	1	1	1

◆ 项目实训

三人表决器电路的设计与调试

一、实训目的

1）学会真值表与逻辑函数表达式及卡诺图之间的转换，能根据化简后的逻辑函数表达式画出逻辑电路。

2）熟悉各元器件的性能和设置元器件的参数，学会数字逻辑电路的设计方法。

3）学会电路的检测和调试方法，熟练使用电子焊接工具，完成电路装接。

4）提高学生的动手能力，培养良好的职业道德和职业习惯。

二、实训内容

（一）下达工作任务

1. 分组

学生进行分组，选出组长（每次不同），下发学生工作单。

2. 原理图

三人表决器电路原理图如图 10-24 所示。

3. 元器件清单

元器件清单见表 10-13。

表 10-13 元器件清单

序号	元件	规格与型号	数量
1	电阻		4 个
2	发光二极管		1 个
3	按钮		3 个
4	74LS00D 芯片		2 块

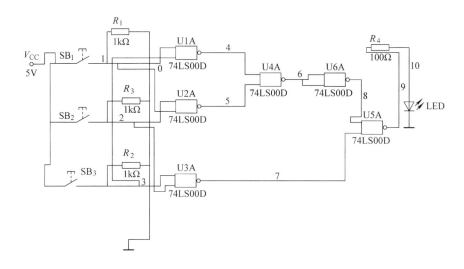

图 10-24　三人表决器电路原理图

4. 三人表决器电路的真值表

三人表决器电路的真值表见表 10-14。

表 10-14　三人表决器电路的真值表

A	B	C	Y
不同意	不同意	不同意	不亮
不同意	不同意	同意	不亮
不同意	同意	不同意	不亮
不同意	同意	同意	灯亮
同意	不同意	不同意	不亮
同意	不同意	同意	灯亮
同意	同意	不同意	灯亮
同意	同意	同意	灯亮

根据电路真值表列出逻辑函数表达式真值表，不同意用 0 表示，同意用 1 表示。逻辑函数表达式真值表见表 10-15。

表 10-15　逻辑函数表达式真值表

A	B	C	Y
0	0	0	0
0	0	1	0
0	1	0	0
0	1	1	1
1	0	0	0
1	0	1	1
1	1	0	1
1	1	1	1

根据逻辑函数表达式真值表列出卡诺图，并根据卡诺图求出简化后的逻辑函数表达式，再由逻辑函数表达式画出逻辑电路图。

5. 实训注意事项

在焊接时尽可能避免线路的交叉，不要把焊点焊得过大，相邻绝缘焊盘一定不能连接在一起。

（二）学生设计实施方案

学生小组根据电路模型选择系统部件，并进行部件的功能检查。查找相关资料，设计项目实施方案。在此过程中，指导教师要巡视课堂，了解情况，对问题与疑点积极引导，适时点拨。对学习困难学生积极鼓励，并适度助学。

（三）学生阐述设计方案

每组学生派代表阐述自己的设计方案（注：自己制作 PPT），老师和各组同学分别对方案进行评价，同时指导教师对重点内容进行精讲，并帮助学生确定方案的可行性。

（四）学生实施方案

学生组长负责组织实施方案（包括测电路参数、电路连接、调试）。在此过程中，指导教师要进行巡视指导，帮助同学解决各种问题，掌握学生的学习动态，了解课堂的教学效果。

（五）学生展示

学生小组派代表进行成果展示（注：自己制作 PPT），老师和各组同学分别对方案进行考核打分，组长对本组组员进行打分。

（六）教师点评

教师对每组进行点评，并总结成果及不足。

三、评价标准（见表 10-16）

表 10-16　评价标准

项目名称	三人表决器电路的设计与调试		时间		总分	
组长		组员				
评价内容及标准				自评	组长评价	教师评价
任务准备	课前预习、准备资料（5 分）					
电路设计、焊接、调试	元器件选择（10 分）					
	电路图设计（15 分）					
	焊接质量（10 分）					
	功能的实现（15 分）					
	电工工具的使用（10 分）					
	参数的测试（10 分）					
工作态度	不迟到，不早退；学习积极性高，工作认真负责（5 分）					
	具有安全操作意识和团队协作精神（5 分）					
任务完成	完成速度，完成质量（5 分）					
	工作单的完成情况（5 分）					
个人答辩	能够正确回答问题并进行原理叙述，思路清晰、语言组织能力强（5 分）					
评价等级						
项目最终评价：自评占 20%，组长评价占 30%，教师评价占 50%						

四、学生工作单（见表10-17）

表10-17　学生工作单

学习项目	三人表决器电路的设计与调试		班级		组别		成绩	
组长			组员					
一、咨询阶段任务 1. 叙述三人表决器电路的基本结构。 2. 查阅资料，简要叙述74LS00如何应用。 二、过程和方案设计（计划和决策）任务 1. 三人表决器电路中的各元器件应如何用电路模型来代替？ 2. 集成电路芯片如何使用？举例说明。 3. 三人表决器电路方案设计。				三、实施阶段任务 1. 识别原理图，明确元器件连接和电路连线。 2. 画出布线PCB图。 3. 完成电路所需元器件的选择与检测。 4. 根据布线PCB图，选择合适敷铜板焊接、制作电路。 四、检查和评价阶段任务 1. 在方案实施过程中出现了哪些问题？又是如何解决的？ 2. 任务完成过程中有什么收获？自己在什么地方做得比较满意？哪些地方不满意？ 3. 总结自己在任务完成过程中有哪些不足之处？如何改进？				
学生自评：				教师评语：				
学生互评：								

◆ 习题及拓展训练

一、项目习题

1. 完成下列的数制转换。

（1）$(255)_{10} = (\quad)_2 = (\quad)_{16} = (\quad)_8$　（2）$(11010)_2 = (\quad)_{16} = (\quad)_{10} = (\quad)_8$

（3）$(3FF)_{16} = (\quad)_2 = (\quad)_{10} = (\quad)_8$　（4）$(345)_8 = (\quad)_{10} = (\quad)_2 = (\quad)_{16}$

2. 用公式法化简下列逻辑函数。

（1）$Y = A\bar{B} + B + \bar{A}B$　　　　　　　　　　（2）$Y = \bar{A}B\bar{C} + A + \bar{B} + C$

（3）$Y = \overline{A + B + C} + A\bar{B}\bar{C}$　　　　　　（4）$Y = A\bar{B}CD + ABD + A\bar{C}D$

（5）$Y(A, B, C) = \Sigma m(0, 1, 2, 3, 4, 6, 7)$

（6）$Y(A, B, C, D) = \Sigma m(2, 6, 7, 8, 9, 10, 11, 13, 14, 15)$

3. 用卡诺图化简下列逻辑函数。

（1）$Y(A, B, C) = \Sigma m(0, 2, 4, 7)$

（2）$Y(A, B, C, D) = \Sigma m(1, 5, 6, 7, 11, 12, 13, 15)$

（3）$Y = \bar{A}\bar{B}\bar{C} + \bar{A}B\bar{C} + \bar{A}C$　　　　　（4）$Y = \bar{B}CD + B\bar{C} + \bar{A}\bar{C}D + A\bar{B}C$

（5）$Y = \bar{A}C + ABC + \bar{A}CD + CD$

4. 画出逻辑函数 $L = A \cdot B + \bar{A} \cdot \bar{B}$ 的逻辑图。

5. 写出图10-25所示逻辑电路图的逻辑函数表达式。

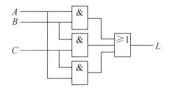

图　10-25

二、拓展提高

设有甲乙丙三人进行表决，若有两人或两人以上同意，则通过表决，用 A、B、C 代表甲、乙、丙，用 L 表示表决结果。试写出真值表、逻辑函数表达式，并画出用与非门构成的逻辑电路图。

名人寄语

如果一个人不知道他要驶向哪头，那么任何风都不是顺风。

——塞涅卡

项目十一　数码显示电路的设计与调试

◆　项目目标

1. 掌握组合逻辑电路的分析与设计方法。
2. 了解编码器、译码器的工作原理，熟悉编码器、译码器和数码管的逻辑功能。
3. 能够熟练使用集成编码器、译码器和数码管。
4. 了解函数信号发生器，熟练使用常用工具对电路进行测试和调试。
5. 培养学生的动手能力、创新能力和团结协作的精神。

◆　工作情境

1. 实训环境要求

本项目的教学应在一体化的电子装配实训室进行，实训室内设有教学区（配备多媒体）、工作区、资料区和展示区。要配备常用的电子实验台等设备、万用表等常用仪表及常用电工工具。

2. 指导要求

配备一名主讲教师和一名实验室辅助教师。

3. 学生要求

根据班级情况进行分组，一般每组 3 ~ 4 名同学，选出组长。

4. 教学手段选择

1）主要应用讲授法、任务教学法、讨论法和演示法进行教学。
2）多媒体教学与实物演示相结合。
3）现场教学与动手操作相结合。
4）教师主导与学生自主学习相结合。

实践知识——函数信号发生器

一、函数信号发生器的分类

函数信号发生器

信号发生器一般分为函数信号发生器及任意波形信号发生器，而函数信号发生器在设计上又分为模拟式及数字合成式。众所周知，数字合成式函数信号发生器无论就频率、幅度乃至信号的信噪比（S/N）均优于模拟式，其锁相环（PLL）的设计让输出信号不仅频率精准，而且相位抖动（Phase Jitter）及频率漂移均能达到相当稳定的状态，但毕竟采用的是数字式信号源，数字电路与模拟电路之间的干扰始终难以有效克服，这也造成在小信号的输出上不如模拟式函数信号发生器。

（1）正弦信号发生器　主要用于测量电路和系统的频率特性、非线性失真、增益及灵敏度等。按其性能和用途不同还可细分为低频（20Hz ~ 10MHz）信号发生器、高频（100kHz ~ 300MHz）信号发生器、微波信号发生器、扫频和程控信号发生器、频率合成式信号发生器等。

（2）函数波形发生器　能产生某些特定的周期性时间函数波形（正弦波、方波、三角波、锯齿波和脉冲波等）信号，频率范围可从几微赫到几十兆赫。除供通信、仪表和自动控制系统测试用外，还广泛用于其他非电测量领域。

（3）脉冲信号发生器　能产生宽度、幅度和频率可调的矩形脉冲的发生器，可用于测试线性系统的瞬态响应，或用作模拟信号来测试雷达、多路通信和其他脉冲数字系统的性能。

（4）随机信号发生器　通常又分为噪声信号发生器和伪随机信号发生器两类。噪声信号发生器主要用途为：在待测系统中引入一个随机信号，以模拟实际工作条件中的噪声而测定系统性能；外加一个已知噪声信号与系统内部噪声比较以测定噪声系数；用随机信号代替正弦或脉冲信号，以测定系统动态特性等。当用噪声信号进行相关函数测量时，若平均测量时间不够长，会出现统计性误差，可用伪随机信号来解决。

二、函数信号发生器的几种实现方法

1）用分立元器件组成的函数信号发生器：通常是单函数信号发生器且频率不高，其工作不很稳定，不易调试。

2）由晶体管、运放 IC 等通用器件制作，更多的则是用专门的函数信号发生器 IC 产生的函数信号发生器：早期的函数信号发生器 IC，如 L8038、BA205、XR2207/2209 等，它们的功能较少，精度不高，频率上限只有 300kHz，无法产生更高频率的信号，调节方式也不够灵活，频率和占空比不能独立调节，二者互相影响。

3）利用单片集成芯片的函数信号发生器：能产生多种波形，达到较高的频率，且易于调试。鉴于此，美国美信公司开发了函数信号发生器 IC MAX038，它克服了 2）中芯片的缺点，可以达到更高的技术指标，是上述芯片望尘莫及的。MAX038 频率高、精度好，因此它被称为高频精密函数信号发生器 IC。在锁相环、压控振荡器、频率合成器、脉宽调制器等电路的设计上，MAX038 都是优选的器件。

4）利用专用 DDS 芯片的函数信号发生器：能产生任意波形并达到很高的频率，但成本较高。

◆　理论知识

一、组合逻辑电路的分析与设计

数字电路一般可分为组合逻辑电路和时序逻辑电路。组合逻辑电路的特点是输出逻辑状态完全由当前输入状态决定。门电路是组合逻辑电路的基本逻辑单元。

1. 组合逻辑电路的分析

组合逻辑电路的分析：从给定的逻辑电路图求出输出函数的逻辑功能，即求出逻辑函数表达式和真值表。

分析步骤一般为：

1）推导输出函数的逻辑表达式并化简。首先将逻辑电路图中各个门的输出都标上字母，然后从输入级开始，逐级推导出各个门的输出函数。

2）由逻辑函数表达式建立真值表。

列真值表的方法是首先将输入信号的所有组合列表，然后将各组合代入输出函数得到输出信号值。

3）分析真值表，判断逻辑电路的功能。

【例 11-1】　试分析图 11-1 所示的逻辑电路图的功能。

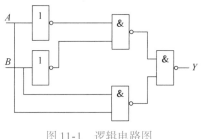

图 11-1　逻辑电路图

表 11-1　真值表

A	B	Y
0	0	1
0	1	0
1	0	0
1	1	1

【解】　（1）根据逻辑图写出逻辑函数式并化简 $Y = \overline{\overline{\overline{A} \cdot \overline{B}} \cdot \overline{AB}} = \overline{A} \cdot \overline{B} + AB$。

（2）列真值表，见表 11-1。

（3）分析逻辑功能。由真值表可知：A、B 相同时 $Y = 1$，A、B 不相同时 $Y = 0$，所以该电路是同或逻辑电路。

2. 组合逻辑电路的设计

组合逻辑电路的设计就是在给定逻辑功能及要求的条件下，设计出满足功能要求而且是最简单的逻辑电路。设计步骤如下：

1）确定输入输出变量，定义变量逻辑状态含义。

2）将实际逻辑问题写成真值表。

3）根据真值表写逻辑函数表达式，并化简成最简的与或表达式。

4）根据表达式画逻辑电路图。

【例 11-2】　设有甲、乙、丙三台电动机，它们运转时必须满足这样的条件，即任何时间必须有而且仅有一台电动机运行，如不满足该条件，就输出报警信号。试设计此报警电路。

【解】　（1）取甲、乙、丙三台电动机的状态为输入变量，分别用 A、B 和 C 表示，并且规定电动机运转为 1，停转为 0，取报警信号为输出变量，以 Y 表示，$Y = 0$ 表示正常状态，否则为报警状态。

（2）根据题意可列出表 11-2 所示的真值表。

（3）写逻辑函数表达式：其一是对 $Y = 1$ 的情况写，其二是对 $Y = 0$ 的情况写，用方法一写出的是最小项表达式，用方法二写出的是最大项表达式，若 $Y = 0$ 的情况很少时，也可对 $\overline{Y}$ 等于 1 的情况写，然后再对 $\overline{Y}$ 求反。以下是对 $Y = 1$ 的情况写出的表达式：

$$Y = \overline{A}\,\overline{B}\,\overline{C} + \overline{A}\,BC + A\,\overline{B}\,C + AB\,\overline{C} + ABC$$

化简后得到：

$$Y = \overline{A}\,\overline{B}\,\overline{C} + AC + AB + BC$$

（4）由逻辑函数表达式可画出图 11-2 所示的逻辑电路图。

编码器

二、编码器

编码器（Encoder）是用二进制码表示十进制数或其他一些特殊信息的电路。常用的编码器有普通编码器和优先编码器两类，编码器又可分为二进制编码器和二-十进制编码器等。

表 11-2　真值表

A	B	C	Y
0	0	0	1
0	0	1	0
0	1	0	0
0	1	1	1
1	0	0	0
1	0	1	1
1	1	0	1
1	1	1	1

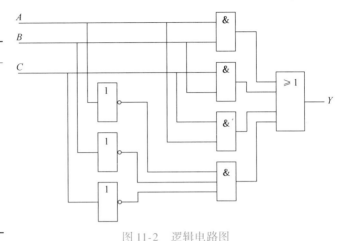

图 11-2　逻辑电路图

1. 普通编码器

N 位二进制符号有 2^N 种不同的组合，因此有 N 位输出的编码器可以表示 2^N 个不同的输入信号，一般把这种编码器称为 2^N 线-N 线编码器。图 11-3 是三位二进制编码器（8 线-3线编码器）的原理框图。

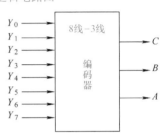

图 11-3　8 线-3 线编码器的原理框图

它有 8 个输入端 $Y_0 \sim Y_7$，有 3 个输出端 C、B、A，所以称为 8 线-3 线编码器。对于普通编码器来说，在任何时刻输入 $Y_0 \sim Y_7$ 中只允许一个信号为有效电平。高电平有效的 8 线-3 线普通编码器的编码表见表 11-3。由编码表得到输出表达式为

$$\begin{cases} C = Y_4 + Y_5 + Y_6 + Y_7 \\ B = Y_2 + Y_3 + Y_6 + Y_7 \\ A = Y_1 + Y_3 + Y_5 + Y_7 \end{cases}$$

实现上述功能的逻辑图如图 11-4 所示。

表 11-3　8 线-3 线普通编码器编码表

输入	C	B	A
Y_0	0	0	0
Y_1	0	0	1
Y_2	0	1	0
Y_3	0	1	1
Y_4	1	0	0
Y_5	1	0	1
Y_6	1	1	0
Y_7	1	1	1

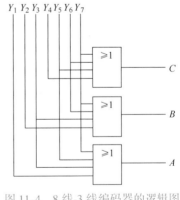

图 11-4　8 线-3 线编码器的逻辑图

2. 优先编码器

普通编码器电路比较简单，但当两个或更多输入信号同时有效时，将造成输出状态混乱，采用优先编码器可以避免这种现象出现。优先编码器首先对所有的输入信号按优先顺序排队，然后选择优先级最高的一个输入信号进行编码。下面以 74LS147 和 74LS148 为例，介

绍优先编码器的逻辑功能和使用方法。

（1）10 线-4 线二进制优先编码器 74LS147　10 线-4 线二进制优先编码器 74LS147 为二-十进制编码器，它的符号如图 11-5 所示，编码见表 11-4。该编码器的特点是可以对输入进行优先编码，以保证只编码最高位输入数据线，该编码器输入为 1~9 九个数字，输出是 BCD 码，数字 0 不是输入信号。输入与输出都是低电平有效。

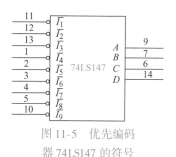

图 11-5　优先编码器 74LS147 的符号

表 11-4　74LS147 真值表

输　入									输　出			
$\overline{I_1}$	$\overline{I_2}$	$\overline{I_3}$	$\overline{I_4}$	$\overline{I_5}$	$\overline{I_6}$	$\overline{I_7}$	$\overline{I_8}$	$\overline{I_9}$	D	C	B	A
1	1	1	1	1	1	1	1	1	1	1	1	1
×	×	×	×	×	×	×	×	0	0	1	1	0
×	×	×	×	×	×	×	0	1	0	1	1	1
×	×	×	×	×	×	0	1	1	1	0	0	0
×	×	×	×	×	0	1	1	1	1	0	0	1
×	×	×	×	0	1	1	1	1	1	0	1	0
×	×	×	0	1	1	1	1	1	1	0	1	1
×	×	0	1	1	1	1	1	1	1	1	0	0
×	0	1	1	1	1	1	1	1	1	1	0	1
0	1	1	1	1	1	1	1	1	1	1	1	0

图 11-6 所示电路是 74LS147 的典型应用电路，该电路可以将 0~9 十个按钮信号转换成编码。当没有按钮按下时，按钮按下信号 $Y=0$；若有按钮按下，则按钮按下信号 $Y=1$。虽然 0 信号未进入 74LS147，但是当 0 按钮按下时，按钮按下信号 $Y=1$，同时编码输出 1111，这就相当于 0 的编码是 1111。

（2）8 线-3 线二进制优先编码器 74LS148　二进制编码器是用 n 位二进制码对 2^n 个信号进行编码的电路。74LS148 的符号如图 11-7 所示。该编码器的输入与输出都是低电平有效。从表 11-5 可以看出，输入端 $\overline{EI}$ 是片选端，当 $\overline{EI}=0$ 时，编码器正常工作，否则编码器输出全为高电平。输出信号 $\overline{GS}=0$ 表示编码器工作正常，而且有编码输出。输出信号 $\overline{EO}=0$ 表示编码器正常工作但是没有编码输出，它常用于编码器级联。

表 11-5　74LS148 真值表

输　入									输　出				
$\overline{EI}$	0	1	2	3	4	5	6	7	$\overline{GS}$	$\overline{EO}$	A_2	A_1	A_0
1	×	×	×	×	×	×	×	×	1	1	1	1	1
0	1	1	1	1	1	1	1	1	1	0	1	1	1
0	×	×	×	×	×	×	×	0	0	1	0	0	0
0	×	×	×	×	×	×	0	1	0	1	0	0	1
0	×	×	×	×	×	0	1	1	0	1	0	1	0
0	×	×	×	×	0	1	1	1	0	1	0	1	1
0	×	×	×	0	1	1	1	1	0	1	1	0	0
0	×	×	0	1	1	1	1	1	0	1	1	0	1
0	×	0	1	1	1	1	1	1	0	1	1	1	0
0	0	1	1	1	1	1	1	1	0	1	1	1	1

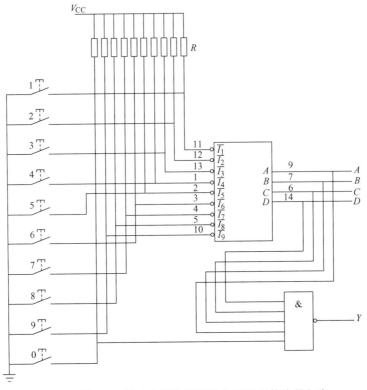

图 11-6 将 0 ~ 9 数字按钮信号转换成 BCD 码的编码电路

【例 11-3】 某医院的某层有 8 个病房和一个大夫值班室，每个病房有一个按钮，在大夫值班室有一优先编码器电路，该电路可以用数码管显示病房的编码。各个房间按病人病情严重程度不同分类，1 号房间病人病情最重，8 号房间病情最轻。试设计一个呼叫装置，该装置按病人的病情严重程度呼叫大夫，若两个或两个以上的病人同时呼叫大夫，则只显示病情最重病人的呼叫。

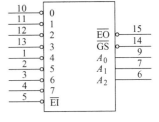

图 11-7 优先编码器 74LS148 的符号

【解】 根据题意，选择优先编码器 SN74148，对病房进行编码。当有按钮按下时 SN74148 的 $\overline{GS}$ 端输出低电平，经过反相器推动晶体管使蜂鸣器发声，以提醒有病房按下了按钮。具体电路如图 11-8 所示，图中的 DS 和 SN7446A 将编码器的输出 A_0、A_1、A_2 变换成我们习惯的显示方式——十进制数，称为译码和显示，在后面我们将详细讨论。图中由于 SN74148 输出低电平有效，而 SN7446A 输入高电平有效，所以两个芯片之间串联反相器。

三、译码器

将二进制代码（或其他确定信号或对象的代码）"翻译"出来，变换成另 译码器外的对应的输出信号（或另一种代码）的逻辑电路称为译码器。

1. 二进制译码器

N 位二进制译码器有 N 个输入端和 2^N 个输出端，即将 N 位二进制代码的组合状态翻译成对应的 2^N 个最小项，一般称为 N 线-2^N 线译码器。2 线-4 线译码器的逻辑图如图 11-9 所示。

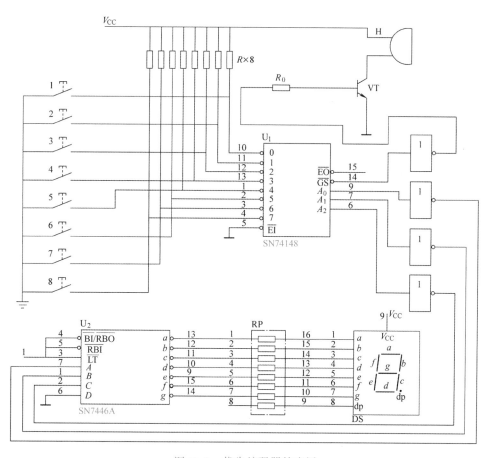

图 11-8 优先编码器的应用

电路有 2 个输入 A、B 及 4 个输出 $\overline{Y_3} \sim \overline{Y_0}$，在任何时刻最多只有一个输出为有效电平（低电平有效），其真值表见表 11-6，当 $\overline{EN} = 1$（无效）时，译码器处于禁止工作状态，此时，全部输出都为高电平（无效状态）。

常用的中规模集成电路译码器有双 2 线-4 线译码器 74LS139、3 线-8 线译码器 74LS138、4 线-16 线译码器 74LS154 和 4 线-10 线译码器 74LS42 等。

74LS138 是 TTL 系列中的 3 线-8 线译码器，它的逻辑符号如图 11-10 所示，其中 A、B 和 C 是输入端，$\overline{Y_0}$、$\overline{Y_1}$、$\overline{Y_2}$、$\overline{Y_3}$、$\overline{Y_4}$、$\overline{Y_5}$、$\overline{Y_6}$、$\overline{Y_7}$ 是输出端，G_1、$\overline{G_{2A}}$、$\overline{G_{2B}}$ 是控制端。它的真值表见表 11-7。在真值表中，$\overline{G_2} = \overline{G_{2A}} + \overline{G_{2B}}$，从真值表可以看出当 $G_1 = 1$、$\overline{G_2} = 0$ 时该

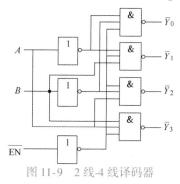

图 11-9 2 线-4 线译码器

图 11-10 3 线-8 线译码器的逻辑符号

译码器处于工作状态，否则输出被禁止，输出高电平。这三个控制端又称为片选端，利用它们可以将多片 74LS138 连接起来扩展译码器的功能。

表 11-6　2 线-4 线译码器真值表

$\overline{\text{EN}}$	B	A	$\overline{Y_3}\,\overline{Y_2}\,\overline{Y_1}\,\overline{Y_0}$	$\overline{\text{EN}}$	B	A	$\overline{Y_3}\,\overline{Y_2}\,\overline{Y_1}\,\overline{Y_0}$
1	×	×	1 1 1 1	0	1	0	1 0 1 1
0	0	0	1 1 1 0	0	1	1	0 1 1 1
0	0	1	1 1 0 1				

表 11-7　74LS138 真值表

控制		输入			输出							
G_1	$\overline{G_2}$	C	B	A	$\overline{Y_0}$	$\overline{Y_1}$	$\overline{Y_2}$	$\overline{Y_3}$	$\overline{Y_4}$	$\overline{Y_5}$	$\overline{Y_6}$	$\overline{Y_7}$
×	1	×	×	×	1	1	1	1	1	1	1	1
0	×	×	×	×	1	1	1	1	1	1	1	1
1	0	0	0	0	0	1	1	1	1	1	1	1
1	0	0	0	1	1	0	1	1	1	1	1	1
1	0	0	1	0	1	1	0	1	1	1	1	1
1	0	0	1	1	1	1	1	0	1	1	1	1
1	0	1	0	0	1	1	1	1	0	1	1	1
1	0	1	0	1	1	1	1	1	1	0	1	1
1	0	1	1	0	1	1	1	1	1	1	0	1
1	0	1	1	1	1	1	1	1	1	1	1	0

从真值表可知每一个输出端的函数为

$$Y_i = \overline{m_i\ \left(G_1 \overline{\overline{G_{2A}}}\ \overline{\overline{G_{2B}}}\right)}$$

式中，m_i 为输入 C、B、A 的最小项。

如果把 G_1 作为数据输入端（同时使 $\overline{G_{2A}} + \overline{G_{2B}} = 0$），把 C、B、A 作为地址端，则可以把 G_1 信号送到一个由地址指定的输出端，例如，$CBA = 101$，则 $\overline{Y_5}$ 等于 G_1 的反码，这种使用称为数据分配器使用。

2. 显示译码器

在一些数字系统中，不仅需要译码，而且需要把译码的结果显示出来，所以显示译码器是对 4 位二进制数码译码并推动数码显示器的电路。

（1）显示器件　目前广泛使用的显示器件是七段数码显示器，由 $a \sim g$ 共 7 段可发光的线段拼合而成，通过控制各段的亮或灭，就可以显示不同的字符或数字。七段数码显示器有半导体数码显示器和液晶显示器两种。

半导体数码显示器（或称 LED 数码管）由发光二极管组成。一般情况下，单个发光二极管的管压降为 $1.5 \sim 3\mathrm{V}$，电流不超过 $30\mathrm{mA}$。发光二极管的阳极连在一起连接到电源正极的称为共阳极数码管，阴极接低电平的二极管发光；发光二极管的阴极连在一起并连接到电源负极的称为共阴极数码管，阳极接高电平的二极管发光。图 11-11 所示是七段数码管的外形图及共阴极、共阳极等效电路。有的数码管在右下角还增设了一个小数点，形成八段显示。

常用 LED 数码管显示的数字和字符是 0、1、2、3、4、5、6、7、8、9、A、B、C、D、E、F。

（2）七段显示译码器　七段显示译码器的功能是把"8421"二-十进制代码译成对应于数码管的七个字段信号，驱动数码管，显示出相应的十进制代码。

显示译码器有很多集成产品，如用于共阳极数码管的译码电路 74LS46/47 和用于共阴极

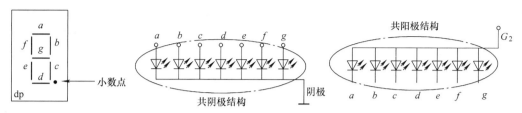

图 11-11　七段数码管的外形图及共阴极、共阳极等效电路

数码管的译码电路 74LS48 等。

1）用于共阳极数码管的译码电路 74LS46/47。74LS46 的符号如图 11-12 所示，真值表见表 11-8。

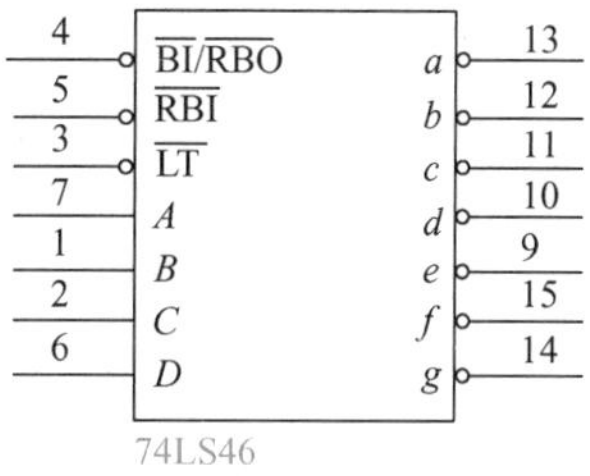

该译码器有 4 个控制信号：

灯测试端 LT：$\overline{LT} = 0$ 数码管各段都亮，除试灯外 $\overline{LT} = 1$。

动态灭零输入端 $\overline{RBI}$：当 $\overline{RBI} = 0$，同时 $ABCD$ 信号为 0000，而 $\overline{LT} = 1$ 时，所有各段都灭，同时 $\overline{RBO}$ 输出 0，该功能是灭 0。

图 11-12　74LS46 的符号

灭灯输入/动态灭灯输出端 $\overline{BI}/\overline{RBO}$：当 $\overline{BI}/\overline{RBO}$ 作为输入端使用时，若 $\overline{BI} = 0$，则不管其他输入信号，输出各段都灭。当 $\overline{BI}/\overline{RBO}$ 作为输出端使用时，若 $\overline{RBO}$ 输出 0，表示各段已经熄灭。

表 11-8　74LS46 真值表

功能	控制端			数据输入				输出							显示字形
	$\overline{LT}$	$\overline{BI}/\overline{RBO}$	$\overline{RBI}$	D	C	B	A	a	b	c	d	e	f	g	
灭灯	×	0/	×	×	×	×	×	1	1	1	1	1	1	1	全暗
试灯	0	1/	×	×	×	×	×	0	0	0	0	0	0	0	8
灭零	1	/0	0	0	0	0	0	1	1	1	1	1	1	1	全暗
显示	1	/1	1	0	0	0	0	0	0	0	0	0	0	1	0
	1	/1	×	0	0	0	1	1	0	0	1	1	1	1	1
	1	/1	×	0	0	1	0	0	0	1	0	0	1	0	2
	1	/1	×	0	1	0	0	0	0	0	0	1	1	0	3
	1	/1	×	0	1	0	1	1	0	0	1	1	0	0	4
	1	/1	×	0	1	1	0	0	1	0	0	1	0	0	5
	1	/1	×	0	1	1	1	0	1	0	0	0	0	0	6
	1	/1	×	1	0	0	0	0	0	0	1	1	1	1	7
	1	/1	×	1	0	0	1	0	0	0	0	0	0	0	8
	1	/1	×	1	0	1	0	0	0	0	0	1	0	0	9

74LS46与共阳极数码管的连接如图11-13所示。图中，电阻RP为限流电阻，具体阻值视数码管的电流大小而定。74LS46是OC输出，电源电压可以达到30V，吸收电流为40mA，对于一般的驱动是可以满足需求的，但是若数码管太大，就需要更高的电压和更大的电流，这就需要在译码器与数码管之间增加高电压、高电流驱动器。

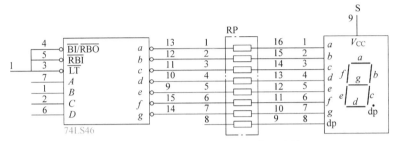

图11-13　74LS46与共阳极数码管的连接

2）用于共阴极数码管的译码电路74LS48。本电路采用有效高电平输出，具有试灯输入、前/后沿灭灯控制功能，输出最大电压为5.5V，吸收电流为6.4mA。74LS48的电路符号如图11-14所示。74LS48除输出高电平有效外，其他功能与74LS46相同。

74LS48的典型应用电路如图11-15所示。

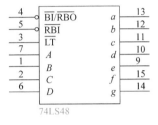

图11-14　74LS48符号

知识拓展延伸：对于普遍编码器来说，当两个或更多输入信号同时有效时，将造成输出状态混乱，在这种情况下就可采用优先编码器。优先编码器首先对所有的输入信号按优先顺序排队，然后选择优先级别最高的一个输入信号进行编码。在我们日常生活中会遇到很多事情，每天的工作时间又很有限，那么我们就需要对手头的工作进行排序，这样我们就可以优先做完重要且紧急的事情，提高工作效率。

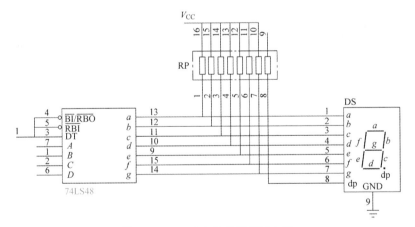

图11-15　74LS48的典型应用电路

◆　项目实训

数码显示电路的设计与调试

一、实训目的

1）进一步熟悉编码器、译码器和数码管的逻辑功能及集成编码器、译码器和数码管的特征引脚的功能和使用。

2）通过实现数码显示电路掌握组合逻辑电路的分析和设计方法。

3）熟练使用常用工具对电路进行测试和调试。

4）培养学生的动手能力、创新能力和团结协作的精神。

二、实训内容

（一）下达工作任务

1. 分组

学生进行分组，选出组长（每次不同），下发学生工作单。

2. 讲解工作任务的原理

（1）数码显示电路　如图 11-16 所示，该电路实现四人抢答的数码显示。S_1、S_2、S_3、S_4 分别表示四路抢答输入信号，当有一个开关按下时，即输入一个低电平，经过编码、字符译码器并最终在共阴极数码管上显示对应的数字号（$S_1 \sim S_4$ 依次对应数字 $1 \sim 4$）。

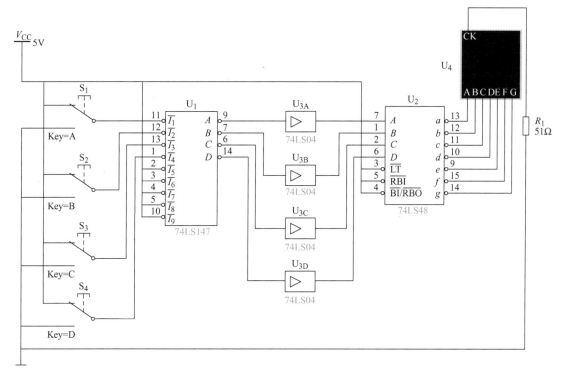

图 11-16　数码显示电路

（2）设备与器件

1）设备：逻辑试电笔、示波器、直流稳压电源、集成电路测试仪。

2）器件：实验电路板、外接输入信号电路（可自行设计四位低电平有效抢答器电路）、集成二-十进制编码器（本项目中以 74LS147 为例）、集成字符译码器（本项目中以 74LS48 为例）、共阴极数码管、非门 74LS04 各一块。

3. 具体要求

（1）制作要求　在简单了解本项目相关知识点的前提下，查集成电路手册，初步了解 74LS147、74LS48 和数码管的功能，确定 74LS147 和 74LS48 的引脚排列，了解各引脚的功能。

按实验电路图在实验板上安装好实验电路。将自行设计的四位低电平有效抢答器的输出指示信号按项目电路所示接到编码器 74LS147 的 $\overline{I_1}$、$\overline{I_2}$、$\overline{I_3}$、$\overline{I_4}$ 输入端。检查电路连接，确认无误后再接电源。

（2）测试要求　接通电源，分别按 4 个抢答键，如果电路工作正常，数码管将分别显示抢答成功者的号码。如果没有显示或显示的不是抢答成功者的号码，说明电路有故障，应予以排除。

下面对电路的逻辑关系进行检测：

1）当四个输入信号 $\overline{I_1}$、$\overline{I_2}$、$\overline{I_3}$、$\overline{I_4}$ 分别为低电平时，用示波器测试 74LS147 的四个输出信号 A、B、C、D 的电平并记录在表 11-9 中。表中，"1" 表示高电平，"0" 表示低电平。

2）用同样的方法测试译码器 74LS48 的七个输出端 a～g 的电平并记录于表 11-9 中。注意观察数码管七个输出端 a～g 电平的高低与数码管相应各段的亮灭有什么关系。

表 11-9　译码显示电路功能测试表

$\overline{I_4}$	$\overline{I_3}$	$\overline{I_2}$	$\overline{I_1}$	D	C	B	A	a b c d e f g
1	1	1	0					
1	1	0	1					
1	0	1	1					
0	1	1	1					

（二）学生设计实施方案

学生小组根据电路模型选择系统部件，应用工具对部件进行功能检查。查找相关资料，设计并制定项目实施方案。在此过程中，指导教师要巡视课堂，了解情况，对问题与疑点积极引导，适时点拨。对学习困难学生积极鼓励，并适度助学。

（三）学生阐述设计方案

每组学生派代表阐述自己的设计方案（注：自己制作 PPT），老师和各组同学分别对方案进行评价，指导教师对各组方案进行关键性点评，帮助学生确定实施方案。

（四）学生实施方案

学生组长负责组织实施方案（包括测电路参数、电路连接、调试）。在此过程中，指导教师要进行巡视指导，帮助同学解决实际操作中遇到的各种问题，掌握学生的学习动态，了解课堂的教学效果。

（五）学生展示

学生小组派代表进行成果展示（注：自己制作 PPT），老师和各组同学分别对方案进行考核打分，组长对本组组员进行打分。

（六）教师点评

教师对每组进行点评，分析各组出现的问题并总结成果。每组结合点评进行整改，同时撰写整改报告。

三、评价标准（见表 11-10）

表 11-10　评价标准

项目名称	数码显示电路的设计与调试		时间		总分	
组长		组员				
评价内容及标准			自评	组长评价	教师评价	
任务准备	课前预习、准备资料（5 分）					
电路设计、焊接、调试	元器件选择（10 分）					
	电路图设计（解读）（15 分）					
	焊接质量（10 分）					
	功能的实现（15 分）					
	工具的使用（10 分）					
	参数的测试（10 分）					
工作态度	不迟到，不早退；学习积极性高，工作认真负责（5 分）					
	具有安全操作意识和团队协作精神（5 分）					
任务完成	保质保量完成任务（5 分）					
	工作单的完成情况（5 分）					
个人答辩	能够正确回答问题并进行原理叙述，思路清晰、语言组织能力强（5 分）					
评价等级						
项目最终评价：自评占 20%，组长评价占 30%，教师评价占 50%						

四、学生工作单（见表 11-11）

表 11-11　学生工作单

学习项目	数码显示电路的设计与调试		班级		组别		成绩	
组长		组员						

一、咨询阶段任务

1. 组合逻辑电路的分析与设计步骤是什么？
2. 简述 74LS148 编码器的工作原理。
3. 简述 74LS138 译码器的工作原理。
4. 简述七段显示译码器的功能。

二、过程和方案设计（计划和决策）**任务**

1. 简述 74LS147 编码器各引脚的排列及功能。
2. 简述 74LS48 译码器各引脚的排列及功能。
3. 简述非门 74LS04 各引脚的排列及功能。
4. 选择各元器件及应用电工工具对元器件进行功能检测。
5. 分析数码显示电路图，并在实验电路板上进行模拟装配。

三、实施阶段任务

1. 注意各元器件引脚的焊接及连接的正确性。

2. 用示波器对 74LS147 编码器 4 个输出信号进行检测并记录。
3. 用示波器对 74LS48 译码器 7 个输出信号进行检测并记录。
4. 观察并分析数码管 7 个输出端电平的高低与数码管相应各段的亮灭关系。
5. 组配完成后，检测功能并排除故障。

四、检查和评价阶段任务

1. 在方案实施过程中出现了哪些问题？又是如何解决的？
2. 任务完成过程中有什么收获？自己在什么地方做得比较满意？哪些地方不满意？
3. 总结自己在任务完成过程中有哪些不足之处？如何改进？

学生自评：	教师评语：
学生互评：	

◆ 习题及拓展训练

一、项目习题

1. 组合逻辑电路有什么特点？分析组合逻辑电路的目的是什么？分析方法是什么？

2. 什么叫译码？什么叫二进制译码器？什么叫二–十进制译码器？什么叫 8421BCD 码？

3. 有一个二–十进制的译码器，输出高电平有效，如要显示数据，试问配接的数码管（LED）应是共阳极型的还是共阴极型的？

4. 分析图 11-17 所示两图的逻辑功能，写出逻辑函数表达式，列出真值表。分析两图的逻辑功能是否相同？试证明之。

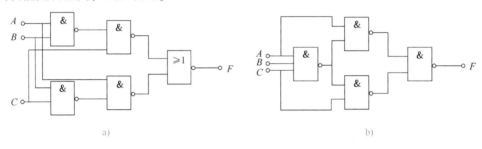

a)   b)

图 11-17

5. 试用 3 线-8 线译码器 74HC138 配合必要的门电路实现下列逻辑函数。

$$F_1 = A\,\overline{B} + \overline{B}\,C + AC$$

$$F_2 = \overline{A}\,C + BC + A\,\overline{C}$$

二、拓展提高

用与非门和反相器设计一个监视交通信号灯工作状态的逻辑电路，每一组信号灯由红、黄、绿三盏灯组成。正常工作情况下，任何时刻必有一盏灯点亮，而且只允许有一盏灯亮。而当其他状态出现时，表示电路出现故障，发出报警信号，以提醒维护人员去修理。

名人寄语

乐观的人在每个危机里看到机会，悲观的人在每个机会里看见危机。

——丘吉尔

项目十二　抢答器电路的设计与调试

◆　项目目标

1. 了解电气图分类并掌握电气图的绘制规则。
2. 掌握触发器、计数器、数码寄存器及移位寄存器的逻辑功能和应用。
3. 应用 RS 触发器设计三人抢答器并对电路进行装调和故障分析。
4. 熟练使用常用工具对电路进行测试和调试。
5. 培养学生的动手能力、创新能力和团结协作的精神。

◆　工作情境

1. 实训环境要求

本项目的教学应在一体化的电子装配实训室进行，实训室内设有教学区（配备多媒体）、工作区、资料区和展示区。要配备常用的电子实验台等设备、万用表等常用仪表及常用电工工具。

2. 指导要求

配备一名主讲教师和一名实验室辅助教师。

3. 学生要求

根据班级情况进行分组，一般每组 3~4 名同学，选出组长。

4. 教学手段选择

1）主要应用讲授法、任务教学法、讨论法和演示法进行教学。
2）多媒体教学与实物演示相结合。
3）现场教学与动手操作相结合。
4）教师主导与学生自主学习相结合。

实践知识 ——电气识图

一、电气图概述

电气图是用电气图形符号、带注释的图框或简化外形表示电气系统或设备中组成部分之间相互关系及其连接关系的一种图。

电气图根据不同的用途分为：电气原理图、系统图、电路图、功能图、电气接线图和设备元件表等。

电气图的作用是阐述电路的工作原理，描述产品的构成和功能，提供装接和使用信息的重要工具和手段。

二、电气图的绘制规则

1. 电气原理图

为了简明、清晰地表达控制电路的结构、原理等，将主电路和辅助电路相互分开，采用电气元件展开的形式绘制而成的电路图，叫电气原理图。图中各电气元件不必考虑实际位置和实际大小。

主电路是指电源与电动机连接的大电流通过的电路，一般由负荷开关、熔断器、接触器的主触头、热继电器的发热元件、电动机等组成。在电气原理图中常用粗实线绘制。

辅助电路是指控制主电路通断、保护主电路正常工作的电路，一般由按钮、接触器的线圈和辅助触头、继电器、信号灯等电气元件组成。辅助电路通过电流较小，在电气原理图中常用细实线绘制。

某机床的控制电路原理图如图 12-1 所示。

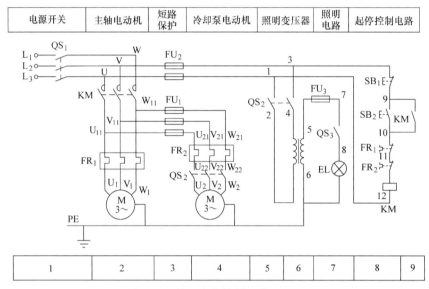

图 12-1　某机床的控制电路原理图

（1）电气元件绘制规则　电气原理图中电气元件触头的图示状态应按该电气元件的不通电状态和不受力状态绘制。

对于接触器、继电器触头，按电磁线圈不通电时的状态绘制；对于按钮、行程开关，按不受外力作用时的状态绘制；对于低压断路器及组合开关，按断开状态绘制；对于热继电器，按未脱扣状态绘制；对于速度继电器，按电动机转速为零时的状态绘制；对于事故、备用与报警开关等，按设备处于正常工作时的状态绘制。

（2）电气元件文字标注规则　电气图中文字标注遵循就近规则与相同规则。所谓就近规则，是指电气元件各导电部件的文字符号应标注在图形符号的附近位置；相同规则是指同一电气元件的不同导电部件必须采用相同的文字标注符号（如图 12-1 中，控制电动机 M 的交流接触器线圈、主触头及其辅助触头均采用同一文字标注符号 KM）。

（3）连线绘制规则　连线布置形式分为垂直布置和水平布置两种形式。垂直布置是设备及电气元件图形符号从左至右纵向排列，连线垂直布置，类似项目横向对齐。水平布置是设备及电气元件图形符号从上到下横向排列，连线水平布置，类似项目纵向对齐。电气原理图绘制时采用的连线布置形式应与电气控制柜内实际的连线布置形式相符。

交叉节点的通断：十字交叉节点处绘制黑圆点表示两交叉连线在该节点处连通，无黑圆点则无电联系；T 字节点则为接通节点。

为了注释方便，电气原理图各电路节点处还可标注数字符号，如图 12-1 中的 1、3、9

等。数字符号一般按支路中电流的流向顺序编排。节点数字符号除了标示顺序作用外，还起到将电气原理图与电气接线图相对应的作用。

（4）图幅分布规则 垂直布置电气原理图中，上方一般按主电路及各功能控制环节自左至右进行文字说明分区，并在各分区方框内加注文字说明，如图 12-1 所示，用于帮助对电气原理图的阅读理解。下方一般按"支路居中"原则从左至右进行数字标注分区，并在各分区方框内加注数字，以方便继电器、接触器等电气触头位置的查阅。

对于水平布置的电气原理图，则实现左右分区。左方自上而下进行文字说明分区，右方自上而下进行数字标注分区。

（5）触头索引规则 电气原理图中的交流接触器与继电器，因线圈、主触头、辅助触头所起作用各不相同，为清晰地表明电气原理图工作原理，这些部件通常绘制在各自发挥作用的支路中。在幅面较大的复杂电气原理图中，为检索方便，就需要在电磁线圈图形符号下方标注电磁线圈的触头索引代号。索引代号标注方法如图 12-2 所示。

图 12-2 电磁线圈的触头索引代号

2. 电气接线图

表示电气控制系统中各电气元件、组件、设备等之间连接关系、连接种类和敷设路线等详细信息的电气图称为电气接线图。

电气接线图是检查电路和维护电路不可缺少的技术文件，根据表达对象和用途不同，可细分为单元接线图、互连接线图和端子接线图。单元接线图是表示成套装置或设备中一个结构单元内的连接关系的一种接线图；互连接线图是表示成套装置或设备的不同单元之间连接关系的一种接线图；端子接线图是表示成套装置或设备的端子以及接在端子上的外部接线的一种接线图。

电气接线图按照表示导线的连接方式的不同分为：散线法、线束法和相对编号法。

电气接线图是根据实际接线为依据，能清楚地反映各电气元件的电气接线和它们的相对位置，所以电气接线图要把同一电器的各个部件画在一起，并且布置尽可能反映电器的实际情况。各电器的图形符号、文字符号、节点标号等要与原理图一致。

（1）散线法表示的电气接线图 将电气元件之间的连线按照导线的走向逐根画出来的接线图，符合这一画法的接线图称为散线法表示的电气接线图。散线法中每一根画出的连线为实际电路接线中的一根导线。散线法表示的电气接线图很清楚地表达了线路中各元件的连接关系和导线走向，但所用线条很多，一般适合比较简单的接线图。

（2）线束法表示的电气接线图 将散线法中走向相同的连接导线用一根线表示，符合这一画法的接线图称为线束法表示的电气接线图。线束法中的连接导线不是每根都要画出，而是把走向相同的导线合并为一条线表示。对于部分走向相同的导线，对其走向相同部分也合并成一条线表示。在线束法中，主电路与辅助电路严格分开，即使走向相同也不可合并。

线束法具有如下特点：

主电路与辅助电路分别用不同的线束表示。每一线束都要标注导线型号、规格和根数。线束两端及中间分支出去的每一根与元件相连的导线，在接线端子处均要进行标号，且与原理图上标号一致。

（3）相对编号法表示的电气接线图　采用相对编号法表示的电气接线图有如下特点：

元件采用与原理图一致的符号标志；元件的接线端子与端子排的接线端子按元件、端子排间连线编号；甲乙两元件连线采用甲元件的接线端子标乙元件的符号和端子号，乙元件的接线端子标甲元件的符号和端子号。

上述三种形式的电气接线图都是比较常用的形式。散线法最直观，适用比较简单的电路；线束法用一根线代表一束线，与实际布线时将走向相同的绑扎成一束相似；相对编号法表示的元件接线端子之间的连线最清楚，但线路走向不明确。

◆ 理论知识

一、触发器

触发器对数字信号具有记忆和存储的功能，是构成时序逻辑电路存储部分的基本单元，也是数字电路的基本逻辑单元。

触发器的功能：形象地说，它具有"一触即发"的功能。在输入信号的作用下，它能够从一种稳态（0 或 1）转变到另一种稳态（1 或 0）。

触发器的特点：有记忆功能的逻辑部件。输出状态不只与现时的输入有关，还与原来的输出状态有关。

触发器的分类：按功能分，有 RS 触发器、D 触发器、JK 触发器及 T 触发器等；按触发方式划分，有电平触发方式、主从触发方式和边沿触发方式。

触发器有两个相反的逻辑输出端 Q、$\overline{Q}$；有两种不同类型的输入端，一种是时钟脉冲输入端 CP，只有一路；另一种是逻辑变量输入端，可以有多路，如图 12-3 所示。

1. 基本 RS 触发器

图 12-4a 为基本 RS 触发器的示意图。$\overline{R}$、$\overline{S}$ 为触发器信号输入端，Q、$\overline{Q}$ 为输出端。与非门 D_1 的输出端 Q 接到与非门 D_2 的输入端，与非门 D_2 的输出端 $\overline{Q}$ 接到与非门 D_1 的输入端。设两个与非门输出端的初始状态分别为 $Q=0$、$\overline{Q}=1$。

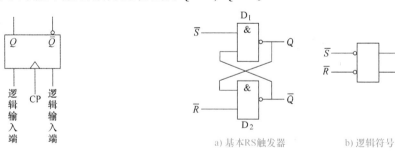

图 12-3　触发器的输入/输出端　　　　图 12-4　基本 RS 触发器及逻辑符号

a) 基本RS触发器　　　b) 逻辑符号

当 $\overline{R}=1$、$\overline{S}=0$ 时，与非门 D_1 的输出端 Q 将由低电平转变为高电平，由于 Q 端被接到与非门 D_2 的输入端，与非门 D_2 的两个输入端均处于高电平状态，使输出端 $\overline{Q}$ 由高电平转变为低电平状态。因 $\overline{Q}$ 被接到与非门 D_1 的输入端，使与非门 D_1 的输出状态仍为高电平，即触发器被"置位"，$Q=1$，$\overline{Q}=0$。

当 $\overline{R}=0$、$\overline{S}=1$ 时，与非门 D_2 的输出端 $\overline{Q}$ 将由低电平转变为高电平，由于 $\overline{Q}$ 端被接到与非门 D_1 的输入端，与非门 D_1 的两个输入端均处于高电平状态，使输出端 Q 由高电平转变为低电平状态。因 Q 被接到与非门 D_2 的输入端，使与非门 D_2 的输出状态仍为高电平，即触发器被"复位"，$Q=0$，$\overline{Q}=1$。

当 $\overline{R}=1$、$\overline{S}=1$ 时，与非门 D_1 的两个输入端均处于高电平状态，输出端 Q 仍保持为低电平状态不变，由于 Q 端被接到与非门 D_2 的输入端，使 $\overline{Q}$ 端仍保持为高电平状态不变，即触发器处于"保持"状态。

将触发器输出端状态由 1 变为 0 或由 0 变为 1 称为"翻转"。当 $\overline{R}=1$、$\overline{S}=1$ 时，触发器输出端状态不变，该状态将一直保持到有新的置位或复位信号到来为止。

不论触发器处于何种状态，若 $\overline{R}=0$、$\overline{S}=0$，则与非门 D_1、D_2 的输出状态均变为高电平，即 $Q=1$，$\overline{Q}=1$。此状态破坏了 Q 与 $\overline{Q}$ 间的逻辑关系，属非法状态，这种情况应当避免。

基本 RS 触发器真值表见表 12-1，Q^n 表示接收信号之前触发器的状态，称为"现态"；Q^{n+1} 表示接收信号之后的状态，称为次态。式（12-1）是描述基本 RS 触发器输入与输出信号间逻辑关系的特征方程。由特征方程可以看出，基本 RS 触发器当前的输出状态 Q^{n+1} 不仅与当前的输入状态有关，还与其原来的输出状态 Q^n 有关。这是触发器的一个重要特点。

基本 RS 触发器的逻辑符号如图 12-4b 所示。

特征方程为

$$Q^{n+1}=S+\overline{R}\,Q^n,\ S\cdot R=0 \tag{12-1}$$

表 12-1　基本 RS 触发器真值表

$\overline{R}$	$\overline{S}$	Q^{n+1}	$\overline{R}$	$\overline{S}$	Q^{n+1}
0	1	0	1	1	Q^n
1	0	1	0	0	不用

2. 电平控制 RS 触发器

实现电平控制的方法很简单，如图 12-5a 所示，在上述基本 RS 触发器的输入端各串接一个非与门，便得到电平控制的 RS 触发器。只有当控制输入端 CP = 1 时，输入信号 S、R 才起作用（置位或复位），否则输入信号 R、S 无效，触发器输出端将保持原状态不变。

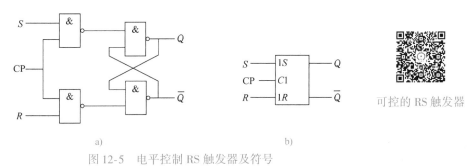

a)　　　　　　　　　　　　　　　b)
图 12-5　电平控制 RS 触发器及符号

图 12-5b 为电平控制 RS 触发器的表示符号，其真值表见表 12-2。电平控制 RS 触发器克服了非时钟控制触发器对输出状态直接控制的缺点，采用选通控制，即只有当时钟控制端 CP 有效时触发器才接收输入数据，否则输入数据将被禁止。电平控制有高电平触发与低电平触发两种类型。

表 12-2　电平控制 RS 触发器真值表

CP	S	R	Q^{n+1}	CP	S	R	Q^{n+1}
0	0	0	Q^n（保持）	1	0	0	Q^n（保持）
0	0	1	Q^n（保持）	1	0	1	0
0	1	0	Q^n（保持）	1	1	0	1
0	1	1	Q^n（保持）	1	1	1	非法状态

3. D 触发器

D 触发器

在各种触发器中，D 触发器是一种应用比较广泛的触发器。D 触发器可由 RS 触发器获得，如图 12-6 所示。D 触发器将加到 S 端的输入信号经非门取反后再加到 R 输入端，即 R 端不再由外部信号控制。

当时钟端 CP = 1 时，若 $D = 1$，使触发器输入端 $S = 1$、$R = 0$，根据 RS 触发器的特性可知，触发器被置 1，即 $Q = D = 1$；若 $D = 0$，使 $S = 0$、$R = 1$，触发器被复位，即 $Q = D = 0$。当时钟端 CP = 0 时，电路输出端保持原状态不变。其波形如图 12-7 所示。其特征方程为

$$Q^{n+1} = D$$

D 触发器的真值表见表 12-3。

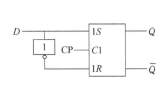

图 12-6　D 触发器

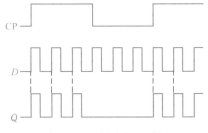

图 12-7　D 触发器波形图

4. JK 触发器

图 12-8a 是边沿控制的 JK 触发器逻辑图，下面分析 JK 触发器的状态变化。

表 12-3　D 触发器真值表

D	Q^{n+1}
0	0
1	1

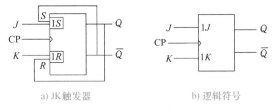

a) JK 触发器　　　　b) 逻辑符号

图 12-8　JK 触发器及逻辑符号

1）输入信号 $J = 0$，$K = 0$。和输入端 S、R 状态相与后，使触发器输入信号均为低电平，根据 RS 触发器特性，触发器处于保持状态，当时钟上升沿到来时，触发器输出状态保持不变。

2）输入信号 $J = 1$，$K = 0$。①设 $Q^n = 0$，$\overline{Q^n} = 1$，和输入端 S、R 状态相与后，使触发器 1S 端为 1，1R 端为 0，触发器满足置 1 条件，当时钟上升沿到来时，触发器被置 1，即 $Q^{n+1} = 1$，$\overline{Q^{n+1}} = 0$。②若设 $Q^n = 1$，$\overline{Q^n} = 0$，和输入端 S、R 状态相与后，使触发器输入信号均为低电平，根据 RS 触发器特性，触发器处于保持状态，同样有 $Q^{n+1} = 1$，$\overline{Q^{n+1}} = 0$。

3）输入信号 $J = 0$，$K = 1$。①设 $Q^n = 1$，$\overline{Q^n} = 0$，和输入端 S、R 状态相与后，使触发器 1S

端为 0，1R 端为 1，触发器满足置 0 条件，当时钟上升沿到来时，触发器被置 0，即 $Q^{n+1}=0$，$\overline{Q^{n+1}}=1$。②若设 $Q^n=0$，$\overline{Q^n}=1$，和输入端 S、R 状态相与后，使触发器输入信号均为低电平，根据 RS 触发器特性，触发器处于保持状态，同样有 $Q^{n+1}=0$，$\overline{Q^{n+1}}=1$。

4）输入信号 $J=1$，$K=1$。和输入端 S、R 状态相与后，使 1S 端为 $\overline{Q^n}$，1R 端为 Q^n，触发器处于翻转状态，当时钟上升沿到来时，触发器输出状态发生变化。

边沿控制的 JK 触发器的真值表见表 12-4。

表 12-4　边沿控制 JK 触发器真值表

J	K	Q^{n+1}	J	K	Q^{n+1}
0	0	Q^n（保持）	1	0	1
0	1	0	1	1	$\overline{Q^n}$（翻转）

二、时序逻辑电路的分析方法

1. 分析时序逻辑电路的一般步骤

1）根据给定的时序电路图写出下列各逻辑方程式：

① 各触发器的时钟方程。

② 时序电路的输出方程。

③ 各触发器的驱动方程。

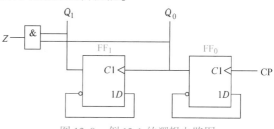

时序逻辑电路

2）将驱动方程代入相应触发器的特征方程，求得各触发器的次态方程，也就是时序逻辑电路的状态方程。

3）根据状态方程和输出方程，列出该时序电路的状态转换真值表，画出状态转换图或时序波形图。

4）根据电路的状态转换真值表或状态转换图说明给定时序逻辑电路的逻辑功能。

2. 异步时序逻辑电路的分析举例

由于在异步时序逻辑电路中没有统一的时钟脉冲，因此，分析时必须写出时钟方程。

【例 12-1】　试分析图 12-9 所示的时序逻辑电路的逻辑功能。

【解】　（1）写出各逻辑方程式。

1）时钟方程：

$CP_0=CP$（时钟脉冲源的上升沿触发）

$CP_1=Q_0$（当 FF_0 的 Q_0 由 $0\to1$ 时，Q_1 才可能改变状态，否则 Q_1 将保持原状态不变）

图 12-9　例 12-1 的逻辑电路图

2）输出方程：$Z=\overline{Q_1^n}\,\overline{Q_0^n}$

3）各触发器的驱动方程：$D_0=\overline{Q_0^n}$　$D_1=\overline{Q_1^n}$

（2）将各驱动方程代入 D 触发器的特征方程，得各触发器的次态方程为

$$Q_0^{n+1}=D_0=\overline{Q_0^n}\text{（CP 由 }0\to1\text{ 时此式有效）}$$

$$Q_1^{n+1}=D_1=\overline{Q_1^n}\text{（}Q_0\text{ 由 }0\to1\text{ 时此式有效）}$$

（3）作状态转换表、状态图、时序图。

状态转换表见表 12-5。

表 12-5　例 12-1 电路的状态转换表

现态		次态		输出	时钟脉冲	
Q_1^n	Q_0^n	Q_1^{n+1}	Q_0^{n+1}	Z	CP_1	CP_0
0	0	1	1	1	↑	↑
1	1	1	0	0	0	↑
1	0	0	1	0	↑	↑
0	1	0	0	0	0	↑

根据状态转换表可得状态转换图，如图 12-10 所示，时序图如图 12-11 所示。

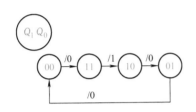

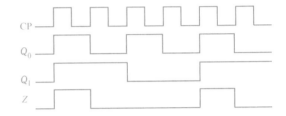

图 12-10　例 12-1 电路的状态转换图　　　　图 12-11　例 12-1 电路的时序图

（4）逻辑功能分析。由状态转换图可知，该电路一共有 4 个状态 00、01、10、11，在时钟脉冲作用下，按照减 1 规律循环变化，所以是一个四进制减法计数器，Z 是借位信号。

三、计数器

计数器是实现计数操作的电路。计数器能累计输入脉冲的个数，可以进行加法、减法或者两者兼有的计数，可以分为二进制计数器、十进制计数器及任意进制计数器。计数器的基本组成单元是各类触发器，属于典型的时序逻辑电路，在数字系统中应用十分广泛。

1. 二进制计数器

我们知道，数字系统是以二进制为计数体制的，所以二进制规律计数是计数器的基本电路。触发器有两种输出状态，与二进制的 0、1 相对应，可作为计数器的基本单元电路。将多个触发器级联，便可构成简单的二进制计数器。

下面以三位二进制异步加法计数器为例进行说明。

三位二进制异步加法计数器的电路图如图 12-12 所示。它由三个 D 触发器构成，每个 D 触发器接成 T′触发器。每一级触发器有两个状态，三级共有 $2^3 = 8$ 个状态，所以可以记下 8 个脉冲，第 8 个脉冲来到后电路返回初始状态。如果设初始状态为 $Q_2 = Q_1 = Q_0 = 0$，那么电路在计数脉冲作用下将按状态转换表（表 12-6）的顺序变化。

如果 D 触发器是下降沿触发的，那么电路波形与计数脉冲（在这里就是 CP 脉冲）的关系如图 12-13 所示。由状态转换表和波形图都可以看出，计数器的状态与计数脉冲是相加的关系。如果用 n 表示触发器的级数，那么二进制计数器的计数长度 $N = 2^n$。

电路的波形图可由状态转换表直接转换而来。将状态顺序与 CP 对应，按时间轴展开，Q_2、Q_1、Q_0 按"0""1"的高低电平对准 CP 的下降沿一一画出即可。

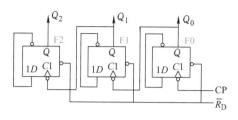

图 12-12　三位二进制异步加法计数器电路图

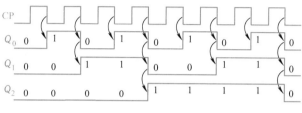

图 12-13　异步二进制加法计数器波形图

表 12-6　状态转换表

态序	Q_2	Q_1	Q_0
0	0	0	0
1	0	0	1
2	0	1	0
3	0	1	1
4	1	0	0
5	1	0	1
6	1	1	0
7	1	1	1
8	0	0	0

2. 十进制计数器

除二进制计数器外，生活中还会用到其他进制的计数器，但最常用的是十进制计数器。如果用 n 表示触发器级数，那么对于 n 级触发器，则有 $N=2^n$ 个状态，可累计 2^n 个计数脉冲。例如 $n=4$，则 $N=2^4=16$，计数器的状态循环一次可累计 16 个脉冲数，因此这种二进制计数器也可叫作十六进制计数器。

若 $2^{n-1}<N<2^n$，就构成其他进制的计数器，叫作 N 进制计数器。例如，十进制计数器，$N=10$，而 $2^3<10<2^4$。若用三级触发器，只有 8 种状态，不够用；若用四级触发器，又多余 6 个状态，应设法舍去。因此在 N 进制计数电路中，必须设法舍去多余的状态。N 进制中的十进制计数器有广泛的实际应用，下面举例分析十进制计数器的逻辑功能。

【例 12-2】　试分析如图 12-14 所示的异步十进制计数电路的计数原理。

【解】　（1）写出各触发器输入端的表达式。

$$J_0=K_0=1 \qquad\qquad C_0=C$$
$$J_1=\overline{Q_3} \qquad K_1=1 \qquad C_1=Q_0$$
$$J_2=K_2=1 \qquad\qquad C_2=Q_1$$
$$J_3=Q_1Q_2 \qquad K_3=1 \qquad C_3=Q_0$$

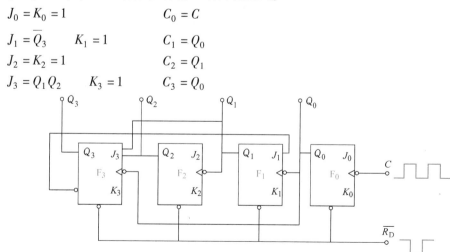

图 12-14　例 12-2 图

（2）根据输入端的表达式列出状态表（表 12-7）。设计数器的初始状态为"0000"，当第 1 个时钟脉冲 C 后沿到时，由于 $J_0=K_0=1$，因此 F_0 翻转，$Q_0=1$。由于 $C_1=Q_0$，此时

Q_0 从 0 跳变到 1，是脉冲前沿，因此第二个触发器 F_1 状态不变，F_2、F_3 的状态也不变。计数器的状态为 0001。

表 12-7　状态表

计数脉冲数	二进制数码				十进制数码	各 J、K 端状态					
	Q_3	Q_2	Q_1	Q_0		$J_0 = K_0 = 1$	$J_1 = \overline{Q_3}$	$K_1 = 1$	$J_2 = K_2 = 1$	$J_3 = Q_1 Q_2$	$K_3 = 1$
0	0	0	0	0	0	1	1	1	1	0	1
1	0	0	0	1	1	1	1	1	1	0	1
2	0	0	1	0	2	1	1	1	1	0	1
3	0	0	1	1	3	1	1	1	1	0	1
4	0	1	0	0	4	1	1	1	1	0	1
5	0	1	0	1	5	1	1	1	1	0	1
6	0	1	1	0	6	1	1	1	1	1	1
7	0	1	1	1	7	1	1	1	1	1	1
8	1	0	0	0	8	1	0	1	1	0	1
9	1	0	0	1	9	1	0	1	1	0	1
10	0	0	0	0	0	1	1	1	1	0	1

由于 $J_0 = K_0$ 和 $J_2 = K_2$ 且总是 1，所以，来一个脉冲，F_0 就翻转一次；Q_1 的后沿一到，F_2 就翻转。当第 2 个时钟脉冲 C 后沿到时，Q_0 从 1 跳变到 0，此时，对于触发器 F_1 和 F_3 来说，时钟脉冲后沿来到，即 C_1 脉冲是后沿（$C_1 = Q_0$），C_3 脉冲是后沿（$C_3 = Q_0$），F_1 和 F_3 具备翻转条件，即：F_1 翻转，Q_1 从 0 跳变到 1；由于 $J_3 = 0$，$K_3 = 1$，所以，$Q_3 = 0$。由于 $C_2 = Q_1$，此时，对于 F_2 来说，C_2 脉冲是前沿，F_2 不具备翻转条件，因此，F_2 的状态不变。计数器的状态为 0010。

当第 3 个时钟脉冲 C 后沿到达时，F_0 从 0 翻转为 1，而 $C_1 = Q_0$ 和 $C_3 = Q_0$ 脉冲是前沿，则 F_1 和 F_3 的状态不变。$C_2 = Q_1$，此时 Q_1 保持为 1，因而 F_2 的状态也不变。计数器的状态为 0011。

当第 4 个时钟脉冲 C 后沿到达时，F_0 从 1 翻转为 0，而 $C_1 = Q_0$、$C_3 = Q_0$ 脉冲是后沿，则 F_1 翻转，$Q_1 = 0$，由于 $J_3 = 0$，$K_3 = 1$，则 F_3 的状态不变。由于 Q_1 从 1 翻转为 0，C_2 脉冲后沿来到（$C_2 = Q_1$），F_2 翻转，Q_2 从 0 翻转为 1。计数器的状态为 0100。

如此继续下去，在第 9 个时钟脉冲 C 后沿到达之前，计数器的状态为 1000，当第 9 个时钟脉冲 C 后沿到达时，F_0 翻转，Q_0 从 0 跳变到 1，F_1、F_2、F_3 的状态不变。计数器的状态为 1001。在第 10 个时钟脉冲 C 后沿到达之前，$J_0 = K_0 = 1$，$J_1 = 0$，$K_1 = 1$，$J_2 = K_2 = 1$，$J_3 = 0$，$K_3 = 1$，当第 10 个时钟脉冲 C 后沿到达时，F_0 翻转，Q_0 从 1 跳变到 0，C_1 和 C_3 脉冲后沿来到，F_1 和 F_3 具备翻转条件。由于 $J_1 = 0$，$K_1 = 1$，则 $Q_1 = 0$ 不变。由于 $J_3 = 0$，$K_3 = 1$，F_3 翻转，Q_3 从 1 跳变到 0，计数器的状态为 0000 返回初始状态。十进制计数器工作波形如图 12-15 所示。

从状态表可以看出，十进制计数器只能计 10 个状态，多余的 6 种状态被舍去。这种十进制计数器计的是二进制码的前 10 个状态（0000 ~ 1001），表示十进制 0 ~ 9 的 10 个数码。$Q_3 Q_2 Q_1 Q_0$ 四位二进制数，

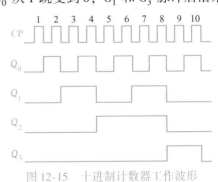

图 12-15　十进制计数器工作波形

从高位至低位，每位代表的十进制数码分别为 8、4、2、1，这种编码称之为 8421 码。十进制计数器编码方式有多种。

3. 集成计数器

目前我国已系列化生产多种集成计数器，即将整个计数电路全部集成在一个单片上，因而使用起来极为方便。下面以 CT4090（74LS90）计数器为例，说明其引脚功能及使用方法。

CT4090 是一片 2-5-10 进制的计数器，由主从型 JK 触发器和附加门组成。其逻辑图、外形、引脚排列和功能表如图 12-16、图 12-17 所示。在功能表中，"×"表示任意状态。

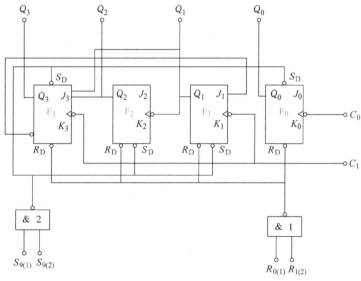

图 12-16 CT4090 计数器逻辑图

由功能表可知：$R_{0(1)}$ 和 $R_{0(2)}$ 是清零输入端，当两端全为"1"，而 $S_{9(1)}$ 和 $S_{9(2)}$ 中至少有一端为"0"时，计数器清零；$S_{9(1)}$ 和 $S_{9(2)}$ 是置 9 输入端，当两端全为"1"而 $R_{0(1)}$ 和 $R_{0(2)}$ 中至少有一端为"0"时，$Q_3 Q_2 Q_1 Q_0 = 1001$，即表示十进制数 9。C_0 和 C_1 是两个时钟脉冲输入端。下面分析其计数功能。将 Q_0 端与 C_1 端连接，在 C_0 端输入计数脉冲，则构成十进制计数器。

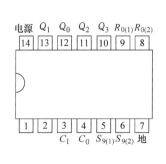

$R_{0(1)}$	$R_{0(2)}$	$S_{9(1)}$ $S_{9(2)}$	Q_3 Q_2 Q_1 Q_0
1	1	0 × × 0	0 0 0 0
0 ×	× 0	1 1	1 0 0 1
× 0 0 ×	0 × × 0	× 0 0 × × 0 0 ×	计 数 计 数 计 数 计 数

（×表示任意态）

a) 外引线排列图   b) 功能表

图 12-17 CT4090 计数器引脚排列、功能表

只从 C_1 端输入计数脉冲，F_0 触发器不用，由 $Q_3 Q_2 Q_1$ 输出则构成五进制计数器。

只从 C_0 端输入计数脉冲，F_1、F_2、F_3 触发器不用，由 Q_0 输出则构成二进制计数器。

目前，集成计数器种类很多，使用时可根据实际应用的需要灵活选取。

四、数码寄存器与移位寄存器

在数字电路中，常常需要将一些数码、指令或运算结果暂时存放起来，这些暂时存放数码或指令的部件就是寄存器。由于寄存器具有清除数码、接收数码、存放数码和传送数码的功能，因此，它必须具有记忆功能，所以寄存器都是由触发器和门电路组成的。一般说来，需要存入多少位二进制码就需要多少个触发器。寄存器可分为数码寄存器和移位寄存器两种。它们的共同之处是都具有暂时存放数码的记忆功能，不同之处是后者具有移位功能而前者却没有。

1. 数码寄存器

数码寄存器的逻辑图如图 12-18 所示，它的存储部分由 D 触发器构成。

当接收脉冲 CP 的高电平到来后，输入数据 $X_1 \sim X_4$ 就并行存入寄存器。因为输入数据加于触发器的 D 端，数码若为 "1"，D 也为 "1"。由 D 触发器的真值表可知，CP 作用后，D 触发器的输出端 $Q^{n+1} = D = 1$；若输入数码为 "0"，则 $Q^{n+1} = D = 0$。可见，不管各位触发器的原状态如何，在 CP 脉冲作用后，输入数码 $X_1 \sim X_4$ 就存入寄存器，而不需要预先 "清零"。

这种寄存器每次接收数码时，只需要一个接收脉冲，故称单拍接收方式。显然，从传送速度来看，单拍接收方式要快一些。在数字式仪表中，为了节省复位时间，往往采用单拍接收方式。

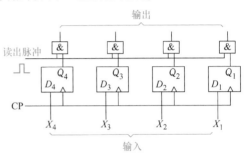

图 12-18　数码寄存器

图 12-18 所示的寄存器在接收数码时，各数码是同时输入到寄存器中去的，输出时也是各位同时输出的。因此，称这种输入、输出方式为并行输入并行输出。寄存器也可以用 JK 触发器构成，它的工作原理也很简单，在此就不再分析了。

2. 移位寄存器

在数字系统中，常常要将寄存器中的数码按时钟的节拍向左移或向右移一位或多位，能实现这种移位功能的寄存器就称为移位寄存器。移位寄存器是数字装置中大量应用的一种逻辑部件，例如在计算机中，进行二进制数的乘法和除法都可由移位操作结合加法操作来完成。

移位寄存器的每一位也是由触发器组成的，但由于它需要有移位功能，所以每位触发器的输出端与下一位触发器的数据输入端相连接，所有触发器共用一个时钟脉冲，使它们同步工作。一般规定右移是向高位移，左移是向低位移，而不管看上去的方向如何。例如：

	高位			低位	
原数据	1	0	0	1	
右移：串出 1←	0	0	1	×	←串入
原数据	1	0	0	1	
左移：串入→	×	1	0	0	→1 串出

在移位过程中，移出方向端口处触发器的数据将移出寄存器，称为串行输出，简称串出；在寄存器另一端口处的触发器将有数据 × 移入寄存器，称为串行输入，简称串入。**如果**

连续来几个时钟脉冲，寄存器中数据就会从串行输出端一个一个送出，于是可以将寄存器中的数据取出，同时有新的数据从串行输入端一个一个进入寄存器。从寄存器中取出数据还有另一种方式，前面已经提过，就是从每位触发器的输出端引出，这种输出方式称并行输出，简称并出，同理送入数据有并入的方式。

移位寄存器在数字装置中作为逻辑部件，应用十分广泛。除了在计算机中大量应用于乘、除法所必需的移位操作及数据存储外，还可以用它作为数字延迟线，串行、并行数码转换器以及构成各种环形计数器等。

◆　**项目实训**

抢答器电路的设计与调试

一、实训目的

1）熟悉触发器的功能特点，掌握常用逻辑门电路的功能和应用。

2）能应用 RS 触发器设计三人抢答器电路并对电路进行装调和故障分析。

3）熟练使用常用工具对电路进行测试和调试。

4）培养学生的动手能力、创新能力和团结协作的精神。

二、实训内容

（一）下达工作任务

1. 分组

学生进行分组，选出组长（每次不同），下发学生工作单。

2. 讲解工作任务的原理

如图 12-19 所示，电路可作为抢答信号的接收、保持和输出的基本电路。S 为手动清零控制开关，$S_1 \sim S_3$ 为抢答按钮。

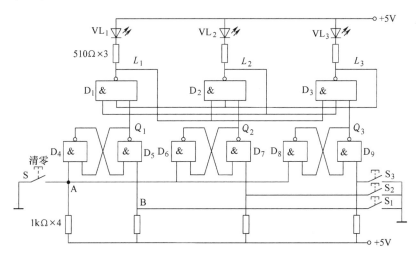

图 12-19　抢答器电路

该电路具有如下功能：

1）开关 S 为总清零及允许抢答控制开关（可由主持人控制）。当开关 S 被按下时抢答电路清零，松开后则允许抢答。由抢答按钮 $S_1 \sim S_3$ 实现抢答信号的输入。

2）若有抢答信号输入（$S_1 \sim S_3$ 中的任何一个按钮被按下时），与之对应的指示灯被点亮。此时再按其他任何一个抢答开关均无效，指示灯仍"保持"第一个开关按下时所对应的状态不变。

3. 具体要求

1）制作要求。检测所用的元器件，并按图12-19连接电路。先在电路板上插接好IC芯片。在插接器件时，要注意IC芯片的豁口方向（都朝左侧），同时要保证IC引脚与插座接触良好，引脚不能弯曲或折断。指示灯的正、负极不能接反。在通电前先用万用表检查各IC芯片的电源接线是否正确。

2）测试要求。首先按抢答器功能进行操作，若电路满足要求，则说明电路没有故障；若某些功能不能实现，就要设法查找并排除故障。排除故障可按信息流程的正向（由输入到输出）查找，也可按信息流程的逆向（由输出到输入）查找。

例如，当有抢答信号输入时，观察对应指示灯是否点亮，若不亮，可用万用表（逻辑笔）分别测量相关与非门输入、输出端电平状态是否正确，由此检查线路的连接及芯片的好坏。

若抢答按钮按下时指示灯亮，松开时又灭掉，说明电路不能保持，此时应检查与非门相互间的连接是否正确，直至排除全部故障为止。

3）功能要求。

① 按下清零开关S后，所有指示灯灭。

② 按下$S_1 \sim S_3$中的任何一个按钮（如S_1），与之对应的指示灯（VL_1）应被点亮，此时再按其他开关均无效。

③ 按总清零开关S，所有指示灯应全部熄灭。

④ 重复步骤②和③，依次检查各指示灯是否被点亮。

将测试结果记录到表12-8中。

（二）学生设计实施方案

学生小组根据电路模型选择系统部件，并进行部件的功能检查。查找相关资料，设计项目实施方案。在此过程中，指导教师要巡视课堂，了解情况，对问题与疑点积极引导，适时点拨。对学习困难学生积极鼓励，并适度助学。

表12-8 逻辑功能表

S	S_1	S_2	S_3	Q_3	Q_2	Q_1	L_3	L_2	L_1
0	0	0	1						
0	0	1	0						
0	1	0	0						
0	0	0	0						
1	0	0	1						
1	0	1	0						
1	1	0	0						
1	0	0	0						

（三）学生阐述设计方案

每组学生派代表阐述自己的设计方案（注：自己制作PPT），老师和各组同学分别对方案进行评价，指导教师对各组方案进行关键性点评，帮助学生确定实施方案。

（四）学生实施方案

学生组长负责组织实施方案（包括测电路参数、电路连接、调试）。在此过程中，指导教师要进行巡视指导，帮助同学解决各种问题，掌握学生的学习动态，了解课堂的教学效果。

（五）学生展示

学生小组派代表进行成果展示（注：自己制作PPT），老师和各组同学分别对方案进行考核打分，组长对本组组员进行打分。

（六）教师点评

教师对每组进行点评，分析各组出现的问题并总结成果。每组结合点评进行整改，同时撰写整改报告。

三、评价标准（见表 12-9）

表 12-9　评价标准

项目名称	抢答器电路的设计与调试		时间		总分
组长		组员			
评价内容及标准			自评	组长评价	教师评价
任务准备	课前预习、准备资料（5分）				
电路设计、焊接、调试	元器件选择（10分）				
	电路图设计（15分）				
	焊接质量（10分）				
	功能的实现（15分）				
	工具的使用（10分）				
	参数的测试（10分）				
工作态度	不迟到，不早退；学习积极性高，工作认真负责（5分）				
	具有安全操作意识和团队协作精神（5分）				
任务完成	保质保量完成任务（5分）				
	工作单的完成情况（5分）				
个人答辩	能够正确回答问题并进行原理叙述，思路清晰、语言组织能力强（5分）				
评价等级					
项目最终评价：自评占20%，组长评价占30%，教师评价占50%					

四、学生工作单（见表 12-10）

表 12-10　学生工作单

学习项目	抢答器电路的设计与调试	班级		组别		成绩	
组长		组员					

一、咨询阶段任务

1. 掌握基本 RS 触发器、电平控制 RS 触发器的工作原理。
2. 掌握 D 触发器、JK 触发器的工作原理。
3. 时序逻辑电路的分析方法是什么？
4. 掌握二进制计数器、十进制计数器的工作原理。
5. 掌握数码寄存器、移位寄存器的工作原理。

二、过程和方案设计（计划和决策）任务

1. 对各元器件进行选择并对功能进行检测。
2. 掌握 RS 触发器各引脚的功能及连接注意事项。
3. 详细解读抢答器电路图，在实验电路板上进行模拟装配。

三、实施阶段任务

1. 注意各元器件引脚的焊接及连接方向。
2. 用万用表检查各 IC 的电源接线是否正确。
3. 电路连接后，检查各功能实现情况，对 S、$S_1 \sim S_3$ 逐一进行检验。

四、检查和评价阶段任务

1. 在方案实施过程中出现了哪些问题？又是如何解决的？
2. 任务完成过程中有什么收获？自己在什么地方做得比较满意？哪些地方不满意？
3. 总结自己在任务完成过程中有哪些不足之处？如何改进？

学生自评：

学生互评：

教师评语：

◆　习题及拓展训练

一、项目习题

1. RS 触发器、JK 触发器、D 触发器各有何逻辑功能？

2. 基本 RS 触发器的两个输入端为什么不能同时加低电平？

3. 在 JK 触发器和 D 触发器中，R_D、S_D 端起什么作用？

4. 将 JK 触发器的 J 和 K 端悬空，试分析其逻辑功能。

5. 简述数码寄存器的工作过程。

6. 举例说明移位寄存器的工作过程。

7. 同步二进制加法计数器和异步二进制加法计数器的不同点是什么？

8. 试分析图 12-20 所示时序电路的逻辑功能，写出电路的驱动方程、状态方程和输出方程，画出电路的状态转换图。A 为输入逻辑变量。

9. 电路如图 12-21a 所示，在图 12-21b 所示的输入信号 D 和时钟脉冲 C 作用下，画出触发器输出端 Q 的波形。

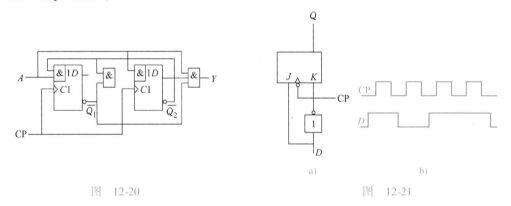

图　12-20　　　　　　　　　　　　　　　　　　　　　　图　12-21

二、拓展提高

应用 74LS74 D 触发器构成四位二进制异步加法计数器（见图 12-22），并记录其工作状态。

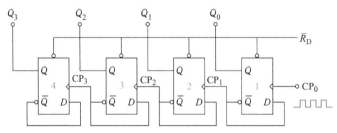

图 12-22　四位二进制异步加法计数器（74LS74）

名人寄语

顽强的毅力可以征服世界上任何一座高峰！

——狄更斯

项目十三 触摸式防盗报警电路的设计与调试

◆ 项目目标

1. 掌握电气控制线路故障分析与检查方法。
2. 了解 555 定时器电路的工作原理，掌握 555 定时器电路各引脚的功能。
3. 了解单稳态触发器、多谐振荡器和施密特触发器的工作原理。
4. 掌握触摸式防盗报警电路主要参数的调整方法与工作原理，并能够进行电路的装调及故障分析。
5. 熟练使用常用工具对电路进行测试和调试。
6. 培养学生的动手能力、创新能力和团结协作的精神。

◆ 工作情境

1. 实训环境要求

本项目的教学应在一体化的电子装配实训室进行，实训室内设有教学区（配备多媒体）、工作区、资料区和展示区。要配备常用的电子实验台等设备、万用表等常用仪表及常用电工工具。

2. 指导要求

配备一名主讲教师和一名实验室辅助教师。

3. 学生要求

根据班级情况进行分组，一般每组 3 ~ 4 名同学，选出组长。

4. 教学手段选择

1）主要应用讲授法、任务教学法、讨论法和演示法进行教学。
2）多媒体教学与实物演示相结合。
3）现场教学与动手操作相结合。
4）教师主导与学生自主学习相结合。

实践知识 ——*电气控制线路故障分析与检查方法*

电气控制线路的故障将影响正常生产，有时还会造成设备事故和人身伤害。为此应特别注意电气设备的维护，一旦发生故障能够准确地分析、判断和排除故障，达到提高设备利用率的目的。

一、电气控制线路故障分析

1. 故障调查

当设备发生故障后，首先应向操作者了解故障发生的前后情况，有利于根据电气设备的工作原理来分析发生故障的原因。

一问：故障发生在开车前、开车后，还是发生在运行中？故障是运行中自行停车，还是发现异常情况后由操作者停下来的？发生故障时，按动了哪个按钮，扳动了哪个开关？故障发生前后，设备有无异常现象，如响声、气味、冒烟或冒火？以前是否发生过类似的故障？

二看：熔断器内熔丝是否熔断，其他电气元件有无烧坏、发热、断线，导线连接螺钉有否松动，电动机转速是否正常。

三听：电动机、变压器和有些电气元件在运行时声音是否正常？异常声音可以帮助寻找故障的部位。

四摸：电动机、变压器和电气元件的线圈发生故障时，温度显著上升，可切断电源后用手去触摸。

2. 电路分析

根据调查结果，参考该电气设备的电气原理图进行分析，初步判断出故障产生的部位，然后逐步缩小故障范围，直至找到故障点并加以消除。分析故障时应有针对性，如接地故障一般先考虑电气柜外的电气装置，后考虑电气柜内的电气元件。对于断路和短路故障，应先考虑动作频繁的元件，后考虑其余元件。

二、电气控制线路故障检查

1. 断电检查

检查前先断开电气设备总电源，然后根据故障可能产生的部位，逐步找出故障点。检查时，应先检查电源线进线处有无碰伤引起的电源接地、短路等现象，螺旋式熔断器的熔断指示器是否跳出，热继电器是否动作；然后检查各电器外部有无损坏，连接导线有无断路、松动，绝缘有否过热或烧焦。

2. 通电检查

断电检查仍未找到故障时，可对电气设备进行通电检查。在通电检查时，要尽量使电动机和其所传动的机械部分脱开，将控制器和转换开关置于零位，行程开关还原到正常位置。然后用万用表检查电源电压是否正常，是否断相或严重不平衡，再进行通电检查。

检查的顺序为：先检查控制电路，后检查主电路；先检查辅助系统，后检查主传动系统；先检查交流系统，后检查直流系统。合上开关，观察各电气元件是否按要求动作，是否有冒火、冒烟、熔断器熔断的现象，直至查到发生故障的部位。

3. 电气控制线路检查方法

电气控制线路故障检查方法很多，常用的有电压测量法、电阻测量法和短接法等。

（1）电压测量法　指利用万用表测量电气控制线路上某两点间的电压值来判断故障点的范围或故障元件的方法。电压测量法可分为分阶测量法和分段测量法。分阶测量法以电路某一点为基准点（一般选择起点、终点或接地点）放置一表笔，另一表笔在回路中依次移动，测量电压，判别电路是否正常；分段测量法是把电路分成若干段，分别测量各段电压，判别电路是否正常。

（2）电阻测量法　指利用万用表测量电气控制线路上某两点间的电阻值来判断故障点的范围或故障元件的方法。电阻测量法也分为分阶测量法和分段测量法，其操作过程与电压测量法基本相同。

（3）短接法　指用导线将电气控制线路中两等电位点短接，以缩小故障范围，从而确定故障范围或故障点。利用短接法查找故障点时，一定要注意安全，避免触电事故发生。

◆　理论知识

一、555 定时器简介

555 定时器采用双列直插式封装形式，共有 8 个引脚，如图 13-1 所示。外引脚的功能分别为：

1 端为接地端（GND）。

2 端为低电平触发端（$\overline{TR}$）。当电压控制端 CO 不外接参考电源，此端电位低于 $V_{CC}/3$ 时，电压比较器 A_2（见图 13-2）输出低电平，反之输出高电平。

3 端为输出端（OUT）。

4 端为复位端（$\overline{R}$），此端输入低电平可使输出端为低电平。正常工作时应接高电平。

5 端为电压控制端（CO）。此端外接一个参考电源时，可以改变上、下两比较器的参考电平的值，无输入时，$U_{CO} = 2V_{CC}/3$。

6 端为高电平触发端（TH）。当电压控制端 CO 不外接参考电源，此端电位高于 $2V_{CC}/3$ 时，电压比较器 A_1（见图 13-2）输出低电平，反之输出高电平。

7 端为放电端（DIS）。当 VT（见图 13-2）导通时，外电路电容上的电荷可以通过它释放，7 端也可以作为集电极开路输出端。

8 端为电源端（V_{CC}）。

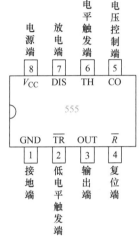

555 定时器

图 13-1　555 定时器引脚排列

二、555 定时器电路结构及工作原理

555 定时器是一种电路结构简单、使用方便灵活、用途广泛的多功能电路。只要外部配接少数几个阻容元件便可组成施密特触发器、单稳态触发器及多谐振荡器等电路。555 定时器的电源电压范围宽：双极型 555 定时器为 5～16V，CMOS 555 定时器为 3～18V。它可以提供与 TTL 及 CMOS 数字电路兼容的接口电平。555 定时器还可输出一定的功率，可驱动微电动机、指示灯及扬声器等。它在脉冲波形的产生与变换、仪器与仪表、测量与控制、电子玩具等领域都有着广泛的应用。

555 定时器内部电路如图 13-2 所示，一般由分压器、比较器、基本 RS 触发器和开关及输出等四部分组成。

（1）分压器　分压器由三个等值的 5kΩ 电阻串联而成，将电源电压 V_{CC} 分为三等份，作用是为比较器提供两个参考电压 U_{R1}、U_{R2}，若电压控制端 CO 悬空或通过电容接地，则

$$U_{R1} = \frac{2V_{CC}}{3} \quad U_{R2} = \frac{V_{CC}}{3}$$

若控制端 CO 外加控制电压 U_{CO}，则

$$U_{R1} = U_{CO} \quad U_{R2} = \frac{U_{CO}}{2}$$

（2）比较器　比较器由两个结构相同的集成运放 A_1、A_2 构成。A_1 用来比较参考电压 U_{R1} 和

高电平触发端电压 U_{TH}：当 $U_{TH} > U_{R1}$ 时，集成运放 A_1 输出 $u_{A1} = 0$；当 $U_{TH} < U_{R1}$ 时，集成运放 A_1 输出 $u_{A1} = 1$。A_2 用来比较参考电压 U_{R2} 和低电平触发端电压 $U_{\overline{TR}}$：当 $U_{\overline{TR}} > U_{R2}$ 时，集成运放 A_2 输出 $u_{A2} = 1$；当 $U_{\overline{TR}} < U_{R2}$ 时，集成运放 A_2 输出 $u_{A2} = 0$。

（3）基本 RS 触发器　当 $1\overline{R}\ 1\overline{S} = 01$ 时，$Q = 0$，$\overline{Q} = 1$；当 $1\overline{R}\ 1\overline{S} = 10$ 时，$Q = 1$，$\overline{Q} = 0$；当 $1\overline{R}\ 1\overline{S} = 11$ 时，Q、$\overline{Q}$ 保持原状态。

（4）开关及输出　放电开关由一个晶体管组成，其基极受基本 RS 触发器输出端 $\overline{Q}$ 控制。当 $\overline{Q} = 1$ 时，晶体管导通，

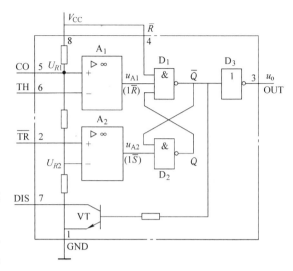

图 13-2　555 定时器内部电路

放电端通过导通的晶体管为外电路提供放电的通路；当 $\overline{Q} = 0$ 时，晶体管截止，放电通路被截断。输出缓冲器 D_3 用于增大对负载的驱动能力和隔离负载对 555 集成电路的影响。

555 定时器电路的逻辑功能表见表 13-1。

表 13-1　555 定时器电路的逻辑功能表

输　　入			输　　出	
$\overline{R}$	U_{TH}	$U_{\overline{TR}}$	OUT	VT 的状态
0	×	×	0	与地导通
1	$> \dfrac{2V_{CC}}{3}$	$> \dfrac{V_{CC}}{3}$	0	与地导通
1	$< \dfrac{2V_{CC}}{3}$	$> \dfrac{V_{CC}}{3}$	保持原状态	保持原状态
1	$< \dfrac{2V_{CC}}{3}$	$< \dfrac{V_{CC}}{3}$	1	与地断开

三、555 定时器电路的典型应用

1. 单稳态触发器

555 定时器构成的单稳态触发器电路如图 13-3 所示，该电路的触发信号从 2 脚输入，R 和 C 是外接定时电路。单稳态触发器电路的工作波形如图 13-4 所示。

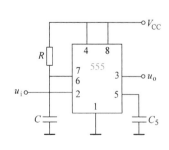

图 13-3　单稳态触发器电路

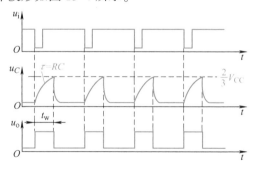

图 13-4　单稳态触发器电路的工作波形

在未加入触发信号时，$u_o = L$（即低电平）。当加入触发信号时，$u_o = H$（即高电平），7脚内部的放电晶体管关断，电源经电阻 R 向电容 C 充电，u_C 按指数规律上升。当 u_C 上升到 $\dfrac{2V_{CC}}{3}$ 时，相当于输入是高电平，555 定时器的输出 $u_o = L$。同时 7 脚内部的放电晶体管饱和导通时，电阻很小，电容 C 经 VT 迅速放电。从加入触发信号开始，到电容上的电压充到 $\dfrac{2V_{CC}}{3}$ 为止，单稳态触发器完成了由稳态翻转到暂稳态，再自动返回到稳态的过程。输出脉冲高电平的宽度称为暂稳态时间，用 t_w 表示。

暂稳态时间可以通过过渡过程公式求取，根据图 13-4 可以用电容 C 上的电压曲线确定三要素，初始值为 $u_C(0) = 0V$，无穷大值 $u_C(\infty) = V_{CC}$，$\tau = RC$，设暂稳态的时间为 t_w，当 $t = t_w$ 时，$u_C(t_w) = \dfrac{2V_{CC}}{3}$，代入过渡过程公式

$$u_C(t) = u_C(\infty) + [u_C(0) - u_C(\infty)]e^{-\frac{t}{\tau}}$$

代入相关数据得　　　$\dfrac{2}{3}V_{CC} = V_{CC} + (0 - V_{CC})e^{-\frac{t_w}{\tau}} = V_{CC} - V_{CC}e^{-\frac{t_w}{\tau}}$

整理得　　　　　　　　　　　　$\dfrac{2}{3} = 1 - e^{-\frac{t_w}{\tau}}$

$$e^{-\frac{t_w}{\tau}} = \dfrac{1}{3}$$

所以　　　　　　　　　　　　　$t_w = 1.1RC$

2. 多谐振荡器

555 定时器构成的多谐振荡器电路如图 13-5 所示，其工作波形如图 13-6 所示。

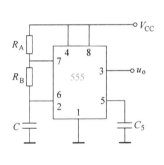
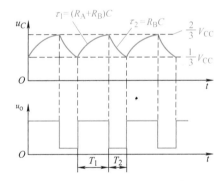

图 13-5　多谐振荡器电路　　　　　　　　　　图 13-6　多谐振荡器的工作波形

与单稳态触发器比较，它是利用电容的充放电来代替外加触发信号，所以，电容上的电压信号应该在两个阈值之间按指数规律转换。充电回路是 R_A、R_B 和 C，此时相当于输入是低电平，输出是高电平；当电容充电达到 $\dfrac{2V_{CC}}{3}$，即输入达到高电平时，电路的状态发生翻转，输出为低电平，电容开始放电。当电容放电达到 $\dfrac{V_{CC}}{3}$ 时，电路的状态又开始翻转。如此不断循环。电容之所以能够放电，是由于有放电端 7 脚的作用，因 7 脚的状态与输出端一致，7 脚为低电平时电容放电。

振荡周期的确定：根据 $u_C(t)$ 的波形图可以确定振荡周期为 $T = T_1 + T_2$。

1）先求 T_1。T_1 对应充电，时间常数 $\tau_1 = (R_A + R_B)C$，初始值为 $u_C(0) = \dfrac{V_{CC}}{3}$，无穷大值 $u_C(\infty) = V_{CC}$，当 $t = T_1$ 时，$u_C(T_1) = \dfrac{2V_{CC}}{3}$，代入过渡过程公式，可得

$$T_1 = \ln 2(R_A + R_B)C \approx 0.7(R_A + R_B)C$$

2）再求 T_2。T_2 对应放电，时间常数 $\tau_2 = R_B C$，初始值为 $u_C(0) = \dfrac{2V_{CC}}{3}$，无穷大值 $u_C(\infty) = 0\text{V}$，当 $t = T_2$ 时，$u_C(T_2) = \dfrac{V_{CC}}{3}$，代入过渡过程公式，可得 $T_2 = \ln 2 R_B C \approx 0.7 R_B C$。

所以振荡周期为 $T = T_1 + T_2 \approx 0.7(R_A + 2R_B)C$

振荡频率为 $f = \dfrac{1}{T} \approx \dfrac{1}{0.7(R_A + 2R_B)C}$

占空比为

$$D = \frac{T_1}{T} = \frac{T_1}{T_1 + T_2} \times 100\% = \frac{R_A + R_B}{R_A + 2R_B} \times 100\%$$

对于图 13-5 所示的多谐振荡器，因 $T_1 > T_2$，所以它的占空比大于 50%，要想使占空比可调，应如何办？当然应该从调节充、放电通路上想办法。图 13-7 是一种占空比可调的电路方案，该电路中因加入了二极管，使电容的充电和放电回路不同，但可以调节电位器使充、放电时间常数相同。如果调节电位器使 $R_A = R_B$，则可以获得 50% 的占空比。读者不难看懂该电路的充、放电通路以及充、放电时间常数的大小。

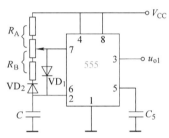

图 13-7　占空比可调的多谐振荡器

3. 施密特触发器

555 定时器构成的施密特触发器电路如图 13-8 所示，工作波形如图 13-9 所示。

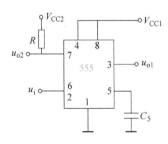

图 13-8　施密特触发器电路

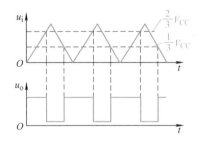

图 13-9　施密特触发器的工作波形

施密特触发器的工作原理和多谐振荡器基本一致，只不过多谐振荡器是靠电容的充放电去控制电路状态的翻转，而施密特触发器是靠外加电压信号去控制电路状态的翻转。所以，在施密特触发器中，外加信号的高电平必须大于 $\dfrac{2V_{CC}}{3}$，低电平必须小于 $\dfrac{V_{CC}}{3}$，否则电路不能翻转。

由于施密特触发器采用外加信号，所以放电端 7 脚就空闲了出来。利用 7 脚加上上拉电阻，就可以获得一个与输出端 3 脚一样的输出波形。如果上拉电阻接的电源电压不同，7 脚

输出的高电平与 3 脚输出的高电平在数值上会有所不同。

　　施密特触发器主要用于对输入波形的整形。图 13-9 表示的是将三角波整形为方波，其他形状的输入波形也可以整形为方波。8 脚接电源端 5V。从图中可以看出，对应输出波形翻转的 555 定时器的两个阈值：一个是对应输出下降沿的 $\frac{2}{3}V_{CC}$（即 3.376V），另一个是对应

输出上升沿的 $\frac{1}{3}V_{CC}$（即 1.688V），施密特触发器的回差电压是 3.376V – 1.688V = 1.688V。

从图示波形可以看出，与理论值一致（电源电压 5V）。在放电端 7 脚加一个上拉电阻，接 10V 电源，可以获得一个高、低电平与 3 脚输出不同，但波形的高、低电平宽度完全一样的第二个输出波形，这个波形可以用于不同逻辑电平的转换。当输入信号的幅度太小时，施密特触发器将不能工作。

◆　项目实训

触摸式防盗报警电路的设计与调试

一、实训目的

1）进一步掌握 555 定时器电路、单稳态触发器和多谐振荡器的工作原理。

2）掌握触摸式防盗报警电路主要参数的调整方法与工作原理，并能够进行电路的装调及故障分析。

3）熟练使用常用工具对电路进行测试和调试。

4）培养学生的动手能力、创新能力和团结协作的精神。

二、实训内容

（一）下达工作任务

1. 分组

学生进行分组，选出组长（每次不同），下发学生工作单。

2. 讲解工作任务的原理

图 13-10 为触摸式防盗报警电路原理图，它由两片 555 定时器组成。图中，A_1 构成单稳态触发器电路，A_2 构成多谐振荡器电路。当盗贼触摸到触片 M 时，A_1 的第 3 脚输出高电平，使得 A_2 振荡，驱动扬声器发出报警声，过一段时间后 A_1 的输出自动回到低电平，A_2 停止振荡，报警声消失。

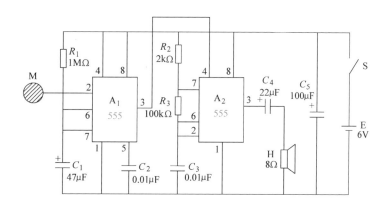

图 13-10　触摸式防盗报警电路原理图

3. 具体要求

1）制作要求。在电路板上根据原理图连接电路，装配时应先焊接集成电路的插座，待电路全部焊好后再装入集成块。电路检查无误后接入6V电源，用手触摸触片，扬声器会发出报警声且1min左右后自动停止，则电路功能正常。

2）测试要求。用不同阻值的电阻更换电路中的R_1（或用不同容量的电容更换电路中的C_1），比较扬声器所发出声响的时间长短变化情况。用不同阻值的电阻更换电路中的R_2、R_3（或用不同容量的电容更换电路中的C_3），比较扬声器所发出声响的声调变化情况。

3）检修要求。若电路功能不正常，则应按照以下步骤进行检修：

① 重新检查电路连接是否错误。由输入到输出逐级检查，必要时可以与同学互换检查，这有助于发现问题。

② 通电后用万用表10V直流电压档接在A_1的第3脚和地之间，在没有用手触摸触片之前，万用表指示应接近0V；用手触摸触片后，万用表指示应接近电源电压6V，且过1min左右自动降低到0刻度附近。若此处不正常，应检查A_1周围元件的连接，并检查A_1是否损坏，若是则更换后重试。

③ 若A_1输出正常，将A_2的第4脚与A_1第3脚之间的连接断开，并将A_2的第4脚直接连接到电源的正极，用示波器观察A_2第3脚的输出波形，在示波器上应能观测到频率为700Hz（周期为1.4ms）左右的矩形波。若无波形或波形参数误差太大，则应检查A_2周围元件的连接，并检查A_2是否损坏，若是则更换后重试。

（二）学生设计实施方案

学生小组根据电路模型选择系统部件，并进行部件的功能检查。查找相关资料，设计项目实施方案。在此过程中，指导教师要巡视课堂，了解情况，对问题与疑点积极引导，适时点拨。对学习困难学生积极鼓励，并适度助学。

（三）学生阐述设计方案

每组学生派代表阐述自己的设计方案（注：自己制作PPT），老师和各组同学分别对方案进行评价，指导教师对各组方案进行关键性点评，帮助学生确定实施方案。

（四）学生实施方案

学生组长负责组织实施方案（包括测电路参数、电路连接、调试）。在此过程中，指导教师要进行巡视指导，帮助同学解决各种问题，掌握学生的学习动态，了解课堂的教学效果。

（五）学生展示

学生小组派代表进行成果展示（注：自己制作PPT），老师和各组同学分别对方案进行考核打分，组长对本组组员进行打分。

（六）教师点评

教师对每组进行点评，分析各组出现的问题并总结成果。每组结合点评进行整改，同时撰写整改报告。

三、评价标准（见表13-2）

表13-2　评价标准

项目名称	触摸式防盗报警电路的设计与调试		时间		总分	
组长		组员				
评价内容及标准			自评	组长评价	教师评价	
任务准备	课前预习、准备资料（5分）					
电路设计、焊接、调试	元器件选择（10分）					
	电路图设计（解读）（15分）					
	焊接质量（10分）					
	功能的实现（15分）					
	电工工具的使用（10分）					
	参数的测试（10分）					
工作态度	不迟到，不早退；学习积极性高，工作认真负责（5分）					
	具有安全操作意识和团队协作精神（5分）					
任务完成	保质保量完成工作任务（5分）					
	工作单的完成情况（5分）					
个人答辩	能够正确回答问题并进行原理叙述，思路清晰、语言组织能力强（5分）					
评价等级						
项目最终评价：自评占20%，组长评价占30%，教师评价占50%						

四、学生工作单（见表13-3）

表13-3　学生工作单

学习项目	触摸式防盗报警电路的设计与调试	班级		组别		成绩	
组长		组员					

一、咨询阶段任务
1. 掌握555定时器电路的电路结构和工作原理。
2. 掌握555定时器电路各引脚的功能。
3. 掌握单稳态触发器的工作原理。
4. 掌握多谐振荡器的工作原理。
5. 掌握施密特触发器的工作原理。

二、过程和方案设计（计划和决策）任务
1. 掌握单稳态触发器各引脚的功能及连接注意事项。
2. 掌握多谐振荡器各引脚的功能及连接注意事项。
3. 选择各元器件并应用电工工具进行功能检测。
4. 分析触摸式防盗报警电路原理图，并在电路板上进行模拟装配。

三、实施阶段任务
1. 注意焊接质量及各连接的正确性。
2. 电路连接后，接入电源，检查电路功能是否正常，若有问题，进行检查。
3. 分别用电阻替代 R_1、R_2、R_3（或用电容替代 C_1、C_2、C_3），调整并观察扬声器的声音变化情况。

四、检查和评价阶段任务
1. 在方案实施过程中出现了哪些问题？又是如何解决的？
2. 任务完成过程中有什么收获？自己在什么地方做得比较满意？哪些地方不满意？
3. 总结自己在任务完成过程中有哪些不足之处？如何改进？

学生自评：

学生互评：

教师评语：

◆ 习题及拓展训练

一、项目习题

1. 555 定时器由哪几部分组成？

2. 说明 555 定时器构成的单稳态触发器是如何工作的。

3. 说明 555 定时器构成的施密特触发器是如何工作的。

4. 555 定时器构成的施密特触发器对输入信号有何要求？

5. 按图 13-11 连线，取 $R=100\mathrm{k}\Omega$，$C=47\mu\mathrm{F}$，输入信号 u_i 由单次脉冲源提供，用双踪示波器观测 u_i、u_C、u_o 波形。

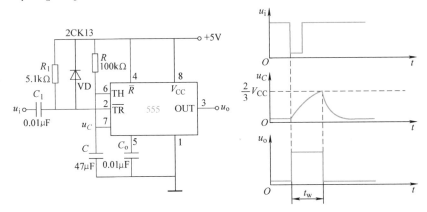

图 13-11 单稳态触发器

二、拓展提高

熟悉并应用施密特触发器。按图 13-12 接线，u_S 接实训台上的正弦波，预先调好 u_S 的频率为 1kHz，接通电源，逐渐加大 u_S 的幅度，观测输出波形。

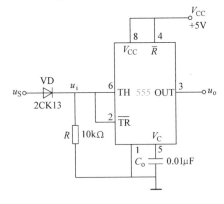

图 13-12 施密特触发器

名人寄语

只要持续地努力，不懈地奋斗，就没有征服不了的东西。

——塞内加

综合实训

综合实训一 家庭室内用电系统布线

◆ 实训目标

1. 熟悉家庭室内用电系统的电路组成。
2. 熟悉家庭室内用电系统电路的安装步骤与工艺。
3. 能判断常见家庭室内用电系统电路故障并会排除。
4. 能够识读电路图并能够根据电路图合理应用工具进行电路接线。
5. 能正确使用常用电工仪表对电路元件进行检测。
6. 熟悉电路连接的基本原则和安全规程，培养良好的职业素养和规范的操作习惯。

◆ 工作情境

1. 实训环境要求

本项目的教学应在一体化的电工技能实训室进行。

2. 指导要求

配备一名主讲教师和一名实验室辅助教师。

3. 学生要求

根据班级情况进行分组，一般每组 3~4 名同学，选出组长。

◆ 实训内容

一、实训原理

家庭室内用电系统原理图如图 14-1 所示。学生按照原理图，由组长负责本小组自主完成家庭布线，并实现所有功能。

二、实训设备

电能表、电源插头、插座、刀开关、螺口灯头、白炽灯、整流器、灯管及灯头、起动器、拉线开关、熔断器、绝缘导线、瓷夹板若干、绝缘胶布、万用表、测电笔、剥线钳、尖嘴钳、螺钉旋具、木螺钉（若干）和五合板或木板等。

三、实训步骤

1. 学生分组

按随机抽取的方式对学生进行分组，每组自己推举出组长和安全员，组长负责整个实训的全过程，安全员需要高度负责地保证整个实训过程的安全。

2. 设计布线图

各组在组长的组织下，结合家庭室内用电系统原理图，根据实训环境和条件设计出布线图和施工方案。

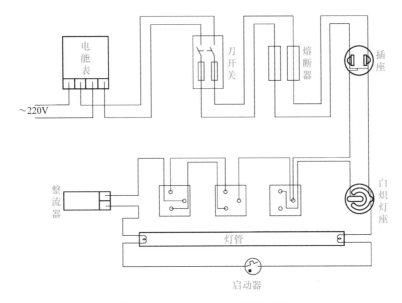

图 14-1   家庭室内用电系统原理图

3. 材料的选择

根据布线图列出用料清单和工具清单。根据用料清单和工具清单选择材料和工具，在这个过程中，应用电工工具对所选用料进行检测，确保用料的可靠性，尤其是对熔断器、电能表、整流器、开关等，要确保容量。

4. 布线施工

根据设计出的布线图和施工方案，在五合板上进行设计施工。在整个施工过程中，要按照规范进行操作，走线合理，做到横平竖直，整齐美观，各接点不能松动；避免交叉、架空线和叠线；转角、接头的地方要处理好，接点上不能露出铜线太多。同时，施工过程中要注意工具的应用和人身安全。

5. 通电前检查

施工结束后，要对电路进行检查。检查连接的各器件是否按照规范进行了严格的连接，然后再用万用表测量其他所有插座或灯口两端电阻，应都接近零。如果个别插座阻值较大或为无穷，则说明此插座断路或虚接，要查出故障加以排除。检查无问题后，即可通电。这个过程主要由安全员完成，要确保不出问题。

6. 通电验收并展示

通电前，由指导教师检查后方可通电。接通电源后，开关闭合，白炽灯和灯管要亮，电能表要走动，其他电气元件没有问题。然后用测电笔检测插座，保证能够使用。每组派出一名代表，向全体同学展示本组的成果，并接受老师和同学们的提问。

7. 实训总结

根据整个实训过程，写出实训总结报告。实训总结报告应包括实训目的及要求、施工布线图、施工实训过程的典型步骤、收获及经验教训等内容。

四、注意事项

1）导线接头处都必须用绝缘胶布把裸露的导线包扎好，不能用医用胶布或塑料代替。

2）选用熔丝的规格不应大于 0.5A。

3）在拆除电路时，应首先将电源断开。严禁带电操作，以防触电。

4）熔断器接在相线上。熔断器保证整个电路安全用电，要安装在接入照明电源相线的最前端。

5）教师要全程巡查学生的工作过程，尤其注意用电安全。

五、评价标准（见表14-1）

表14-1 评价标准

实训名称		家庭室内用电系统布线	时间		总分
组长		组员			
评价内容及标准			自评	组长评价	教师评价
任务准备	课前预习、准备资料（5分）				
电路设计、焊接、调试	元器件选择（10分）				
	电路图设计（解读）（10分）				
	走线合理，做到横平竖直，整齐，各接点不能松动，避免交叉、架空线和叠线（10分）				
	每个接线端子上连接的导线根数以不超过两根为宜，并保证接线固定，进出线应合理汇集在端子排上（10分）				
	严禁损伤线芯和导线绝缘，各接点不能露出太多铜线（10分）				
	合理使用工具（10分）				
工作态度	不迟到，不早退；学习积极性高，工作认真负责（5分）				
	具有安全操作意识和团队协作精神（10分）				
任务完成	保质保量完成工作任务（10分）				
个人答辩	能够正确回答问题并进行原理叙述，思路清晰、语言组织能力强（10分）				
评价等级					
项目最终评价：自评占20%，组长评价占30%，教师评价占50%					

综合实训二 五管超外差式收音机的组装

◆ **实训目标**

1. 让学生了解电子产品的装配过程；加深对通信电子线路理论的认识和理解，能够运用所学的理论知识分析和处理问题。

2. 掌握电子元器件的识别及质量检验，学习整机的装配工艺。

3. 能正确焊接收音机，掌握调试技巧，分析调试结果。

4. 掌握收音机的使用和维护保养方法。

5. 培养动手能力、严谨的工作作风和团队协作能力。

◆ 工作情境

1. 实训环境要求

本项目的教学应在一体化的电工电子技能实训室进行。

2. 指导要求

配备一名主讲教师和一名实验室辅助教师。

3. 学生要求

根据班级情况进行分组，一般每组 3～4 名同学，选出组长。

◆ 实训内容

一、实训原理

1. 收音机的基本工作过程

收音机的基本工作过程就是无线电广播发射的逆过程。收音机的基本任务是将空间传来的无线电波接收下来，并把它还原成原来的声音信号。为了完成这一任务，收音机必须具备以下四种基本功能：接收并选择电台信号，对电台信号进行解调，将音频信号加以放大，把音频信号还原成声音。

2. 电路原理图

收音机是把从天线接收到的高频信号经检波（解调）还原成音频信号，送到耳机变成音波。为了选择所需要的节目，在接收天线后，有一个选择性电路，它的作用是把所需的信号（电台）挑选出来，并把不要的信号"滤掉"，以免产生干扰，即"选台"。选择性电路的输出是选出某个电台的高频调幅信号，并把它恢复成原来的音频信号，这种还原电路称为解调，把解调的音频信号送到耳机（或扬声器），就可以收到广播，这就是收音机的工作原理。但从接收无线得到的高频无线电信号一般非常微弱，直接把它送到检波器不太合适，最好在选择性电路和检波器之间插入一个高频放大器，把高频信号放大。即使已经增加高频放大器，检波输出的功率通常也只有几毫瓦，用耳机听还可以，但不能通过扬声器播放，因此在检波输出后还要增加音频放大器来推动扬声器。高放式收音机比直接检波式收音机灵敏度高、功率大，但是选择性较差，调谐也比较复杂。把从天线接收到的高频信号放大几百甚至几万倍，一般要有几级的高频放大，每一级电路都有一个谐振回路，当被接收的频率改变时，谐振回路都要重新调整，而且每次调整后的选择性和通带很难保证完全一样，为了克服这些缺点，现在的收音机几乎都采用超外差式电路。五管超外差式收音机套件原理图如图 14-2 所示。

1）输入电路：又称输入调谐回路或选择电路，其作用是从天线接收到的各种高频信号中选择出所需要的电台信号并送到变频电路。输入电路是收音机工作的起端，它的灵敏度和选择性对整机的灵敏度和选择性都有重要影响。

2）变频电路：又称变频器，由本机振荡器和混频器组成，其作用是将输入电路选出的信号（载波频率为 f_s 的高频信号）与本机振荡器产生的振荡信号（频率为 f_r）在混频器中进行混频，结果得到一个固定频率（465kHz）的中频信号。这个过程称为"变频"，它只是将信号的载波频率降低了，而信号的调制特性并没有改变，仍属于调幅波。由于混频器的非线性作用，f_s 与 f_r 在混频过程中，产生的信号除原信号频率外，还有二次谐波

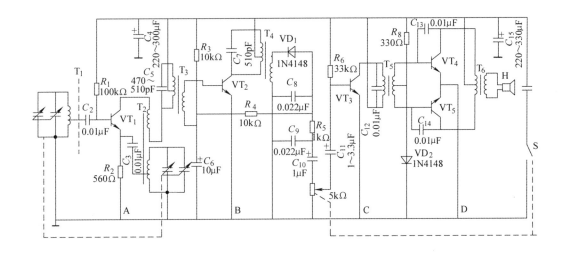

图 14-2　五管超外差式收音机套件原理图

及两个频率的和频分量和差频分量。其中差频分量（$f_r - f_s$）就是我们需要的中频信号，可以用谐振回路选择出来，而将其他不需要的信号滤除掉。因为 465kHz 中频信号的频率是固定的，所以本机振荡信号的频率始终比接收到的外来信号频率高出 465kHz，这也是"超外差"得名的原因。

3）中频放大电路：又叫中频放大器，其作用是将变频电路送来的中频信号进行放大，一般采用变压器耦合的多级放大器。中频放大器是超外差式收音机的重要组成部分，直接影响着收音机的主要性能指标。质量好的中频放大器应有较高的增益、足够的通频带和阻带（使通频带以外的频率全部衰减），以保证整机良好的灵敏度、选择性和频率响应特性。

4）检波和自动增益控制电路：检波的作用是从中频调幅信号中取出音频信号，常利用二极管来实现。由于二极管的单向导电性，中频调幅信号通过检波二极管后将得到包含有多种频率成分的脉动电压，然后经过滤波电路滤除不要的成分，取出音频信号和直流分量。音频信号通过音量控制电位器送往音频放大器，而直流分量与信号的强弱成正比，可将其反馈至中频放大电路实现自动增益控制（简称 AGC）。收音机中设计 AGC 电路的目的是：接收弱信号时，使收音机的中频放大电路增益增高，而接收强信号时自动使其增益降低，从而使检波前的放大增益随输入信号的强弱变化而自动增减，以保持输出的相对稳定。

5）音频放大电路：又叫音频放大器，它包括低频电压放大器和功率放大器。一般收音机中有一至两级低频电压放大器。两级中的第一级称为前置低频放大器，第二级称为末级低频放大器。低频电压放大器应有足够的增益和频带宽度，同时要求其非线性失真和噪声都要小。功率放大器用来对音频信号进行功率放大，用以推动扬声器还原声音，要求它的输出功率大，频率响应宽，效率高，而且非线性失真小。

二、实训设备

电子实验台、万用表、导线、焊锡枪、焊锡线、示波器及各种电子元器件等。

三、实训步骤

1. 学生分组

按随机抽取的方式对学生进行分组，每组自己推举出组长和安全员，组长负责整个实训的全过程，安全员负责保证整个实训过程的安全。

2. 元器件准备

1）首先根据原理图准备所有元器件，检查有无缺失现象；目测元器件外观，检查有无损坏。

2）利用色环读出电阻阻值，并用万用表测试，两者进行比对，将正确的电阻归类放好。

3）测量变压器一次侧与二次侧之间的电阻，看有无短路现象。

4）正确辨别二极管、晶体管和电解电容的极性。

5）将所有元器件引脚的漆膜、氧化膜清除干净，然后进行搪锡（如元器件引脚未氧化则省去此项），检查印制电路板的铜箔线条是否完好、有无断线及短路，特别要注意电路板边缘是否完好。

3. 组装过程

按顺序把每一类元器件一个一个地认真弄清其参数，接着在原理电路中找到它的序号，再按序号找到它在印制板电路中的位置，对应找出电路板上的相应位置，并把该元器件插在电路板上，把各元器件逐一插在电路板上，剪去多余的引脚，只留 $2 \sim 3\mathrm{mm}$，然后用电烙铁将各引脚与铜箔焊在一起。

4. 调整过程

1）直流调整：装上电池，打开电位器上的电源开关，用万用表的 $50\mathrm{mA}$ 电流档分别依次测量 D、C、B、A 四个位置的直流电流数值，若测得的数字在规定的参考值范围内即可用焊锡封住电流口，并调整音量，则收音机可以发出声音。

2）频率调整：为了达到良好的收听效果，应该进行中频频率调整和统调。利用信号源给出 $465\mathrm{kHz}$ 调幅信号，分别调整 T_4 和 T_3 使声音最大。然后给出 $535\mathrm{kHz}$ 和 $1605\mathrm{kHz}$ 调幅信号，调整 T_2、T_1 和双联上的两个微调电容，实现统调跟踪，即可获得良好的收听效果。简便调整方法为：尽量在频率低端收到信号，调整 T_4、T_3、T_1，使声音最大，再在频率高端收到一个信号，进行微调，使声音最大即可。

5. 验收展示

调试完毕后，每组派出一名代表，向全体同学展示本组的成果，并接受老师和同学们的提问。

6. 实训总结

根据整个实训过程，写出实训总结报告。实训总结报告应包括实训目的及要求、施工布线图、施工实训过程的典型步骤、收获及经验教训等内容。

四、注意事项

1）保持机壳及频率盘清洁完整，不得有划伤、烫伤及缺损。

2）印制电路板安装整齐美观，焊接质量好，无损伤。

3）导线焊接要可靠，不得有虚焊，特别是导线与正负极片间的焊接位置和焊接质量要好。

4）整机安装后，要注意保证转动部分灵活，固定部分可靠。

五、评价标准（见表14-2）

表 14-2　评价标准

实训名称		五管超外差式收音机的组装		时间		总分	
组长		组员					
评价内容及标准				自评	组长评价	教师评价	
任务准备	课前预习、准备资料（5分）						
电路识读、焊接、调试	元器件选择正确（10分）						
	正确电路图识读（15分）						
	焊接质量合格（10分）						
	组装好的收音机能够正常接收信号（15分）						
	电工工具的使用（10分）						
	能够对信号进行调试（10分）						
工作态度	不迟到，不早退；学习积极性高，工作认真负责（5分）						
	具有安全操作意识和团队协作精神（5分）						
任务完成	完成速度，完成质量（5分）						
	工作任务完成情况（5分）						
个人答辩	能够正确回答问题并进行原理叙述，思路清晰、语言组织能力强（5分）						
评价等级							
项目最终评价：自评占20%，组长评价占30%，教师评价占50%							

附　录

附录 A　半导体分立器件型号命名方法

（参照国家标准 GB/T 249—2017）

本附录适用于各种半导体分立器件。

型号组成部分的符号及其意义：

第一部分		第二部分		第三部分		第四部分	第五部分
用阿拉伯数字表示器件电极的数目		用汉语拼音字母表示器件的材料和极性		用汉语拼音字母表示器件的类型		用阿拉伯数字表示登记顺序号	用汉语拼音字母表示规格号
符号	意义	符号	意义	符号	意义		
2	二极管	A	N 型锗材料	P	小信号管		
		B	P 型锗材料	H	混频管		
		C	N 型硅材料	V	检波管		
		D	P 型硅材料	W	电压调整管和电压基准管（稳压管）		
		E	化合物或合金材料	C	变容管		
				Z	整流管		
3	三极管	A	PNP 型锗材料	L	整流堆		
		B	NPN 型锗材料	S	隧道管		
		C	PNP 型硅材料	K	开关管		
		D	NPN 型硅材料	N	噪声管		
		E	化合物或合金材料	F	限幅管		
				X	低频小功率晶体管 $(f_\alpha < 3\mathrm{MHz}, P_C < 1\mathrm{W})$		
				G	高频小功率晶体管 $(f_\alpha \geqslant 3\mathrm{MHz}, P_C < 1\mathrm{W})$		
				D	低频大功率晶体管 $(f_\alpha < 3\mathrm{MHz}, P_C \geqslant 1\mathrm{W})$		
				A	高频大功率晶体管 $(f_\alpha \geqslant 3\mathrm{MHz}, P_C \geqslant 1\mathrm{W})$		
				T	闸流管		
				Y	体效应管		
				B	雪崩管		
				J	阶跃恢复管		

例：

（1）锗材料 PNP 型低频大功率晶体管：

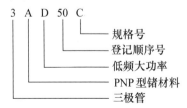

（2）硅材料 NPN 型高频小功率晶体管：

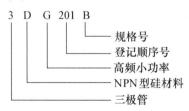

（3）N 型硅材料稳压管：

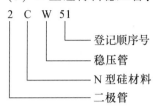

2 C W 51
- 登记顺序号
- 稳压管
- N 型硅材料
- 二极管

附录 B　常用电气图形符号

一、电阻器、电容器、电感器和变压器

图形符号	名称与说明	图形符号	名称与说明
	电阻器一般符号		电感器、线圈、绕组或扼流圈
	可调电阻器		带磁心、铁心的电感器
	电位器		带磁心连续可调的电感器
	极性电容器		双绕组变压器
	可调电容器		绕组间有屏蔽的双绕组变压器
	双联同调可变电容器		一个绕组上有中间抽头的变压器
	预调电容器		

二、半导体管

图形符号	名称与说明	图形符号	名称与说明
	二极管一般符号	（1） （2）	结型场效应晶体管 （1）N 沟道 （2）P 沟道
	发光二极管		

（续）

图形符号	名称与说明	图形符号	名称与说明
	光电二极管		PNP 型晶体管
	稳压二极管		NPN 型晶体管
	变容二极管		全波桥式整流器

三、其他电气图形符号

图形符号	名称与说明	图形符号	名称与说明
	具有两个电极的压电晶体	或	接机壳或底板
	熔断器		导线的连接
	指示灯及信号灯		导线的不连接
	扬声器		常开（动合）触头
	蜂鸣器		常闭（动断）触头
	接地符号		手动开关

参 考 文 献

[1] 李艳新，米玉琴. 电工电子技术[M]. 北京：北京大学出版社，2007.

[2] 何军. 电工电子技术项目教程[M]. 2版. 北京：电子工业出版社，2014.

[3] 吴新开，于立言. 电工电子实践教程[M]. 北京：人民邮电出版社，2002.

[4] 林平勇，高嵩. 电工电子技术(少学时)[M]. 4版. 北京：高等教育出版社，2016.

[5] 韩满林，于宝明. 电工电子技术[M]. 南京：江苏科学技术出版社，2010.

[6] 季顺宁. 电工电路测试与设计[M]. 北京：机械工业出版社，2008.

[7] 赵景波，逄锦梅. 电工电子技术[M]. 2版. 北京：人民邮电出版社，2015.

[8] 冯奕红. 电子技术实验实训指导[M]. 青岛：中国海洋大学出版社，2011.

[9] 王瑾，陈素芳. 电工技术实训[M]. 西安：西安电子科技大学出版社，2005.

[10] 李福军. 模拟电子技术项目教程[M]. 武汉：华中科技大学出版社，2010.

[11] 郁汉琪. 机床电气及可编程序控制器实验、课程设计指导书[M]. 北京：高等教育出版社，2001.

[12] 余明辉. 电工电子实验实训[M]. 北京：北京理工大学出版社，2009.

[13] 兰如波，陈国庆. 电子工艺实训教程[M]. 北京：北京理工大学出版社，2008.

[14] 汪临伟，廖芳. 电工与电子技术[M]. 北京：清华大学出版社，2005.

[15] 王金花. 电工技术[M]. 2版. 北京：人民邮电出版社，2013.

[16] 高安邦，成建生，陈银燕. 机床电气与PLC控制技术项目教程[M]. 北京：机械工业出版社，2010.

[17] 郑建红，任黎明. 电工电子技术[M]. 北京：中国铁道出版社，2012.

[18] 仇超. 电工实训[M]. 3版. 北京：北京理工大学出版社，2015.

[19] 王秀英. 电工基础[M]. 西安：西安电子科技大学出版社，2004.

[20] 朱祥贤. 数字电子技术项目教程[M]. 北京：机械工业出版社，2016.